文化服饰大全
服装生产讲座❸（修订版）

立 体 裁 剪
基础编

［日］文化服装学院编

张道英　译

东华大学 出版社·上海

序

文化服装学院至今为止已推出了《文化服装讲座》，以及改版的《文化服饰讲座》教科书。

从 1980 年开始，为了培养服装产业的专职人员，各院校对各领域的教学课程进行专业细分，文化服装学院正是意识到了这一重要性，所以编写了"文化服饰大全"系列教程。

它可分为以下四套教程：

《服饰造型讲座》：教授广义的服饰类专业知识及技术，培养最广泛领域的服装专业人才的讲座。

《服装生产讲座》：培养服装生产产业的专业人员，包括纺织品设计员、销售人员、服装设计师、服装打板师及生产管理专业人员的讲座。

《服饰流通讲座》：服饰流通领域中的专业教材，主要针对造型师、买手、导购员、服装陈列师，也被称为培养服饰营销类专业人材的讲座。

以上三套教程是相互关联的基础教程。这些基础教程同色彩、时装画、服装史、服装材料等《服装相关专业讲座》组成了四套主要的教程。

《服装生产讲座》是服装制造业中的基本教程，企划、制造、销售是三大专业部门，对应的有服装商品企划、纺织品设计、服装设计、针织设计、服装生产技术等讲座。学习各类讲座内容，是培养服装制造业各部门专门人才的好途径。

服装从业人员无论如何都要有"服装就是创造商品"的意识，学好基础知识，掌握相应的专业知识和技能，包括案例学习，努力学习，成为服装产业中各领域的专门人才。

大沼　淳
文化服装学院院长

目录

序 ··· 3

前言 ·· 8

第1章
关于立体裁剪
9

一、立体裁剪 ·· 10

　　1 从平面理解立体 ····································· 11

　　2 立体观察 ··· 13

二、衣服和造型美 ··· 14

　　1 衣服的构成形状 ····································· 15

　　2 从造型开始的设计构思 ······························ 16

三、衣服和人体 ··· 17

　　1 形态的认识 ··· 18

　　2 人体截面 ··· 19

第2章
立体裁剪的准备
21

一、所用工具、材料 ······································· 22

　　1 人台 ·· 22

　　2 用具 ·· 26

　　3 材料 ·· 28

二、人台的准备 ··· 29

　　1 标记线（导引线）的贴法 ···························· 29

　　2 人台的补正 ··· 33

　　3 制作布手臂 ··· 34

三、大头针的别法 ··· 38

第 3 章
立体裁剪的基础

一、衣服的基本形 ⋯⋯⋯⋯⋯⋯⋯⋯⋯ 40

 1 紧身衣 ⋯⋯⋯⋯⋯⋯⋯⋯⋯⋯⋯ 40

 2 人体躯干廓形 ⋯⋯⋯⋯⋯⋯⋯⋯ 48

 3 衣身原型 (腰部合身型) ⋯⋯⋯ 54

二、衣服的结构和设计表现 ⋯⋯⋯⋯ 62

 胸省的变化设计 ⋯⋯⋯⋯⋯⋯⋯⋯ 62

 1 肩省 ⋯⋯⋯⋯⋯⋯⋯⋯⋯⋯⋯⋯ 62

 2 侧缝省 ⋯⋯⋯⋯⋯⋯⋯⋯⋯⋯⋯ 65

 3 低侧缝省 ⋯⋯⋯⋯⋯⋯⋯⋯⋯⋯ 66

 4 腰省 ⋯⋯⋯⋯⋯⋯⋯⋯⋯⋯⋯⋯ 67

 5 袖窿省 ⋯⋯⋯⋯⋯⋯⋯⋯⋯⋯⋯ 68

 6 中心省 ⋯⋯⋯⋯⋯⋯⋯⋯⋯⋯⋯ 69

 7 领省 ⋯⋯⋯⋯⋯⋯⋯⋯⋯⋯⋯⋯ 70

 8 领部抽褶 ⋯⋯⋯⋯⋯⋯⋯⋯⋯⋯ 71

 9 肩部塔克 ⋯⋯⋯⋯⋯⋯⋯⋯⋯⋯ 73

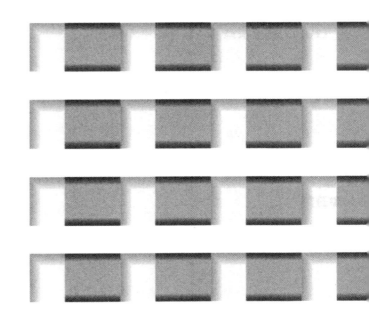

第 4 章
基本款式的立体裁剪

一、女衬衫··· 76

  1 底摆塞在裙子中的女衬衫···························· 76

  2 驳领女衬衫······································· 86

  3 男衬衫领式女衬衫································· 94

二、裙子··· 106

  裙子的构成原理··································· 106

  裙子的功能性····································· 107

  1 紧身裙··· 108

  2 半波浪裙······································· 114

  3 波浪裙··· 119

  4 纵向拼片裙····································· 124

  5 育克分割箱式褶裥裙····························· 129

  6 褶裥裙··· 135

三、连衣裙·· 139

  1 腰部分割的衬衣式连衣裙························· 139

  2 高腰分割连衣裙································· 151

  3 低腰分割连衣裙································· 160

  4 公主线分割连衣裙······························· 171

四、西装·· 179

  1 单排扣平驳领西装······························· 179

  2 男性风西装····································· 192

  3 公主线分割上衣································· 200

  4 箱形上衣······································· 209

五、大衣·· 214

  1 双排扣骑装式大衣······························· 214

  2 直身廓形大衣··································· 223

  3 斗篷式大衣····································· 231

  4 战壕大衣······································· 242

六、背心·· 254

  1 V形领背心····································· 254

  2 吊颈式背心····································· 257

第 5 章
部件设计

一、领、领窝领 ………………………………… 262

衣领的构造原理 ………………………………… 262

1 立领 ………………………………… 264

2 敞领 ………………………………… 266

3 平贴领 ………………………………… 268

4 水手领 ………………………………… 271

5 领窝领（无领）………………………………… 274

二、袖 ………………………………… 275

衣袖的构造原理 ………………………………… 275

袖山高与袖肥的关系 ………………………………… 275

手臂的方向性 ………………………………… 276

关于肘部归拢 ………………………………… 277

关于缩缝量 ………………………………… 278

1 肘部收省的袖 ………………………………… 278

2 袖口收省的袖 ………………………………… 282

3 袖山收省的袖 ………………………………… 285

4 羊腿袖 ………………………………… 288

5 灯笼袖 ………………………………… 291

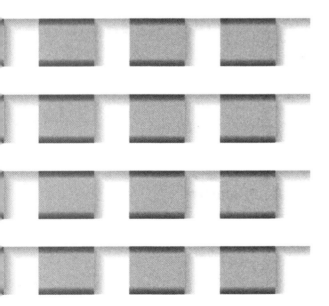

前　言

　　进入 21 世纪后，服装产业越来越广泛地向着全球化趋势发展。日本的服装产业界、教育界也发生了巨大的变化，日本力求成为亚洲服装中心。随着数字化的发展，生活节奏的加快，社会的进步，个人的价值观、生活方式也发生了巨大变化。这对服装工作者也提出了更高的要求。

　　基于此，我们编写了面向培养服装产业专业人才系列教材《服装生产讲座》中的《立体裁剪基础编》。本书的编写，注重专业知识的讲解和专业技术的培养，基本原理和技术相结合，可培养学生敏锐的感知力和应变能力。

　　立体裁剪必须使用适合新文化式原型的新文化模型。为跟随时代潮流，追求时尚的视觉和感知，寻求、修练、发掘造型的源泉，必须用裸体人台。同时，必须掌握与包裹人体的衣服相关的人体构造、形态。

　　作为基础原理，本书讲述了创作的手法、观察方法，服装造型的立体裁剪的思考方法，适合人体（女性体型）的轮廓线和设计线、结构线的获取方法等内容。另外，为了使读者更好地理解服装造型的基本技术，本书对基本服装品类从设计要点开始，对其立裁方法、完成成品与制图都采用照片（包括插图）进行详细的讲解。

　　对于各品类的服装，可以采用立体裁剪手法完成，对于袖子，则可以采用立体裁剪与平面制图相结合的方法，先在衣身轮廓线的基础上找到对应的袖山高，做出袖身形状，然后在装袖过程中一边调整一边得到最终造型线。还需注意面料（基本的普通质地）、缝制方法、缝缩量、归拔技术等要素，为了避免获取样板的复杂性，不作点影而直接将对位记号对准来完成立裁服装。

　　如何使立体裁剪不进行重复操作，重要的是培养服装工作者的平衡感，帮助其掌握基本知识。本书为将来服装界产生更多的创造性作品提供了基石。愿本书能使你跨出独特而重要的一步，并能将它用活用好。

第1章

关于立体裁剪

一、立体裁剪

随着人们生活方式的快速变化，如今需要创造多样化的立体美。源于欧洲并与日本服装文化相融合的立体裁剪，作为一个立体美的表现手段，它起到了重要作用。

人体是由凹凸曲面（复曲面）构成的立体。人们穿着的服装，必须要满足人体的运动需求、有良好的舒适感，以及整体平衡的廓形。

服装的构成方法，从大的方面来分，有以下三种：

（1）平面作图

根据计算的尺寸使用原型来制图，将纸样展开的方法。优点是可以同时做出相同的样板，是二维（平面）的操作方法。

（2）立体裁剪

使用基于人体的理想化人体比例的人台（人体模型）或者直接在人体上覆盖面料，一边裁剪一边造型的一种设计表现方式。使用人台，可与着装时的状态相同，能够在三维（立体）的状态下，对面料进行裁剪，一边观察布的走向与整体平衡，一边塑造造型。它是表现服装立体感的三维（立体）的操作方法。

（3）平面作图和立体裁剪并用

首先用平面制图得到一定的基础纸样，然后用白坯布裁剪后将其组合起来穿在人台上。对于某些细节或一些具有特殊性能的面料，为了得到正确的立体形状，往往采用平面和立体相结合的方法。

立体裁剪可使用工业用人台（放入了松量），也可使用裸体人台。

工业用人台针对大多数不特定的人体，为成衣化生产服务，必须按照工业规格的尺寸来生产。但也有服装品牌，根据其服装品类、目标消费群、年龄层使用自己开发的人台。

裸体人台，是根据人体最理想化的比例制成的。本书中人台用于表现设计创意。因此，使用裸体人台来学习立体裁剪是非常重要的。

人台与人体

人台是静态的。制作需要满足人体运动功能的服装，首先要理解人体的构造和形态（参照第18页内容）。

伴随着人体的运动，代替人体的人台与面料之间应该有怎样的空间才能使穿着者感觉舒适，并有良好的运动功能性呢？观察人体的立体形态是制作服装的源头。

人体和服装

将一块布放在人体上，自由地卷绕，覆盖住人体，也能构成服装。但观察人体的凹凸形态，考虑服装的机能，理解服装的构成原理，才是最关键的。

服装造型的原点来自立体化的观察。从前面、侧面、后面等多角度去观察，可培养通过目测判断围度、长度、厚度的能力，即五感中的一种——视觉判断力。

为了使制作的服装适合人体，要把握好设计线、构造线、省道、缩缝、拉伸、厚度、开口的位置等，并通过视觉观察对造型产生感悟力。

布纹线作为基准线必须被准确地设定，缩缝、拉伸，以及塑造廓形都是基本的技术。缩缝、拉伸，根据服装品类、设计款式、在身体上的位置而异。审视款式图，根据形状，观察哪里要缩缝、哪里需拉伸，做出轮廓造型。去感受这些要素，将感性与技术相结合地去进行立裁。

面料及基本技术与样板制作

立体裁剪的目的是得到好的样板。判断面与面的接合，面的丝缕，从而获得轮廓造型。

立裁服装时必须以正确的布纹线为基准，正确审视布纹线，这体现了视觉判断的重要性。此外，在处理面料的过程中，其厚重感、悬垂性、张力、手感等都是很重要的。

要使用与实际面料相近的坯布，这点也需充分考虑。意识到材料特性，同时用正确的针法与裁剪，才能获得好的样板。

立体裁剪时要正确把握面料的物理性能，边运用基本的技法，边裁剪、边修改，才能创造出新的有价值的款式。正确领会面料丝缕、轮廓、量感、合身性、总体平衡感，再加上对流行趋势的把握，才会创造出更多的附加价值，若能达到这一步，设计能力自然是强的。

立体裁剪时，为了得到完整的、具有良好舒适感及运动功能性的样板，要对样板进行检查，考虑人体、面料、轮廓造型等，根据平面构成理论进行分析，最终理解构成原理，这是很重要的。在此基础上，可在创作上跨出一大步。

立体裁剪按以下顺序进行（但本书中也有不完全按此顺序的）：

①人台准备；

②坯布准备；

③别样；

④点影；

⑤描图；

⑥用大头针别成型；

⑦完成。

1 从平面理解立体

若将有形状的立体物品用一块平面的布包裹，变成如图1所示的形状，集中收拢于一处的地方会有大小各异的垂褶及抽褶产生，因此把握原来物体的形就较难。这种情况，开口的位置（被束缚位置）设在任何位置都可以。

这种用平面的布包住、卷起的穿着方法也是可以的。但穿在人身上的衣服，里面是人体，在了解有形物体的基础上，有必要进一步获得合体的立体效果。

图2是将布去掉，用适合曲面形状的结构线来分割塑形的效果。以基点为轴心的结构线能做出合体的造型。

以此来理解人体，对于女性人体，通过胸高点位置来设置结构线是最重要的。另外，要使服装合身，增加结构线能使服装合体效果更好。

图1

图2

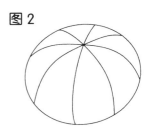

●以平面形式穿着

图 3 是以直线形式裁剪的，与性别、体型无关，人人都可穿的衣服。可将侧面进行部分缝合，穿着时头和手臂伸在外面，或者采用侧缝完全不缝合挂在肩上的无袖斗篷式穿着方法，穿着者能根据面料、衣服的情况穿出乐趣。这种情况，只有前片和后片，因侧面没有连接而无厚度，上臂因衣身的宽度大而能被覆盖，并且手臂能从中伸出。

图 4 同样是以直线形式裁剪的服装。须做出腰围处的开口，并作为裙子穿着。平面的衣片会变形并产生立体的波浪。

图 3

图 4

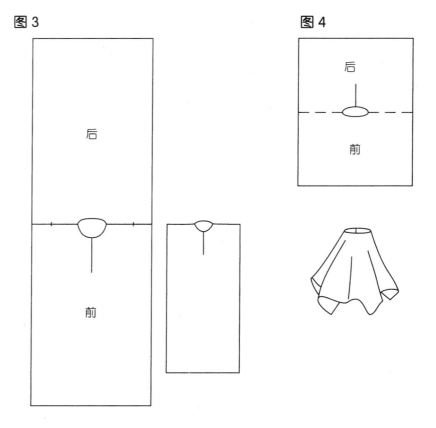

●以接近立体形状的平面形式穿着

图 5 是根据颈根形状来设计领窝线而裁剪成的服装。衣身和衣袖分别是以直线形式裁剪的长方形，侧片裁成梯形，缝合后，侧面为立体形。衣身和衣袖的分界线是为了保证侧面的立体效果而特意设计的结构线。另外，在袖底和侧缝之间加入四边形的插片，可使厚度稳定，袖肥不大且能满足运动功能，更符合了人体的立体形状。在民族服装中这种形式很多。

图 6 同样是民族服装中会见到的裤子。

它的腰部特别大，插片长度到了左右脚附近。插片为宽幅的四边形裁片，保证了充分的松量。下摆处包紧，并保证需要的厚度。另外，插片还储备着能保证步行、盘腿、坐等动作所需的量。

图 5

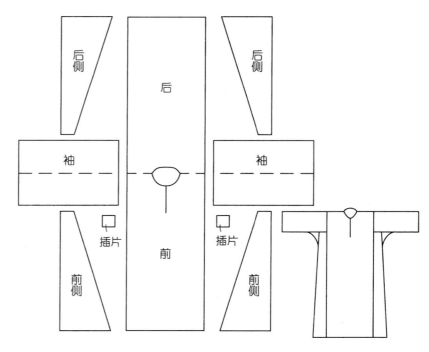

图 6

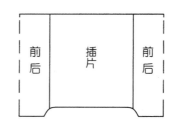

2 立体观察

为了构成立体的服装，必须有拼接缝。最简单的是前后衣身的侧缝线，此外，前衣身（前面）和后衣身（后面）之间嵌入侧片布（侧面），使其有一定的厚度（深度），构成了更具立体感的服装。

这个侧片的厚度，可根据体型的变化而改变其大小，成为构成面的重要元素。

另外，服装构成要素有接缝线、省道、归拢、拔开、穿脱的开口等，通过观察人体形态，从简单的缝合到将其细分成多个部件再进行缝合，从多个角度观察其立体性，对认识立体是很有帮助的。

服装造型的第一步：对静物进行观察，思考想构成怎样的立体造型，在平面上展开尝试。

观察（读设计图）要点
● 明暗——掌握深度；
● 考虑面的分割；
● 开口——位置及长度；
● *丝缕*——直丝缕、横丝缕、斜丝缕；
● 对位标记——凹凸拼合点。

① **立方体箱子**
能明确分辨前、后、侧面。
② **球形的球**（对1/2球进行展开）
拼接缝可设在任何位置，像公主缝的分割线也可以。
③ **六角形的盒子**
能理解前、后、侧面。
④ **石头**
用白坯布包住石头，将捏掉并缝合的拼缝展开成平面，根据凹凸的变化来设定结构线，还可将省道、拔开、归拢等多种手法综合运用以构造成型。
⑤ **圆筒形的储物箱**
用圆包裹而成的立体面。

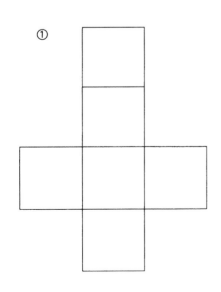

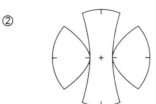

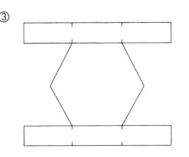

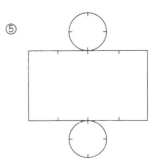

二、衣服和造型美

虽然人体被称为这个世界上最美的造型物，但是自然界中还有许多能与之匹敌的造型物。从海岸线（照片 1）、山脉、海边的夕阳、花（照片 2）、动物等物中我们都可以发现自然美。这些绝不是人类能造出来的，而是在自然界中存在的超乎想象的美。

关于人工美，尽可能减少其徒劳性，我们也能找到美且有价值的物品，如漂亮的帆船（照片 3）、飞机、建筑物（照片 4）。

人类穿着的服装，表现了环境、喜好、必要性、功能性、设计等的变化，是那个时代的造型代表（照片 5、照片 6）。

新西兰海滩
（摄影　滑田広志）

新西兰花
（摄影　滑田広志）

船夫号
（摄影　森拓也）

安东尼奥教堂

皮尔·卡丹
（1970 年春夏　巴黎高级时装发布会）

克里斯汀·迪奥
（2000 年春夏　巴黎高级时装发布会）

1 衣服的构成形状

人类最初是为了保护身体而发明了服装。随着时代的变迁，服装又有了其他用途。

从现在的角度来讲，服装有缠绕式的、覆盖式的、贯头式的（图1、图2），最为古老的有前开襟长袍式的（图3），有为了合身而束腰带的埃及长衣（图4），打个结穿着的希腊服饰（图5）等。为适应地域、气候、风土，夸大民族性，服饰上增加了装饰性，并持续受到宗教的极大影响，服装渐渐地向缝制方向演变、进化。有袖的服装成了现代服装的主流（图6）。

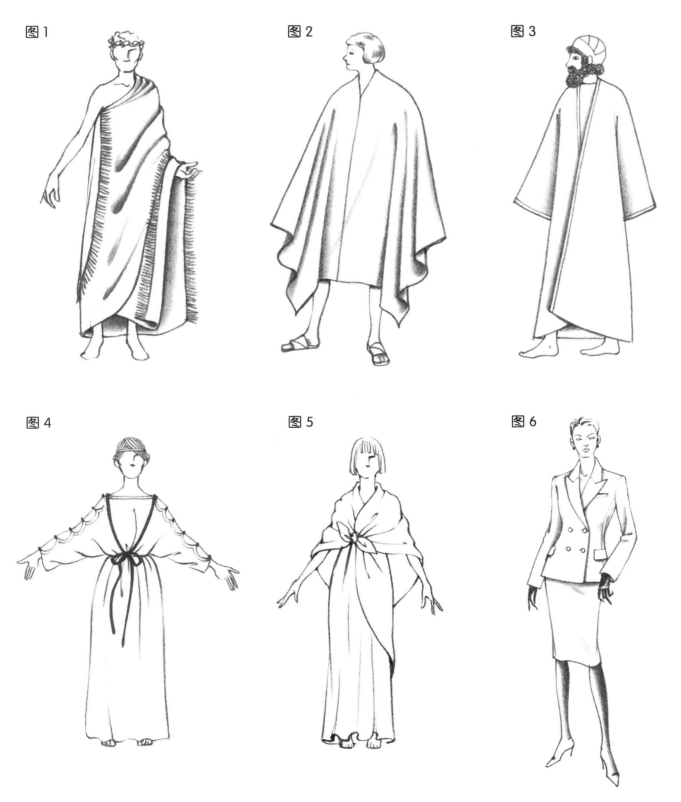

图1　图2　图3

图4　图5　图6

2　从造型开始的设计构思

设计构思的训练方法有很多，这里是从某造型中受到启发，产生灵感而进行想象及创作的服装造型设计的思考方法。下面是作品案例。

从建筑中获得启发

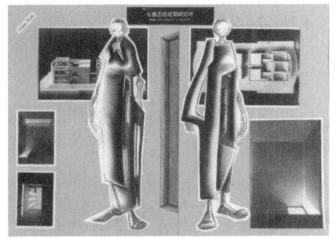

安藤忠雄

从艺术家的绘画作品中获得启发

冈本太郎

从艺术家的绘画作品中获得启发

夸张绘画

从艺术家的绘画作品中获得启发

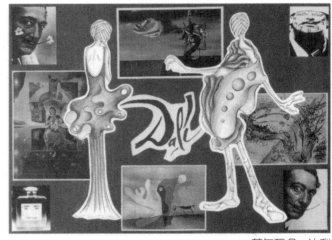

萨尔瓦多·达利

从海洋生物中获得启发

海牛

从都市空间中获得启发

碎片组合造型

从娱乐场所中获得启发

迪士尼乐园

从国家的形象中获得启发

日本

从食物中获得启发

可可豆

从伊拉斯解说员的作品中获得启发

乔治·芭芭拉

三、衣服和人体

　　服装设计师在进行服装设计时，要考虑人体的特点、易穿性、穿着舒适性、安全性、好心情等。衣服和人体的关系应合理匹配，这就是人体工学。制作服装时，必须经常考虑人体工学及运动功能（运动卫生学），即制作服装必须先理解人体。

　　人体由骨骼、肌肉、皮肤等部分组成，特别是骨骼，全身有200块以上的骨头。人体分头部、躯干部、上肢、下肢几大部分（图1）。把握各部分的运动和变化以及伴随着的皮肤上的测量点和测量值的变化是制作优质服装的关键。

图1

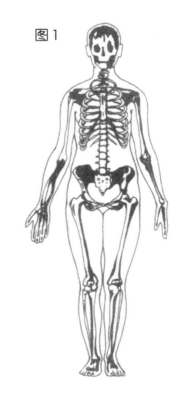

另外，女性的前面姿态毋庸置疑非常优美，但背部之美也不容忽视（照片1）。体型会随年龄、造型、整体姿势、特殊的动作变化而发生变化。

即使在着装的情况下，不同人的背部形态也不同，加上机能美、形态美，显示出的品位就不同（照片2）。服装不仅要从前面看美观，而且要从全方位来看都很美观，这一点非常重要。

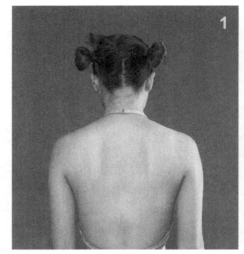

1　形态的认识

要制作穿着方便、舒适的服装，观察人体形态是很有必要的。

● 由动作引起的形态差异

相对于基本的直立姿势（图2），身体向前弯曲，并且头部下垂抱合身体，整体会呈椭圆蛋形（图3）。

两脚分开，与肩同宽，手臂转动，使身体扭转一定角度，腰部周围旋转90°，胸部以上再往回转一点便是图4所示姿态。

单脚脚尖踮起，手臂上举，从腰部到腋窝、再到手臂，整个侧面呈细长状。此外，处于这个姿势时手掌向前张开（图5）。

图2

图3

图4

图5

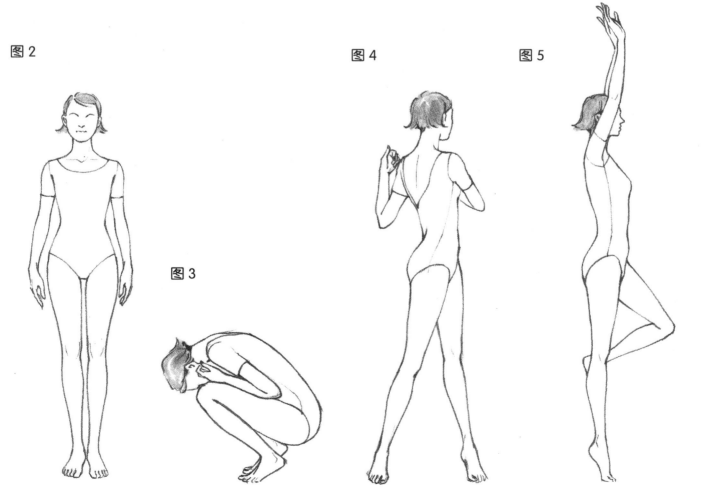

● **男女体型差异**

从外表看，男性比女性骨骼大、骨头粗，显得健壮。

男性全身肌肉发达，皮下脂肪少；女性骨骼细，皮下脂肪比男性多，腰部细小收紧（图6、图7）。

男性的上肢粗而强壮，女性的上肢细而柔软（图8、图9）。特别是男性肌肉明显，女性的肌肉则光滑柔顺（图10、图11）。

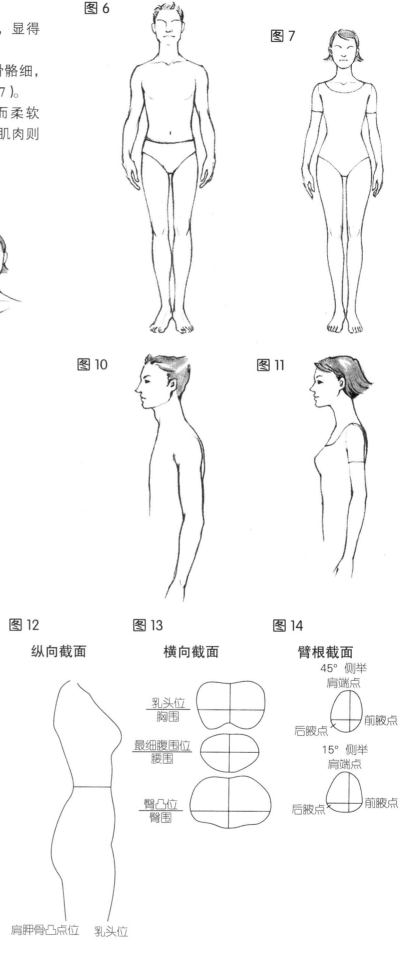

图6

图7

图10   图11

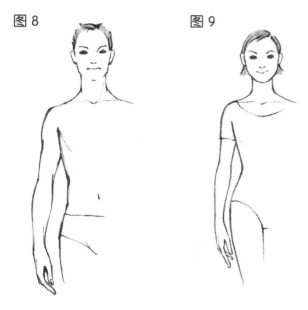

图8   图9

2　人体截面

仅仅根据人体外观无法深入理解人体，还要观察人体截面形状（被试验者为21岁女性）。

躯干部的纵向截面（图12），经过前面的BP点、后面的肩胛骨，即经过人体最凸点，并保持与正中线等距离的轮廓形状，可帮助理解胸部的形态和高度以及从肩胛骨到腰部、从腰部到臀部的线条。

认识胸部、腰部、臀部的横向截面（图13），能很好地理解背骨的凹陷、胸的方向性、臀部的骨盆形状。

必须认识到胸部周围起伏大，乳房从中心部开始稍稍往外侧偏，从侧面到前面的皮肤面形状相反地稍往内侧；臀部周围起伏也很大。在这些起伏大的地方设置省道、结构线能得到优美的立体造型。

还要了解臂根围的截面，并掌握上肢侧举的角度变化引起的臂根围的形状变化（图14）。

图12

纵向截面

肩胛骨凸点位　乳头位

图13

横向截面

乳头位
胸围

最细腹围位
腰围

臀凸位
臀围

图14

臂根截面

45° 侧举
肩端点

后腋点　　前腋点

15° 侧举
肩端点

后腋点　　前腋点

体型不同横截面不同

　　认识挺胸体、扁平体、背部曲线呈明显 S 形的体型。将各体型的横截面放在同一图上重合并进行比较，可看到挺胸体的胸部位置形状、扁平体的腰部位置形状、背部曲线呈明显 S 形体型的腰部凹陷等形状的差异。

　　科学地把握人体特征，对立体裁剪来说非常重要。

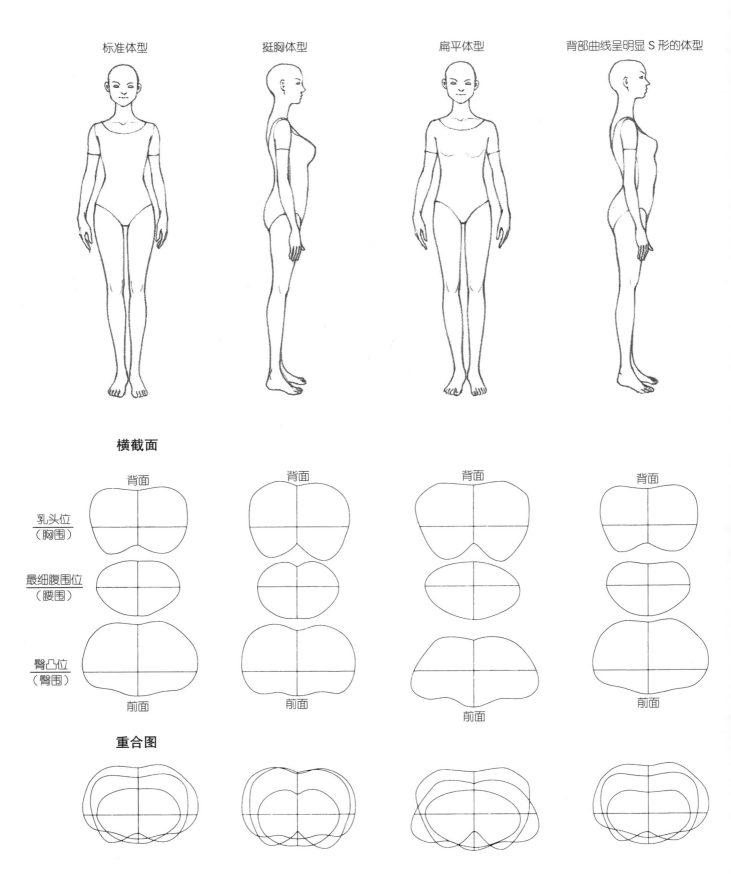

|标准体型|挺胸体型|扁平体型|背部曲线呈明显 S 形的体型|

横截面

乳头位（胸围）　最细腹围位（腰围）　臀凸位（臀围）

背面　前面

重合图

第 2 章

立体裁剪的准备

一、所用工具、材料

下面就立体裁剪用的主要工具进行说明。

1 人台

人台作为人体的替代品，是立体裁剪必不可少的工具。我们为了得到制作适合人体服装用的样板而希望人台有美的比例。

人台因其目的和用途不同，有各种各样的类型。这里用的是不加松量的人体躯干部分的裸体人台。使用裸体人台的意义前面已讲过，立裁用的人台也有已加入松量的工业用人台。这里介绍包括正在使用的新文化裸体人台在内的具有代表性的人台。

A　新文化裸体人台
　　女性用人体躯干型裸体人台
　　尺寸相当于9AR

B　STOCKMAN（斯托克曼）法国制人台
　　女性用人体躯干型裸体人台
　　尺寸40

C　New Kypris（新居普里斯）人台
　　女性用人体躯干型工业用人台
　　尺寸9AR 常规

关于新文化裸体人台

人台，既要符合人体体型又要兼顾机能性及美学要素，以及整体的姿态及平衡等多种因素。因此，人台必须正确反映人体体型。以前人们按人体尺寸，根据制作者的经验，手工制作人台。做成的人台与实际人体有差异，且制作服装时参考的解剖学上的重要特征点的位置不明确。

这里的新文化裸体人台是为了制作符合人体的优美服装，在现代青年女性体型数据的基础上，得到数字化模型后制作的。使用相当于JIS（日本工业标准）规格9AR尺寸的青年女性三维测量所得的数据，用计算机进行分析获得平均形态，然后根据平均形态制作完成实体化人台。

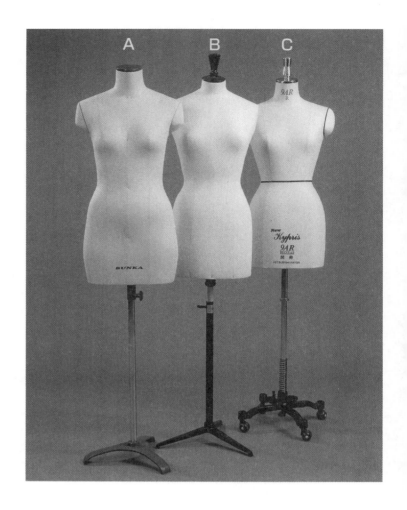

人体、人台、衣服的关系

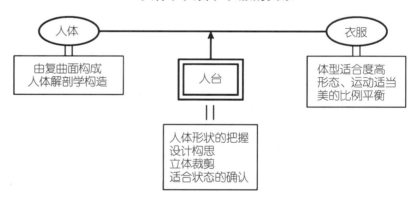

人台制作工程

以前的人台制作过程	新文化裸体人台的开发
测量尺寸	三维人体测量
↓	↓
粘土原型制作：制作者的主观经验	三维形态数据的模型
↓	↓
石膏像制作	根据FFD法的形态分类
↓	↓
补正、修正：制作者的主观经验	平均躯体形态的计算
↓	↓
雏形制作	利用光造型法将其实体化
↓	↓
本体成型	人台制作

人台形状和尺寸

根据三维人体测量的形状分析

　　新文化裸体人台的各部分水平截面、矢状截面，从上半身看往后倾，乳房优美、丰满，臀部凸出明显，从肩胛骨到腰部至臀部的曲线曲度大，腹部凸出也很明显，厚度增加，立体形状明显。从腰部到腹部、大腿部、臀部的曲面表现以及各部分横截面都如实地反映了人体的形状，前后、左右、凸出部分的厚度的平衡也大致体现了其对称美。

综合测量数据　（单位：cm）

	前后中心厚度	左右宽度	周长	凸出	左右BP点间距
胸围	18.1	27.1	82.8	21.1	15.8
腰围	14.6	24.2	64.0	—	—
臀围	20.1	33.8	91.3	—	—
后正中长	38.0	后肩宽	40.6	胸点高度	25.0
前正中长	33.0	后长	40.7	前长	42.1

新文化裸体人台和新文化式原型的适配

　　新文化裸体人台是在三维人体形状测量仪上获得的人体形状的基础上，结合人体工学理论，通过计算机分析得到的平均形状后实体化的结果。新文化式原型是根据胸围尺寸不同的被试验者进行穿着试验，并通过补正结果来完成的。用上述方法制作的人台与原型是否一致，要由着装状态来验证（照片 A）。

　　通过对穿着原型的人台进行三维测量（图1），可看到，原型加入了适当的松量（腰围线位置处可清楚地看到）。

　　三维形状和二维样板需要一致，立体裁剪和平面作图的原理是一致的。将立体裁剪所得的衣服展开成平面，可应用于平面打板，以便更准确、更有效地把握人体形状，提高服装制作效率。

三维测量数据

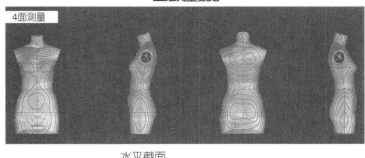

4面测量

水平截面　　　　正中截面

颈侧点

肩端点

胸围　　　　　　经过BP点的矢状面

腰围

臀围　　　　　　矢状面重合图

水平截面重合图

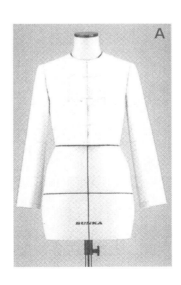

A

图1

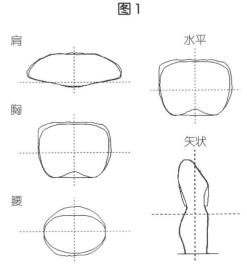

肩　　　　　　水平

胸

腰　　　　　　矢状

开发流程

确定被试验者	→	三维测量	→	网格处理	→	平均形态数据的测算与分析	→

- 18～24岁
- JIS 9AR尺寸
- 不要弯弯扭扭和歪斜，左右差别要小
- 整体形态平衡

　着装条件

　着装前后身体形状变化要很小，如穿着适合体型的胸罩、紧身裤。

对人体形状进行三维测量，并将数据输入计算机。

为了寻找个体间的对应关系，设定一些特征点，进行网格处理。

运用计算机图形技术，对体型进行分类，计算并分析其平均形状。

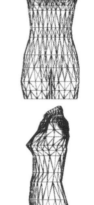

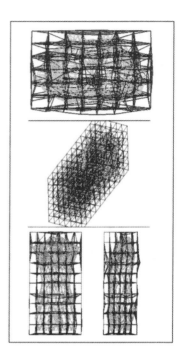

平均形态的修正	→	人台完成

　将平均形态作为初步的人台并对其进行修正。

修正过的初步人台即可作为人台的初始形态。

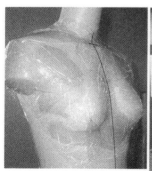
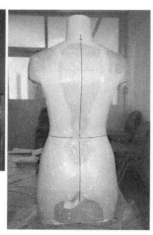

前面　　　　　　侧面　　　　　　后面

精密形态数据转换	→	根据光造形将其实体化	→	平均形态	→

在平均形态上根据精密的数据进行转换。

对计算机获得的平均形状的数据，用光造形技术将其实体化。

通过解析三维测体数据，得到实体化的平均形态。

颈侧～肩峰

乳头～下胸围

腰围～臀凸

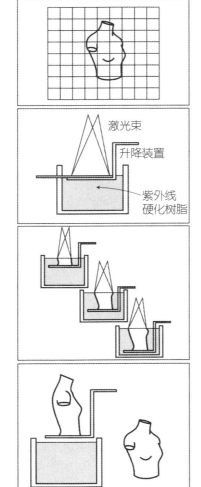

激光束

升降装置

紫外线硬化树脂

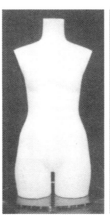

人台的特征

① 反映现代青年女性体型的裸体模型。

② 对从 18～24 岁的 6000 名青年女性中挑选出的、尺寸符合 JIS 规格 9AR 的、具有优美比例的身材条件者进行三维测量，得到平均化的形态制作而成。

③ 制作内衣用的人台，穿着内衣（胸罩和紧身内裤）时的平均形态。

④ 人台和新文化原型是相符合的。

原材料的特征

考虑到地球环境问题，材料使用能够被简单地、安全地分解的塑料。以前的人台使用 FRP（纤维增强复合材料）及硬质氨基甲酸乙酯发泡制成，将来废弃后只能粉碎处理，但粉碎物永久存在。这次新文化裸体人台用聚乙烯加入了添加剂，在紫外线、温度、微生物的共同作用下最终能自然分解成水和二氧化碳。

2 用具

现对测量、裁剪、作标记、作图、纸样拷贝、缝合等立体裁剪时使用的主要工具名称及用途进行介绍。

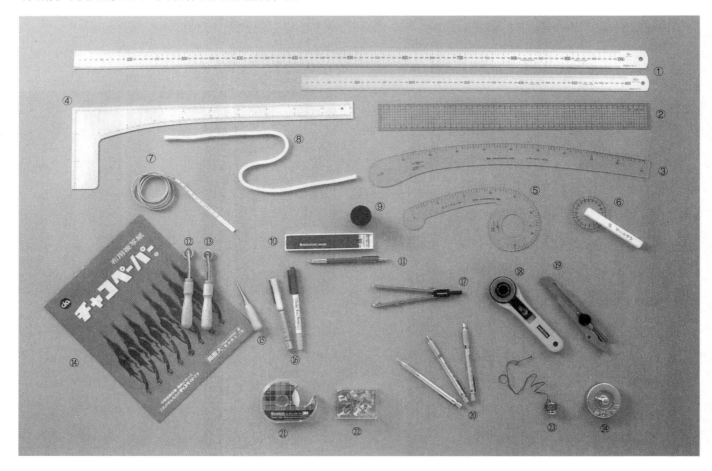

① **不锈钢直尺**

金属制，长度为100cm或60cm，在薄布上既方便移动又能当重物压在布上。

② **方格直尺**

用硬质氯化乙烯制成，有纵横刻度透明的尺。尺上画了平行线和直角，使用起来非常方便。

③ **H曲线尺**

H指臀部（hip）的首字母，画平缓的曲线时使用。

④ **L尺**

在L形上兼有直角和曲线的硬质乙烯制成的尺。

⑤ **D曲线尺**

D是深度（deep）的首字母，画领窝、袖窿等较弯曲线时用。

⑥ **圆尺**

使其沿着曲线旋转可得测量数据。

⑦ **软尺**

用于测量身体上的围度、长度。乙烯制成（在玻璃纤维上加上乙烯加工而成）的尺。

⑧ **自由曲线尺**

稍有厚度的棒状尺子，形状可以随意弯曲。可将自由弯曲成的曲线画下来，还可测量现成的曲线长度。

⑨～⑪ **铅笔、铅笔芯和削笔芯器**

放入铅笔芯就能用。铅笔芯要用削笔芯器研磨。

⑫ **滚轮（标准齿）**

齿尖尖锐，拷贝纸样时使用。

⑬ **滚轮（钝齿）**

齿尖呈圆形，将布样转变成纸样时使用。

⑭ **拷贝纸**

双面或单面有印粉的复写纸，作标记或拷贝时用，颜色有多种。

⑮ **锥子**

大多在缝制时使用，也用于在纸样上作标记点。

⑯ **画粉笔**

如马克笔状的作记号用的消失笔。用这种笔作的记号，会随着时间自然消失。两头都能用，缝制时用细头。

⑰ **圆规**

画圆、画弧线用的工具。

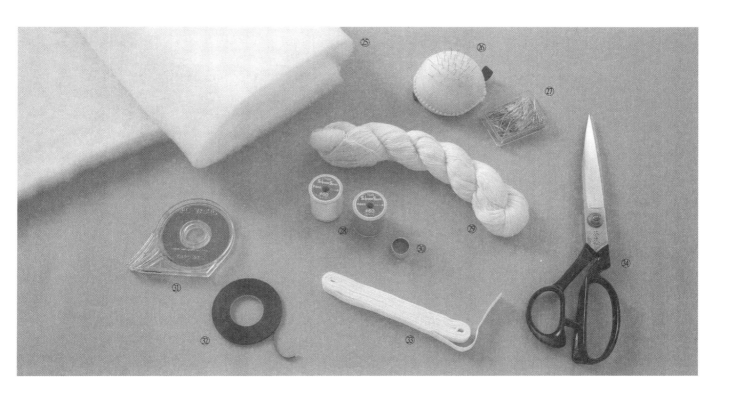

⑱ **旋转式刀**

刀刃为圆形，像使用滚轮一样用手按住，边滚动边切割的用具。

⑲ **美工刀**

用于切割纸样及展开纸样时剪切纸样。

⑳ **活动铅笔**

活动铅笔的笔芯有 0.5mm、0.7mm、0.9mm 等不同规格。根据纸样上的线来选择铅笔芯的粗细。

㉑ **粘接用胶带（透明胶带）**

用于把纸样重合在一起并粘住。胶带上能写字。

㉒ **按钉**

拷贝纸样时用。为使纸样不变形而用按钉压住，也可用于作记号。

㉓ **重物**

确认中心线、侧缝线的垂直度时使用。

㉔ **文镇**

用于压住布或纸样，使其不移动。

㉕ **垫棉**

1.6cm 厚的合成棉。有各种不同的厚度，用于制作布手臂或补正。

㉖ **针插**

用来插大头针，里侧有橡皮筋，可以用于将针插套在手腕上使用。

㉗ **针**

0.5mm 直径如丝绸般光滑的细长针，很容易穿刺布。

㉘ **缝纫线（涤纶线）**

白色和红色的 60 号缝纫线。颜色很多，有化纤的、有棉的。

㉙ **作记号线**

一般又被称为扎纱线，手缝用线。用于纳针缝及绗缝。

㉚ **顶针箍**

金属制。根据中指的粗细来选择。立裁时用力顶大头针及手工缝纫时使用。

㉛ **IC 粘带***

宽度为 2mm 的粘接带。长度、颜色很多。在弧线的弧度较大时，如在圆弧领尖及口袋弧度等处作记号时用。颜色以能透过白坯布的深色为好。

㉜ **粘带**

一般为 3mm 宽。用于在人台上贴标记线及在衣服上标记轮廓线。

㉝ **斜纹棉布粘带**

做布手臂时，将其固定在臂根侧。

㉞ **裁剪剪刀**

裁剪、缝制时使用。24~28cm 长的使用起来较方便。

其他：

● 白纸（作图、描图用）。

● 熨烫工具。

● 裁剪台。

（有 * 的名称是商品名）

3 材料

● 白坯布

立体裁剪时，除了一些特殊的面料，几乎没有用实际面料进行立体裁剪的，大多使用坯布（sheeting）或被称为 toile 的平纹棉布。

sheeting 是白坯布的英文名，粗糙的平纹棉织物（天竺棉）比较好，与法语的 toile 一词同义。

根据组织的密度、厚度的不同，白坯布有很多种类。可根据服装品类、服装廓形以及实际使用面料厚度来选择不同厚度的白坯布。

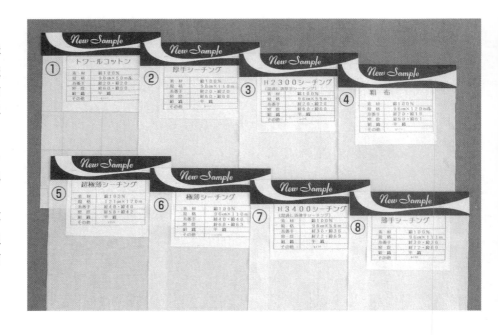

种类：

① toile 棉

用有色线织出格子（10cm×10cm）状的坯布，布料丝缕方向很容易辨认。

② 厚白坯布

③ 缩过水的厚白坯布

④ 粗布

主要用于大衣。

⑤ 超级薄白坯布

⑥ 极薄白坯布

⑦ 缩过水的薄白坯布

⑧ 薄白坯布

除此之外，还有彩色白坯布。

● 垫肩

垫肩用于塑造服装的廓形及体型补正。根据垫肩的形状、厚度分很多种。应根据设计、用途来选择相应的垫肩，分类使用。

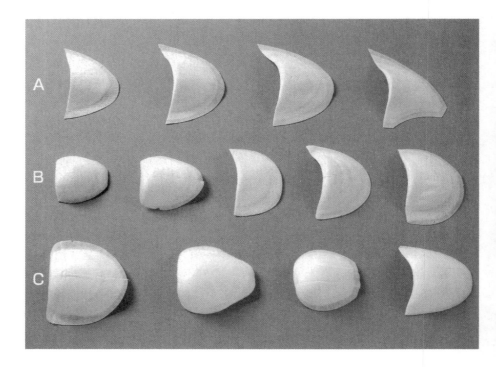

种类：

A　装袖型垫肩

肩端部被切断的造型。被广泛应用，有时也用于前肩。

B　蜂窝型垫肩

肩端部呈圆弧状的垫肩，具有柔和感。

C　插肩袖型垫肩

肩端部呈圆弧形的造型，可包覆人体肩部，沿着肩线一直从衣身装到衣袖。另外，装袖型垫肩中也有肩端点处是弧形的。

二、人台的准备

1 标记线（导引线）的贴法

人台上的标记线是立裁时的基准线，白坯布的丝缕线与这些标记线相吻合，才能保证立裁的正确性。另外，它也是纸样展开时的基准线。

标记线的位置根据衣服种类设计，根据外形轮廓不同而调整。这里就基本的标记线贴法做介绍。

① 前中心线（CF）　⑥ 肩线
② 后中心线（CB）　⑦ 侧缝线
③ 胸围线（BL）　　⑧ 领窝线
④ 腰围线（WL）　　⑨ 袖窿线
⑤ 臀围线（HL）

贴标记线的方法多种多样。

一般来说，在人台上可以靠视觉寻找测量点。但是为了方便找到计测点，常用原型衣，下面就同时利用视觉和测量器来得到标记线的方法进行说明。

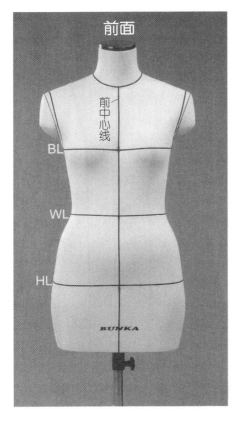

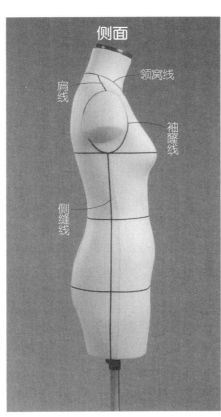

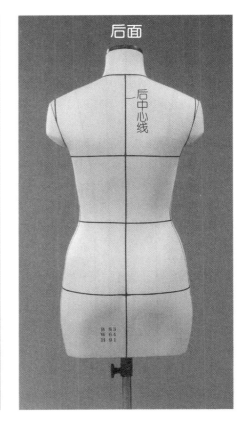

在人台上标记测量点（照片1~3）

● 将原型衣（用缝纫纸将新文化式原型缝制成型）穿在人台上，原型衣前中心线与人台上的前中心线对齐，用大头针固定。

● 让肩部稳定，与水平地面对应，确认腰围线、胸围线是否呈水平。另外，要检查前后衣身的松量、人台和原型衣之间的平衡。

● 在测量点处作标记
将胶布剪成三角形，尖角部分对准测量点贴住。
作标记的点如下：
· 前颈点（FNP）
· 后颈点（BNP）
· 侧颈点（SNP）
· 肩端点（SP）
· 后腰中心点

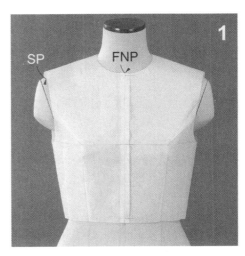

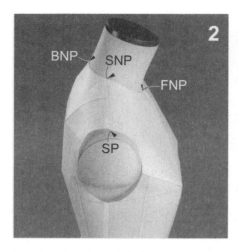

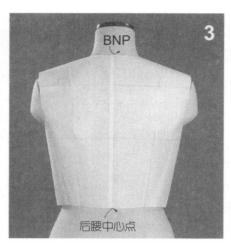

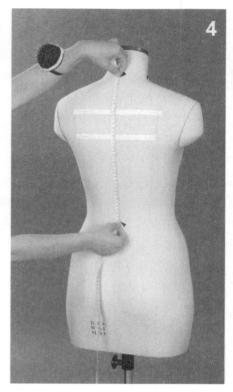

确认背长（照片 4）

在肩胛骨最凸出点及其下方附近，用平纹棉织带轻轻滑过，并用大头针固定。用软尺从后颈点开始，经过贴好的棉织带上方测到后腰中心，确认背长尺寸（38cm）。织带是考虑到后背中心的凹陷，为保证准确测量背长尺寸而做的辅助。

在人台上贴标记线

① 前中心线（照片 5、6）

在前颈点下面吊一重物以准确确定前中心线。

② 后中心线（照片 7）

同样，在后颈点下面吊一重物以确定后中心线。

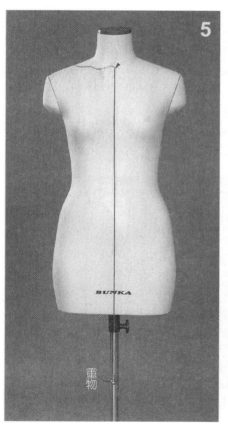

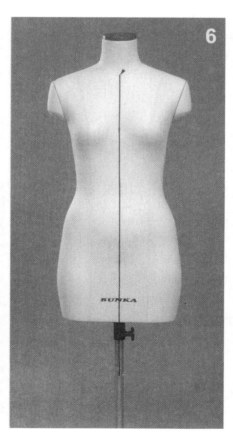

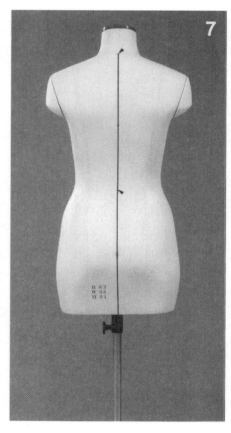

③ 胸围线（照片8、9）

从人台的侧面找到BP点，使用马丁测量仪确定BP点的高度，然后在这一高度下找到人台上对应的一周位置，并用大头针作记号。接着按大头针的位置贴出标记线。

④ 腰围线（照片10）

在已作过记号的人台后腰中心位置的同一高度，用马丁测量仪找到同高度下人台上一周的点，并用大头针作记号。贴出一周的标记线。

⑤ 臀围线（照片11）

从腰围线上前中心点往下量18cm，在这一位置上水平贴出一周标记线。从侧面观察是否在臀部最凸位及平衡，加以确认。

⑥ 肩线（照片12）

将侧颈点和肩端点相连，贴出肩线。

⑦ 侧缝线（照片12）

测量人台的腰围尺寸，确认左右侧缝到前后中心之间的距离是否相等（胸围、腰围的尺寸也同样）。在前中心到后中心的腰围尺寸（W/2）的二等分位置后移2cm作记号。

胸围线在前、后中心的二等分位置后移1.5~2cm处作记号，臀围线则在后移1cm处作记号。

从肩端点开始有意识地自然画下来，并经过上述记号点，平顺地连接。

侧缝线的位置可根据审美自己设定。这里是以新文化式原型为基准来设定的。

⑧ 领窝线（照片13）

从后颈点开始，以该点水平移动2~2.5cm作为侧颈点参考，边观察颈部的倾斜，边顺势光滑贴出领窝标记线，一直到前颈点。贴出一周的领窝线。

⑨ 袖窿线（照片13）

再次穿上原型衣，确认领窝线，从肩端点到前腋点附近以原型衣的袖窿为基准插上大头针。过肩端点，分别作出肩线的前后垂直线。

从前腋点到袖窿底的曲线稍弯些，应注意后背宽不要过窄，从后腋点到袖窿底的曲线则比前面稍直。袖窿底在胸围线上，得到袖窿部分的侧缝线位置。

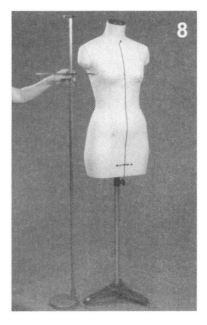
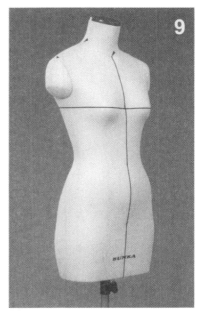
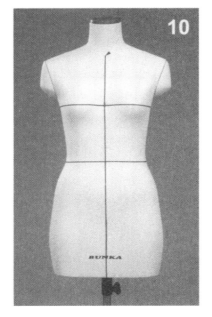
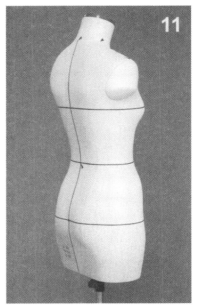
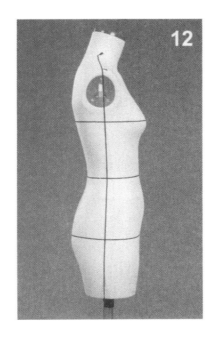
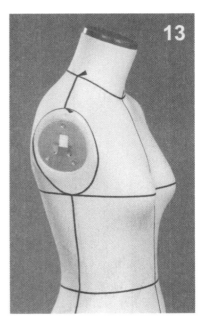

贴好标记线的人台（照片 14 ～ 16）

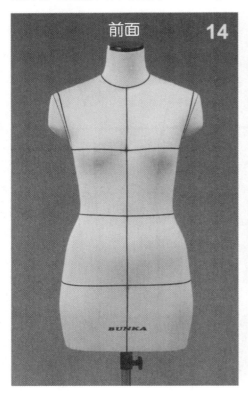

14 前面

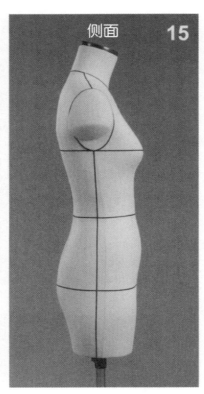

15 侧面

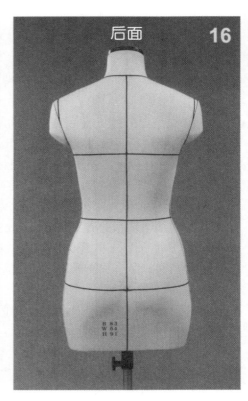

16 后面

确认水平线

可用专门的激光标记（照片 17），也可用方格纸
等做背景加以确认（照片 18）。

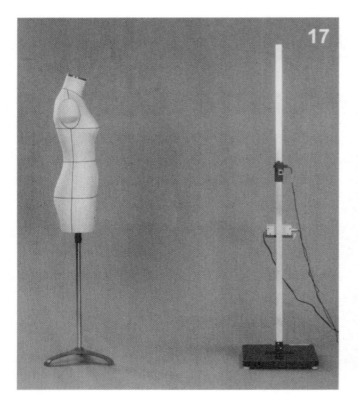

17

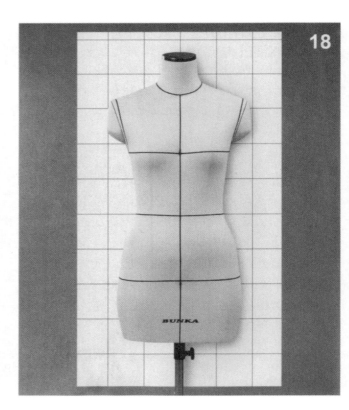

18

2　人台的补正

对人台进行补正，有的是因某些部位尺寸不足，也有的是因部分体型的特殊性，甚或是为了制作独特的造型。具体方法是在人台上用棉或绗棉、成品垫肩等来补正。

下面就特殊体型的补正加以介绍。

平肩

肩斜度小，肩端点高耸。将锁骨下的凹陷处用绗棉铺上，并在其上盖斜裁的白坯布，用大头针临时固定，周围用针线缝上。在肩端点装上必要高度的现成垫肩，用大头针固定。

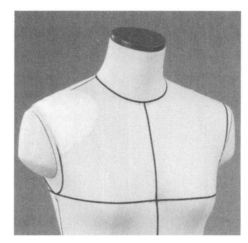
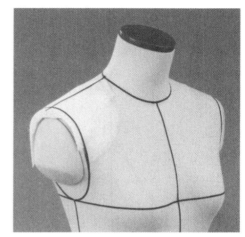

前肩

肩端点向前凸出，后肩稍扁平。因前肩侧较高，绗棉应扯薄并向后铺平。将斜裁的白坯布盖在其上，用大头针固定，周围用线缝住。强调锁骨下方的凹陷，立裁时根据造型用前肩用的垫肩垫好。

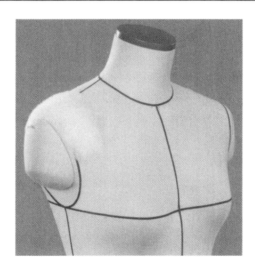
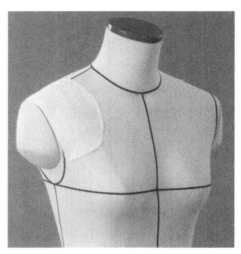

反身体（鸡胸）

前中心胸部锁骨下方凸出，俗称鸡胸。前长尺寸显得不足，因此须在横向铺上绗棉，将其周围扯薄，盖上斜裁的白坯布，用大头针固定，在周围手缝固定。

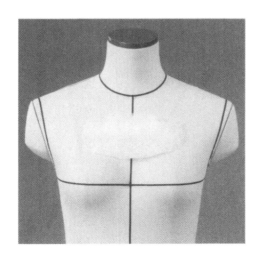
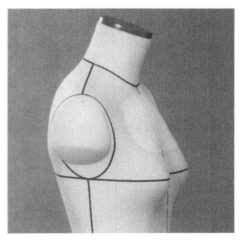

3 制作布手臂

布手臂是人体手臂的替代品。下面就服装造型不可缺少的人台右手臂的制作方法做说明。它与新文化人台的臂根截面（臂根的倾斜）相对应，符合标准手臂粗细，是臂长稍长的布手臂。

所用的填充棉是便于肘部的弯曲、能上举到头部、形状不易走形的轻型弹力棉。上臂部分应考虑从人台上装上或拿下时的厚度量，棉絮的厚度应稍薄些。

需准备的物品

- 白坯布（薄型）
- 棉絮（厚度为 1.6cm 的绗棉）
- 缝纫线（红色涤纶线或者棉线）
- 厚纸（10 种颜色）
- 织带（1.2cm 宽的平纹或者斜纹的棉织带）

裁剪

用薄型白坯布粗裁，袖中线、袖底线、袖肥线、袖肘线各部位处的纵横丝缕线用有色线（红线）缝出或者手缝作出标记。将这些线与纸样对准，四周加放缝份，进行裁剪（照片 A）。绗棉也要裁剪（图 1）。

作图

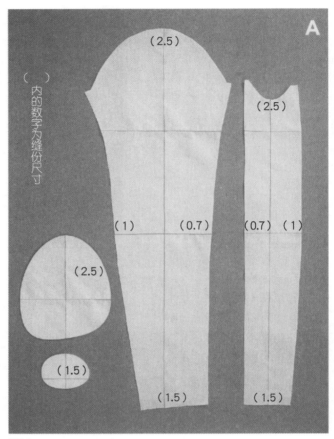

图 1

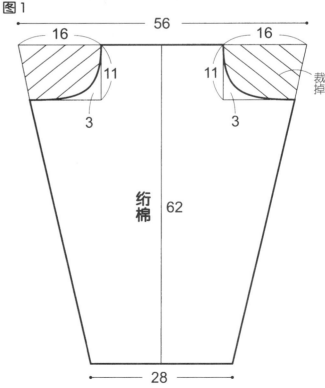

手腕处的挡布

臂根围处的挡布

缝制

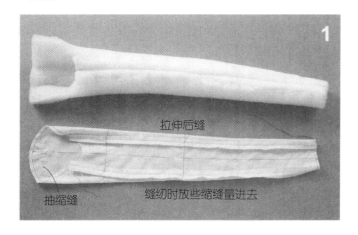

拉伸后缝

抽缩缝 缝纫时放些缩缝量进去

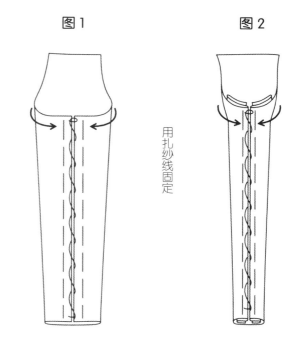

图1　　　　图2

用扎纱线固定

1 对齐缝合前、后袖底缝。前弯袖缝袖肘处稍拉伸缝合，后弯袖缝袖肘处则要放些缩缝量进去缝合。拉伸、归缩缝合能使手臂形成向前弯曲的形态，确认没有斜向褶皱。缝份应分烫。

在袖山的净缝线（2.5cm）出 0.2cm 处进行袖缩缝，在袖山裁剪线进 0.7cm 处以及腕围裁剪线进 0.5cm 处用缝纫机大针脚缝一道。

如图1所示对折绗棉，并用扎纱线固定，再对折一次，并用扎纱线固定（图2）。

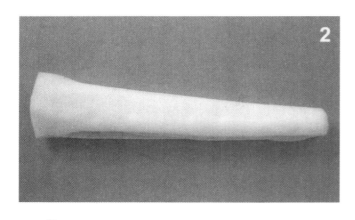

2 往下折绗棉的端口处，与缝好的手臂布套对合，确认厚度、长度。

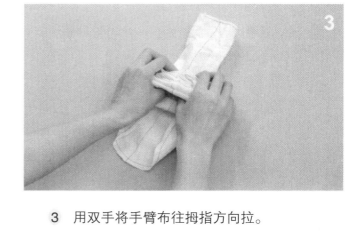

3 用双手将手臂布往拇指方向拉。

4 左手伸到刚准备好的手臂布中，右手拿住绗棉，用左手的指尖将绗棉端部拉进去。

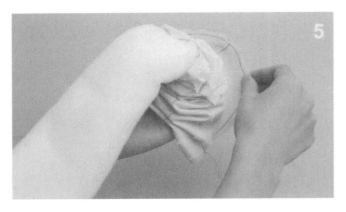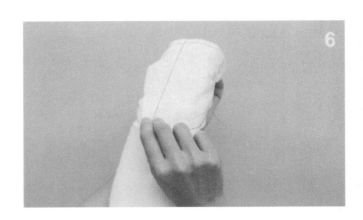

5、6　用手指尖抓住绗棉，右手握住手臂布，一边将棉絮往里塞，一边将表层布拉出来。

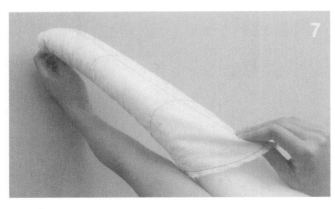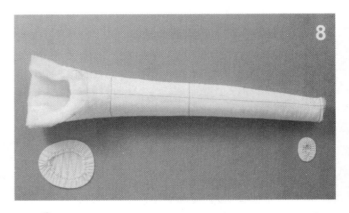

7　观察绗棉被塞入的情况，用力拉住手臂布，将棉絮往里塞。

8　手臂套与棉絮光滑平整地连在一起了，确认无褶皱，并进一步整理。

在臂根围挡布和腕围挡布周围抽缩缝。对准对位记号，并在中间塞入厚纸，拉紧抽缩缝的线，就这样将缝份抽缩。

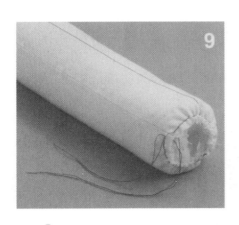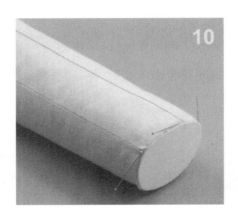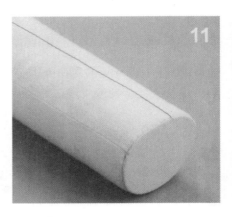

9　手腕处用大针迹车缝并抽缩，然后均匀地分配抽缩量并整理好。

10　将手腕挡布与手臂布对位记号对准，用大头针固定。

11　用涤纶线或者棉线密密地绿缝。

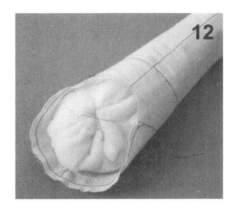

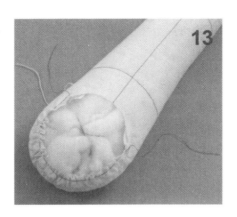

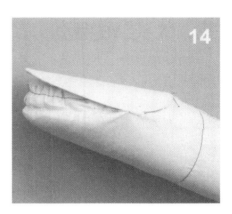

12 将上臂部豁开的绗棉用手缝针交叉缝合，使其闭合，并整理好。

13 拉紧臂根围缝份处的粗缝线，将绗棉包在其中。同时抽缩臂根围边缘处的抽缩缝线并分配、整理好缝缩量。

14 将臂根围与臂根围挡布对位记号对准，用大头针固定。首先将手臂底部中点，前、后侧面及其中间固定，然后用大头针固定袖山中央，边观察平衡边固定前后侧面到对位记号点处。

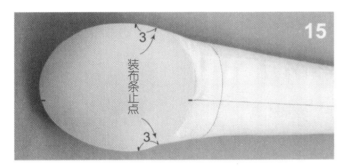

装布条止点

3

3

15 用涤纶线或棉线在四周密密地缲缝。

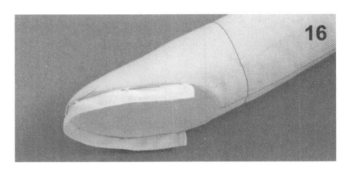

16 准备好布条位置的两倍长，加上 1cm 缝份宽的布条。布条的两端折边 0.5cm，长度对折，四周折边缝，或用手缝针密缝。用大头针固定袖山处。

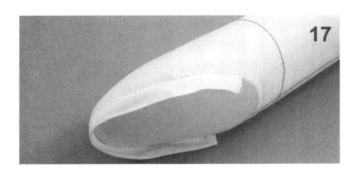

17 将布条用密针固定在袖山布的边缘。

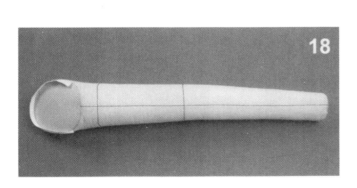

18 完成。

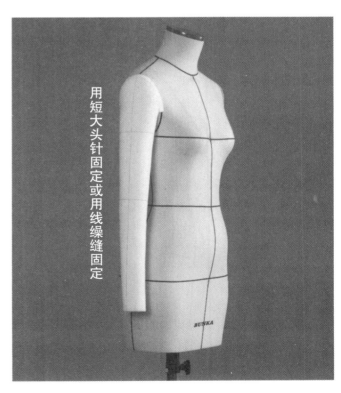

用短大头针固定或用线缲缝固定

三、大头针的别法

立体裁剪时，为使操作方便、进展顺利，并得到优美的造型，必须运用适当的针法。

大头针的别法，有将白坯布固定在人台上的别法，也有为了制作优美的造型、省道、分割线等效果的别法。

● 固定针法

固定前后中心等处的针法。在同一点处用两根大头针斜向刺入固定，也用于将布固定在人台上。

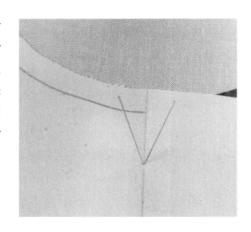

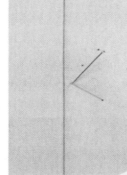

● 抓合针法

将布与布抓合后用大头针固定的针法。这种针法下线的移动很方便。

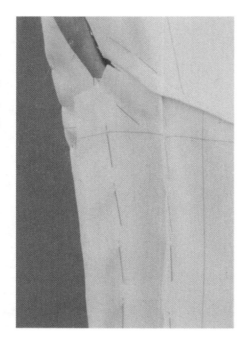

● 重叠针法

两块布不折叠，即两块布平摊着叠在一起，将两块布的重叠处用大头针固定。也可用于确定重叠处的完成线。

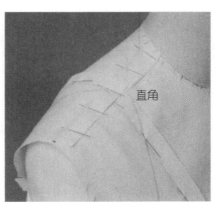

直角

斜

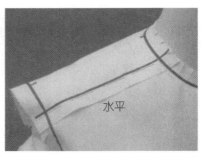

水平

● 折叠针法

一块布折叠，压在另一块布上，用大头针固定。折叠的位置便是完成线。

肩缝、育克等制作过程中必要时和完成后别成型都可用此针法。

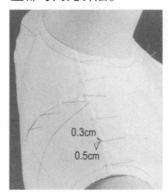

0.3cm
0.5cm

● 隐藏针法

针从一块布的折痕线处插入，并挑住另一块布，再回到第一块布的折痕线处的针法。多用于装袖。

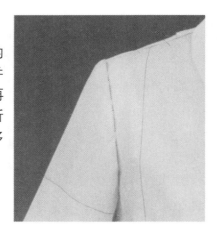

第3章

立体裁剪的基础

一、衣服的基本形

1 紧身衣

为了掌握立体裁剪的基本手法，必须了解作为人体替代物的工具——人台。紧身衣，是覆在人台上的无松量的衣服。利用正确的布纹方向将平整的布覆盖于凹凸的人台上，在造型过程中构造线的适当位置，对应于造型如何处理布比较合适，把握布的特征等显得非常重要。直丝缕方向伸长性很小且强力大；横丝缕方向比直丝缕方向容易伸长且强力较弱；45°斜丝缕方向（正斜）最易伸长。考虑到这些伸长特性等，学会布的选择，培养造型感觉很重要。

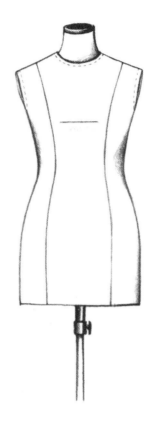

人台的准备

使用文化式成人女子标准尺寸的裸体人台。

贴标记线（导引线）

基本的标记线参照第29页。下面来说明追加的一些线。

● 前公主线

从前肩宽的二等分处开始，经过BP点，考虑腰部的吸进，找到腰围线上的位置，根据腹部的外凸，找到臀围线上的位置，并垂直向下直到底摆。这根从肩部到下摆的纵向分割线被称为公主线。

● 在肩胛骨位置贴出水平线

● 后公主线

从前公主线的肩点开始经肩胛骨的凸出部位，同前面一样地从腰围线到臀围线，从臀围线开始垂直往下贴出后公主线。

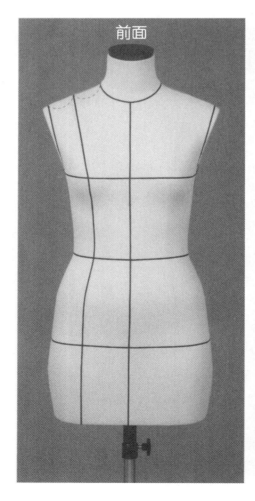

前面

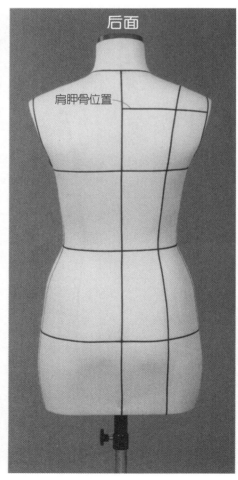

后面

肩胛骨位置

● 前侧面线

为了保证丝缕的正确，贴出侧面标记线。将腰围线上前公主线到侧缝段二等分，从这一位置开始贴出竖直线。用重物来检验一下较好。

● 后侧面线

找到腰围线上后公主线到侧缝段的二等分点，在这一位置贴出垂直的标记线。因上半身后倾，曲线弧度较大，注意不要贴弯。

坯布的准备

裁剪

● 使用全棉白坯布（布上有边长为10cm的正方形格子的那种）。因布边易紧，会使布纹线不直，需剪掉1~2cm布边。

● 前中心连折状裁剪。

贴标记线（导引线）

● 前后中心线利用坯布的纵向布纹线，腰围线利用坯布的横向布纹线。将前衣身腰围线对准人台上的腰围线，标记出胸围线，用铅笔画出水平线。后衣身的肩胛骨位置的标记线也要利用坯布的布纹线。

● 在前后衣身侧片的中间也画出坯布的纵向布纹线。

归正丝缕

为使纵、横布纹线竖直、水平，要用熨斗进行整理（参照第55页）。

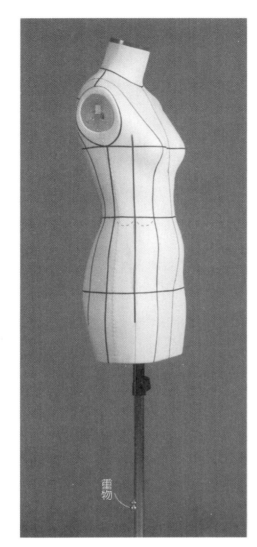

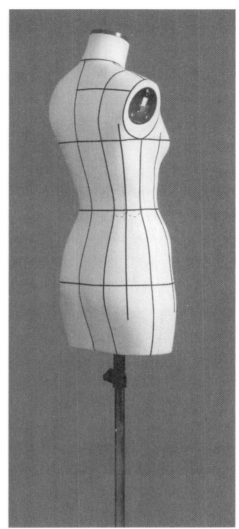

重物

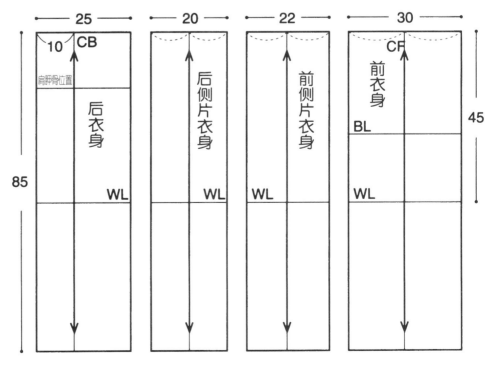

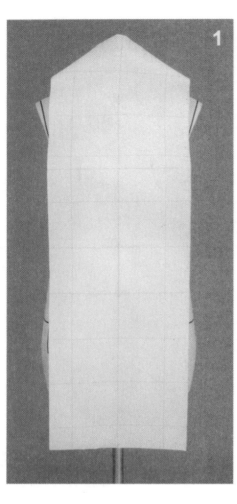

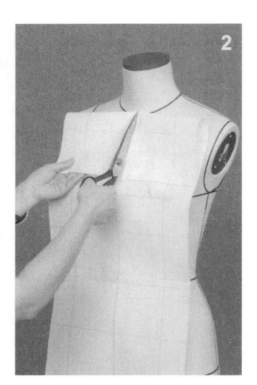

别样

① 正确地对准纵、横丝缕线。

将人台分别和前衣身的中心线及腰围线对准，并用交叉针法固定。将 FNP 点附近、腹部凸出部位、下摆附近也用大头针固定。水平对准胸围线，用大头针固定左、右 BP 点。不要固定两 BP 点间凹陷处。

② 在前领窝中心处剪刀口。

将布翻下来，在 FNP 处剪刀口。

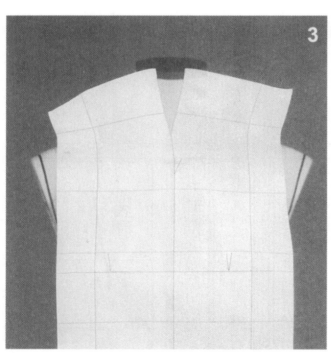

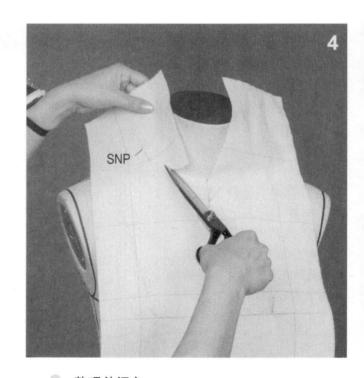

③ 将前中心处的剪口处整理成 V 字形。用手指寻找 SNP 点，并用大头针作标记。

④ 整理前领窝。

沿着领窝线将多余的布剪去。注意 SNP 点处不要剪过头。

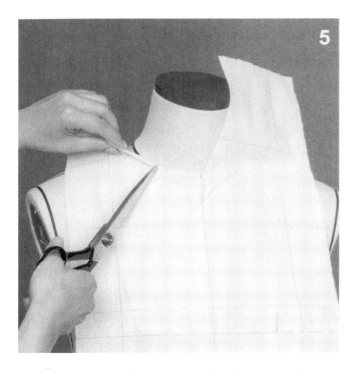 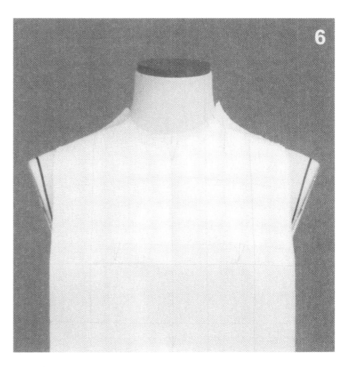

5　为使领窝线的缝份不起皱，加入必要的剪口。

6　将左边领窝线同右边领窝线一样整理好。同时，注意纵、横丝缕不要伸长，用大头针固定 SNP 点附近。

7　前公主线造型。

保持胸围线、腰围线、臀围线水平，根据人台上的标记线贴出公主缝。腰围线以上缝份为 2~3cm，剪去多余部分，并加入剪口，让布轻轻地与人台覆合。下面部分也同样整理。

8　将前侧片衣身上的腰围线与人台上的腰围线对准并保持水平，前侧片中间的纵向标记线垂直于地面，用大头针固定胸围线到下摆处。在胸围线以上，将布与人台形状对合，轻轻地用大头针固定。

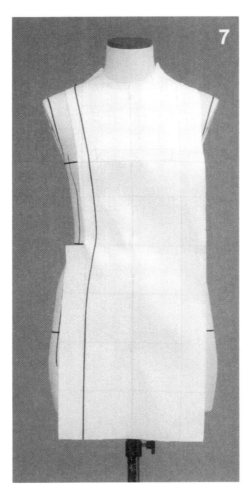 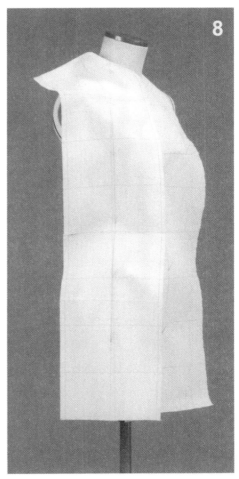

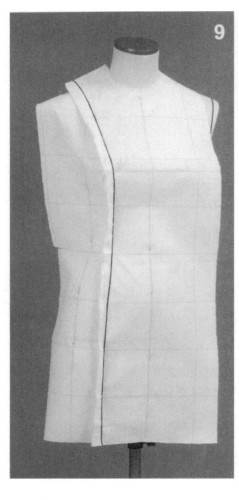

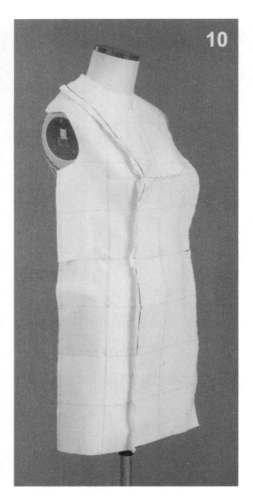

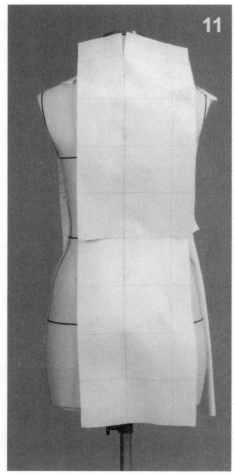

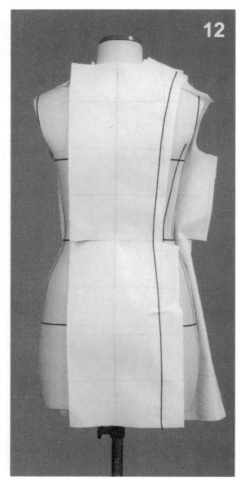

9 根据公主线，将前侧片衣身多余的布剪去，在腰围线附近的缝份上剪刀口。

在腰围线、胸围线、臀围线的位置，一边注意横向丝缕线要对准确，一边将前衣身和前侧片衣身不加任何松量完全紧贴地合在一起，用抓合针法固定公主线。另外，从肩到下摆，用抓合针法密密地固定整个公主线。

对应于人台上的凹凸，纵横丝缕线必须准确，并在必要的部位把握缩缝量或拉伸量。

10 在胸围线上用抓合针法别出左、右 BP 点之间的凹陷处的余量，作为中心省，剪掉袖窿处、肩缝处的余布。后衣身未放入前将前侧片布轻轻折回。

11 对齐后衣身中心线与人台后中心线，水平地对齐并用针固定腰围线和肩胛骨处的导引线。

在左边的腰围线位置与 BNP 处分别剪刀口。

12 剪去领窝处多余的布，并将布捋平，在领窝线缝份上剪刀口。保持肩胛骨处、腰围线、臀围线水平，根据标记线贴出后公主线。一边整理缝份，一边在腰围线处加入剪口。

13 将后衣身的腰围线与人台上的腰围线水平对齐，侧面线垂直于地面并对准人台，从胸围线到下摆贴合人台，用大头针固定。在胸围线以上，将多余布沿着人台往肩端点处向上将平，并用大头针固定。

留2~3cm缝份后剪去余布，与前片一样，对合后衣身与后衣身侧片并用抓合针法固定，对齐人台的凹凸处，正确观察布纹丝缕，在后公主线处用大头针密密地固定。

14 剪去肩部及袖窿处多余的布。对齐前后肩缝，用抓合针法固定。

15 整理侧部。对齐前后腰围线、胸围线、臀围线，从腰围线开始上下用抓合针法别住。在凹陷部位缝份处剪刀口，一边稍拉伸使其不产生褶皱，一边用大头针固定。在凸出部位放入缩缝量后用大头针固定。

16 一边整理侧边的缝份，一边确认侧片导引线是否垂直于地面，布纹线是否竖直、水平，分割线的针法是否正确。竖起缝份，从两边观察并进行修正。

点影（参见第59页的衣身原型）。对应人台上的臀围线处，在布上也作出记号。下摆线与人台的长度一样。

将坯布从人台上取下，在平面上检查尺寸，把握拔开量及归缩量、对位记号、线条的修正确认等，留1cm缝份并熨烫整理。

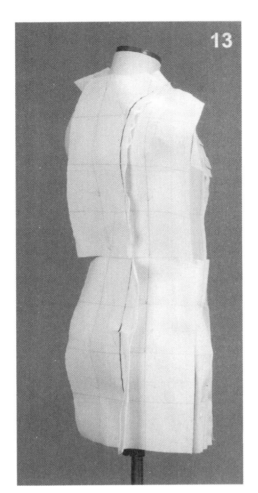

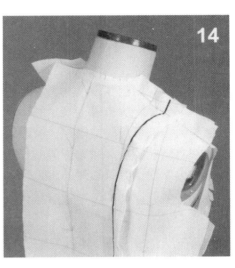

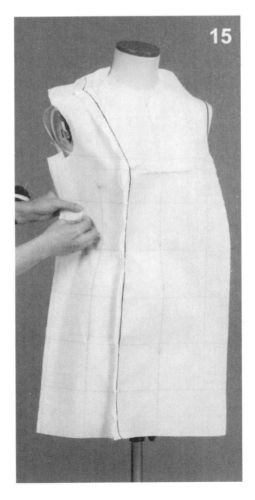

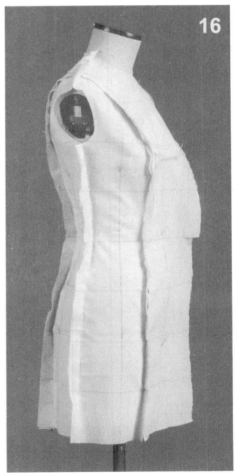

描图

17 前后都要考虑到以人台的凹凸部位为重点，求得纵向的构造线，据此可清楚地了解人体体型。

前肩省量（胸省量）表示胸部隆起的大小。肩胛骨的隆起、腰围线曲线的弯曲程度和后腰省量的多少可充分表现上半身后倾的人台形状。下半部的腹部和臀部的凸起在公主线上也得到了如实体现。它们是能够把握人台的实际情况的。

检查纸样时，胸围线、臀围线的标记线也要贴出，更便于检查。

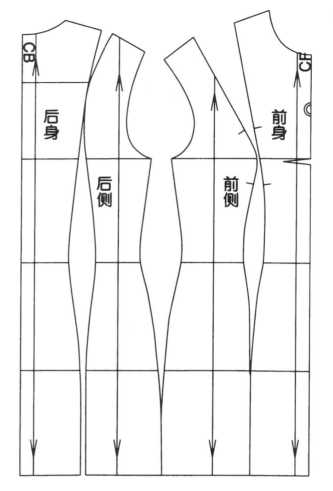

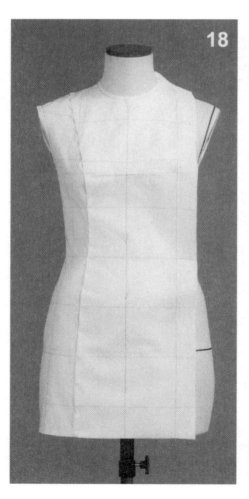

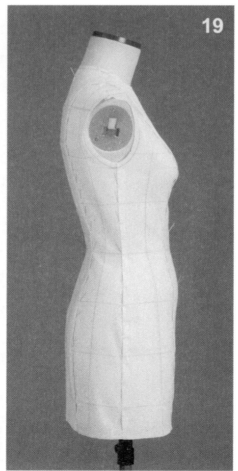

18、19 用大头针将衣服别成型。

将前中心省向上倒，前后公主线分别向中心侧折倒，侧缝线向前折倒，肩缝线向后折倒，用折叠针法固定。

将衣服穿在人台上，再次从各个侧面观察纵、横布纹线是否横平竖直，结构线是否平衡，布料是否扭曲或浮起，修正并最终确认。

完成

　　用粗线缝，要无松量。

　　注意不要有跳针。前中心省等分割线缝好后再缝侧缝。

　　用红色扎纱线标记领窝线、袖窿线。

　　将后中心向右衣身侧折倒，用折叠针法整理好。

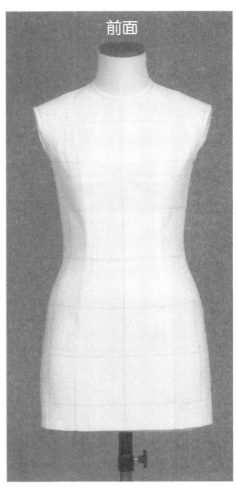

前面

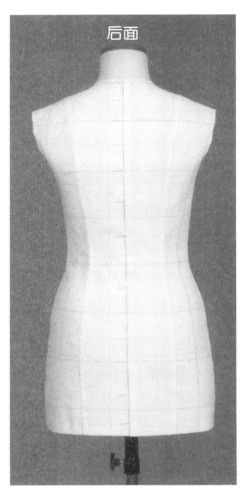

后面

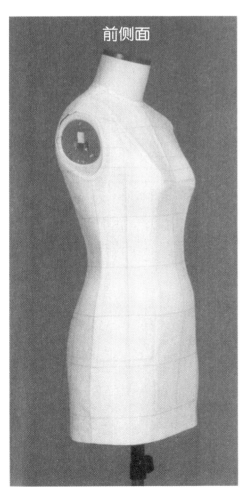

前侧面

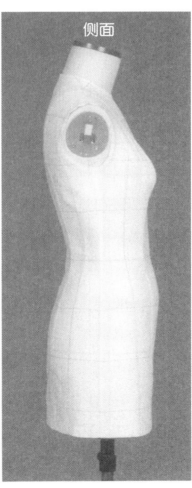

侧面

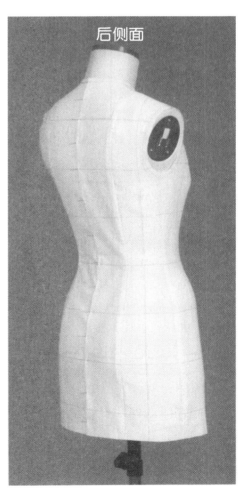

后侧面

2 人体躯干廓形

躯干是指躯体或者体干部（除上、下肢）的意思，由腰围处上下连着的轮廓。躯干轮廓以纵向分割构成的居多。此款是加入了日常生活必需的最小活动量的公主线分割构成的衣服，即连衣裙、外套的基本型。

人台准备

使用贴着公主线、侧面导引线的人台（参照第 41 页）。

坯布准备

使用厚的白坯布。

● **长度的确定方法**

前衣身：从颈侧点开始经 BP 点，到下摆（比人台延长 4cm）的尺寸，上下各加缝份量。

后衣身：从颈侧点开始经肩胛骨到下摆（比人台延长 4cm）的尺寸，上下各加缝份量。

前后衣身侧片：比前后衣身短 3cm。

● **宽度的确定方法**

前衣身：从前中心到公主线的尺寸，加上缝份，以及在中心侧加上 10cm 余量。

后衣身：从后中心到公主线的尺寸，加上缝份，以及在中心侧加上 10cm 余量。

前后衣身侧片：从公主线到侧缝线的尺寸，加上缝份量。

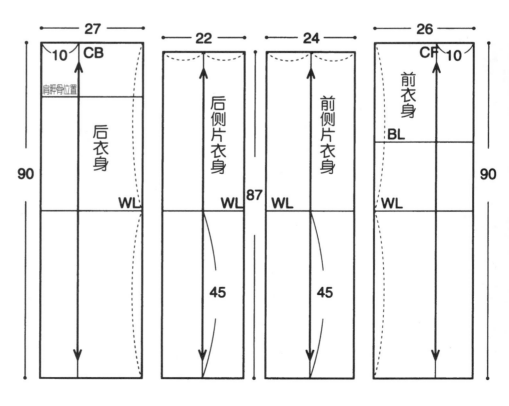

别样

1 将前衣身中心线对准人台中心线，并垂直于地面，使腰围线、胸围线处于水平，用大头针分别固定左、右 BP 点。用大头针固定腹部的凸出部位及下摆附近。胸部乳沟处，若用大头针固定则布会凹陷下去而导致长度不够，因此不要固定。将领窝处的布向人体方向翻折，前中心处打剪口。

2 沿领窝线将多余的布剪去，为使领窝线平整而不起皱，要剪一些剪口。用大头针固定 SNP 点附近。

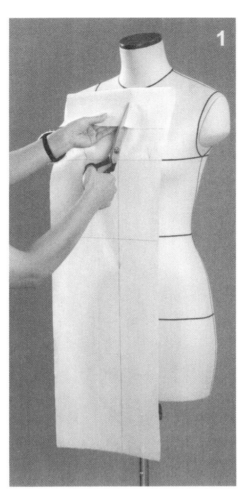
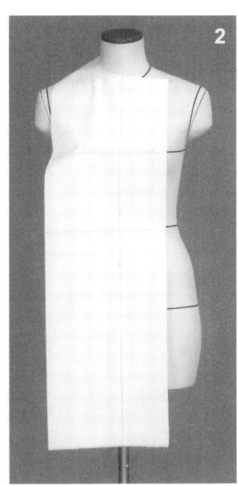

3 以人台的标记线为依据，贴出公主线。从肩宽中心附近开始，经过 BP 点附近向腰围线、臀围线、下摆方向延续，布与人台接触的地方沿人台的凹凸，一边加入适当的松量，一边观察平衡，贴出公主造型线，整理缝份。

4 将前侧片衣身与人台的侧面导引线对准，并垂直于地面，使腰围线处于水平且与人台上的腰围线对准，并用大头针固定。将上部的布自然地覆盖在公主线上，用重叠针法固定，下部从腰围线到臀围线，与前衣身侧角度大致相同，覆盖于前衣身上，确认松量后用大头针固定。

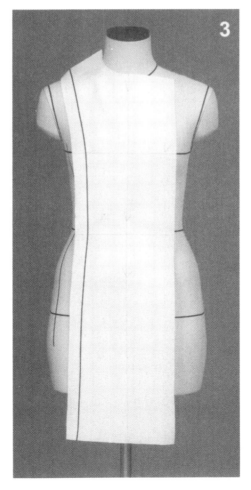
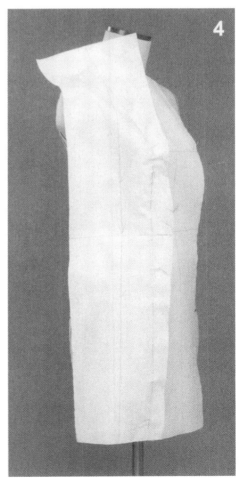

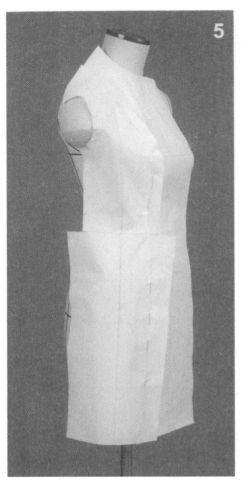

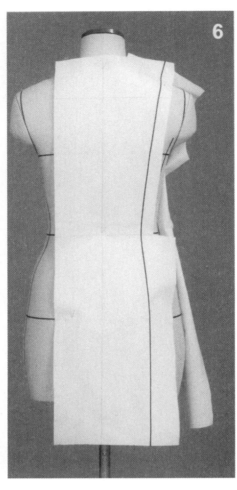

5 整理分割线的缝份。加入胸宽的松量，剪去肩、袖窿处的余布，在袖窿处加入剪口。确认侧面和侧缝的松量分配，整理侧缝的缝份。将侧缝处的布轻轻地向前折转放着。

6 将后衣身的中心线对准人台的中心线，使腰围线、肩胛骨位置线水平，与人台上的标记线对准，并用大头针固定。确认领窝处的运动量，剪去多余的布，在SNP点附近用大头针固定。

以人台上的标记线为准，贴出公主线造型。从前衣身肩线的分割线同一位置开始，经过肩胛骨附近，一直延伸到腰围线、臀围线及下摆。与前衣身一样，沿着人台的凹凸部位，一边放入松量一边观察平衡，贴出公主线的造型线。

边整理缝份，边打剪口。

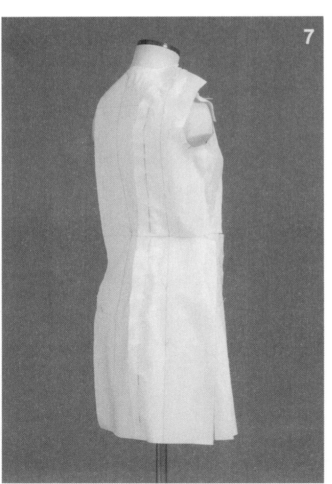

7 将后侧片衣身与人台的侧面标记线对准，并垂直于地面，使腰围线水平且与人台的腰围线对准，并用大头针固定。将上部的布自然地覆盖在公主线上，在肩胛骨位置处确认丝缕，在公主线处用重叠针法固定。下部从腰围线到臀围线，与后衣身侧倾斜大致相同，覆盖于后衣身上，确认松量后用大头针固定。

整理分割线的缝份。

在背宽侧面处和肩端点处加入松量。剪去肩、袖窿处的余布，在袖窿处加剪口。确认侧面及侧缝的松量分配，用大头针固定侧缝。

8 将前后肩缝捏在一起，用抓合针法固定。以人台的侧缝线为准，观察袖窿处的浮余程度，胸围线、腰围线、臀围线的情况以及平衡性是否良好，加入松量后用大头针固定，并整理缝份。

对应于人台的形状，在保证丝缕横平竖直的前提下，根据日常动作所需的活动量在布与人体间加入松量。观察前面、侧面、后面以及其他部位，进行观察、调整。

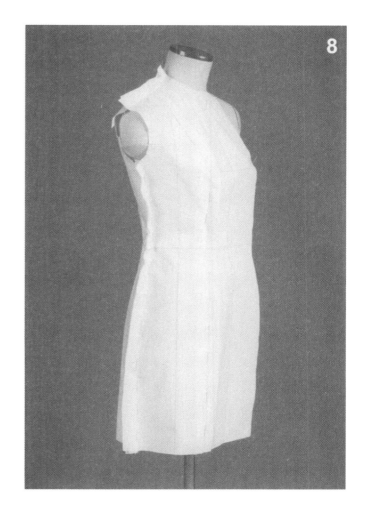

描图

9 公主线是以体现人体凹凸部位为要点的分割线，可以看出胸省量在肩部形成，并加入了基本动作所需的松量。

检查纸样时，画出胸围线、腰围线、臀围线这些基础线，检查会容易得多。

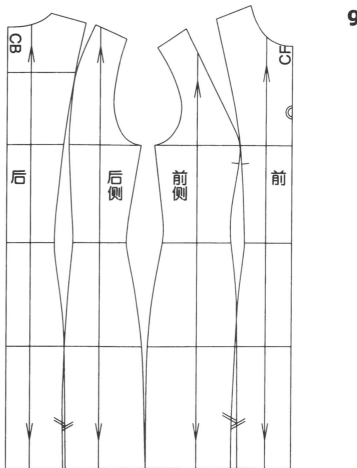

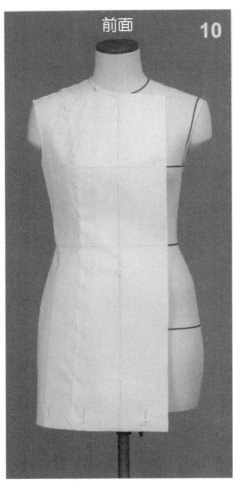

前面 10

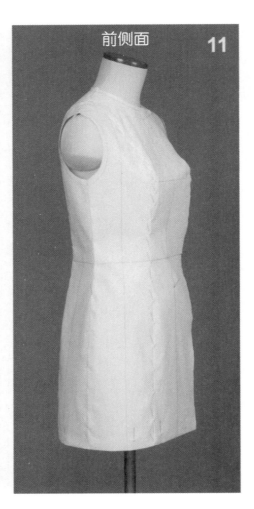

前侧面 11

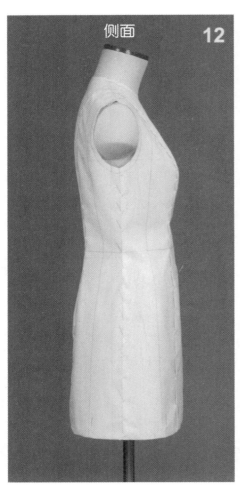

侧面 12

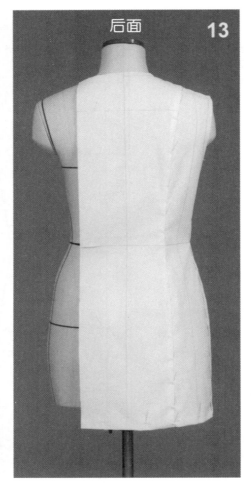

后面 13

10～13 用大头针别成型。

整理各个部分的缝份，用折叠针法拼合衣身，下摆则用纵向针法固定，然后进行试穿。使前后中心线、侧面线垂直于地面，使腰围线处于水平，再次确认松量适当与否，结构线位置是否平衡，是否有歪斜牵扯、浮余等情况，最后进行修正，同时修正纸样。

完成

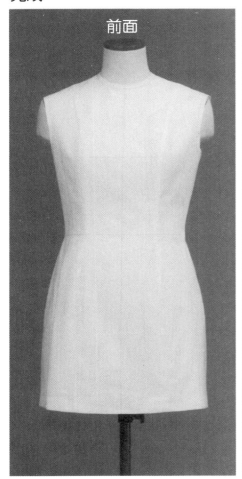

前面

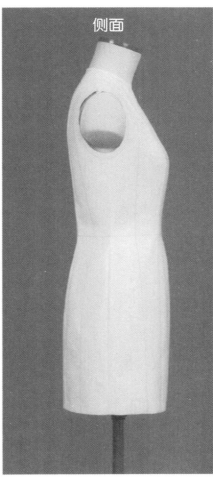

侧面

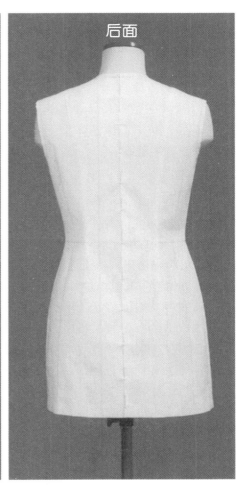

后面

腰围线归拔后再缝合。用红色扎纱线缝出领窝线和袖窿线,作为标记,明确其位置。

将人台和为了制作服装的人体躯干基础衣进行比较

人台的形状是完全合体、一点也不加入松量的合体型。服装的基型是加入了必要的最小运动量之后,通过立裁得到的形状。将两者叠加在一起进行比较。

对于躯干基础衣而言,在宽度(背宽、胸宽、胸围、腰围、臀围等)和长度(前后衣长、肩端点等)上都适当加入了松量,省道的量、位置、方向也发生了变化,袖窿的形状、尺寸也变化了,前中省量在躯干基础衣中就做松量处理了。

观察各种结构线,可看到对应位置的曲线形状改变了。这些特征,是根据服装设计所需而设定的,也可应用于平面制图。

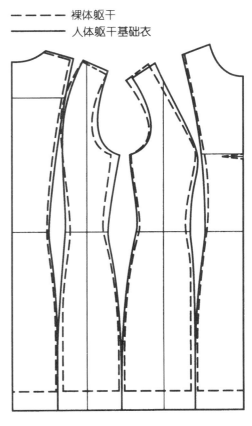

- - - - 裸体躯干
———— 人体躯干基础衣

3　衣身原型（腰部合身型）

衣身原型，作为适合成人女子体型的样板制作的基础样板，要确保日常生活中动作需要的必要的最小松量。

相对于身体体轴，使胸围线、腰围线呈水平，面对身体的凹凸部位，由省道、结构线（设计线）构造而成。腰部合体的体型更易于把握。这里为便于操作，将手臂取下了。

坯布准备

布样的估算方法

使用厚的白坯布。

直接将布覆于人台上估算。

● **长度的确定方法**

前衣身：从 SNP 点经 BP 点到 WL 的尺寸，上下各加 3cm 的缝份量（照片 1）。

后衣身：从 SNP 点经肩胛骨位置到 WL 的尺寸，上下各加 3cm 的缝份量。

● **宽度的确定方法**

前衣身：从前中心到侧缝的尺寸加上缝份量及前中心侧加 10cm（照片 2）。

后衣身：从后中心到侧缝的尺寸加上缝份量及后中心侧加上 10cm。实际操作时，前后宽度取同样大小。

裁剪

● 白坯布的布边易紧，会使布纹线歪斜，需将布边去掉 1 ~ 2cm。

● 衣身的中心侧，应避免靠近布边裁剪。

画标记线（导引线）

使用 HB 或 B 的铅笔。在织物组织的纱线间，将铅笔竖起来迅速地画线。另外，也可在丝缕归正的坯布上，用直尺画线。

● 竖直线（纵向丝缕线）

画出前、后中心线及侧面的标记线。

● 水平线（横向丝缕线）

将裁好的布覆于人台上，找到胸围线并标上记号。前后都画上水平的标记线，后衣身肩胛骨处也画出标记线。

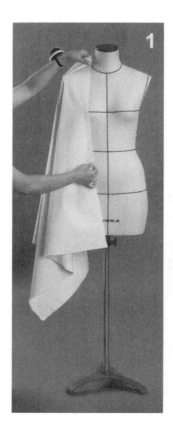

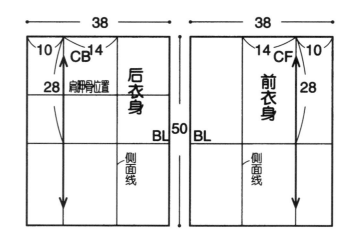

归正丝缕

　　为使纵、横丝缕线竖直、水平，用熨斗熨烫归正丝缕。不熟练者，可在熨斗下垫上烫垫（有纵、横线的烫垫），在它上面边熨烫边确认纵、横丝缕（照片 3）。

人台准备

　　在基本的标记线（参考第 29 页）上追加肩胛骨位置的水平标记线。

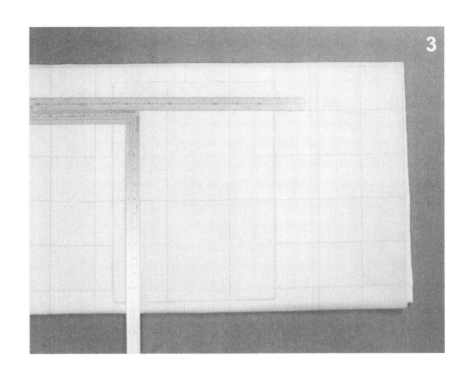

别样

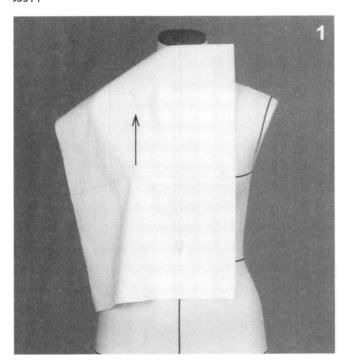

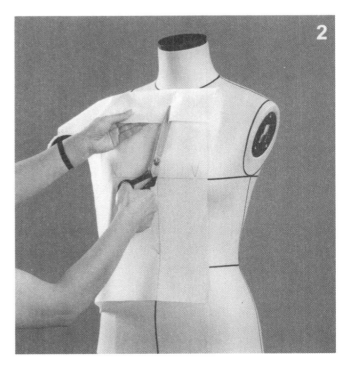

　　1　准确地对准纵横丝缕线。竖直地对齐前衣身的中心线与人台上的中心线，水平地对齐胸围线，用大头针固定。若固定胸部乳沟处则会使布凹陷，造成长度不足，应当注意。

　　在 BP 点上方，让布平整、不起皱，通过布纹线轻轻地用大头针固定。

　　2　将布翻过来，在 FNP 的上方中心处打剪口。

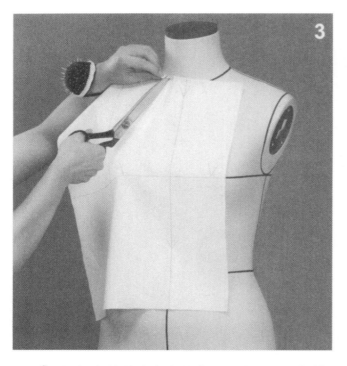

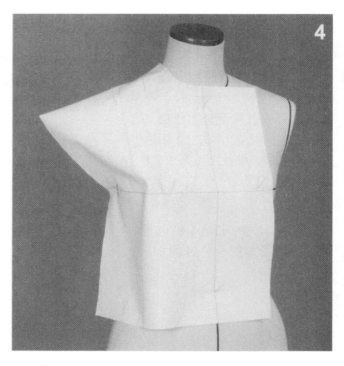

③ 沿领窝线剪去多余的布，为使缝份不起皱，需打剪口。注意 SNP 点附近不要剪过头。

为了覆盖锁骨，可在领窝线处放点松量，用大头针固定 SNP 点附近。

④ 将胸围线的标记线到侧缝线处水平地对齐，考虑到功能性，在胸部周围、胸宽的侧面、侧缝处分配松量。

自然地捋平 SNP 点到肩端点，用大头针固定肩端点处，余量移至袖窿处。

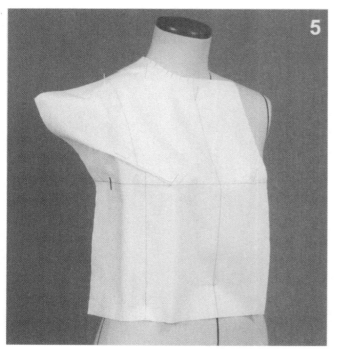

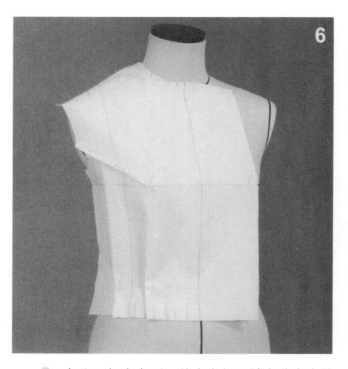

⑤ 捏出袖窿省。保留胸宽处的松量，在前腋点附近从袖窿线开始，指向 BP 点，捏出省道。省道用抓合针法别出，这时得到的是箱形轮廓。

⑥ 变为腰部合身型。剪去肩部及袖窿处多余的布，使侧面标记线垂直于地面并向人台上靠，用大头针固定。将腰围线处缝份剪口。使腰部形成的余量在胸高点下方、前腋点下方及侧缝处分散，用抓合针法假缝固定。

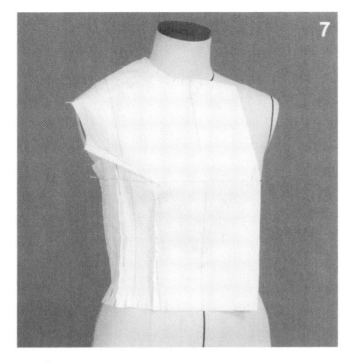

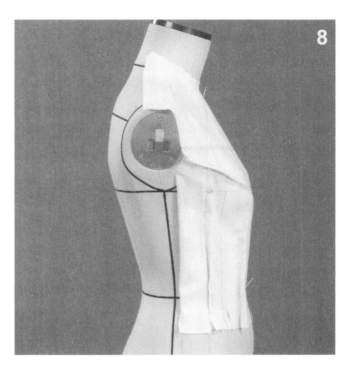

7 捏腰省。省道的量、位置、方向、长度确定后，用抓合针法固定。

侧缝线自然地与人台靠拢，确认腰围的松量（1.5cm）。

8 在做后衣身之前，将前衣身侧边的布轻轻地翻过去放着，肩缝的缝份也避让开放着。

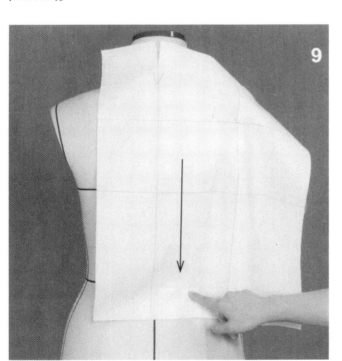

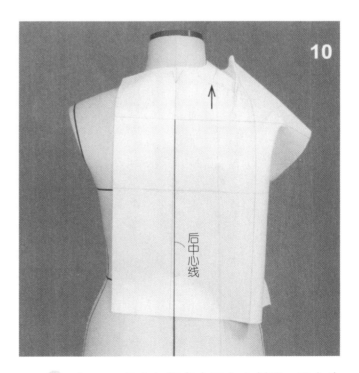

9 对齐后衣身的中心线与人台的中心线，水平地对齐肩胛骨处的标记线，用大头针固定。

如箭头所示，把布沿着人台轻轻地往下捋平，后中心线倾斜。腰部移动的量为后中心的省量。

在 BNP 点处中心线上剪刀口。

10 向 SNP 点方向将布由下向上捋平，用大头针固定，剪去领窝处多余的布。在不平整处打剪口，确定领窝处的运动量。

在后背宽侧面放入松量，得到箱形轮廓。向肩端点方向将布由下向上捋平，用大头针固定，将在肩缝线上形成的余量作为肩省捏出。一边确认肩胛骨周围包覆的松量，一边决定省道的方向及省尖位置，用抓合针法固定。

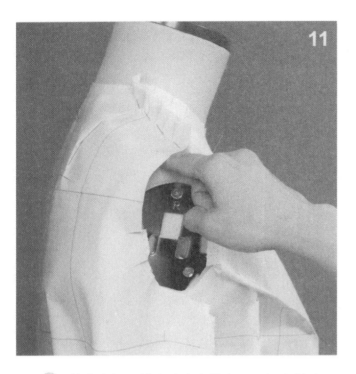

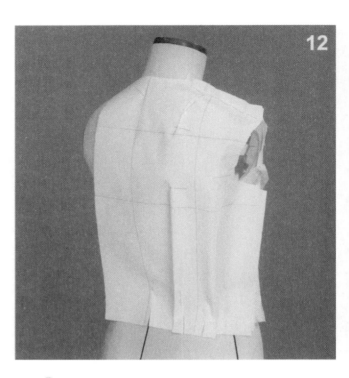

11 剪去肩部及袖窿处多余的布，用抓合针法固定前、后肩。肩端点处放入一个手指的松量。

12 使侧面的标记线垂直于地面且贴合于人台，并用大头针固定。给腰围线的缝份打剪口。分别在肩胛骨下方、后腋点正下方及侧缝处分散掉腰围线上形成的余量，并用抓合针法假缝别好。

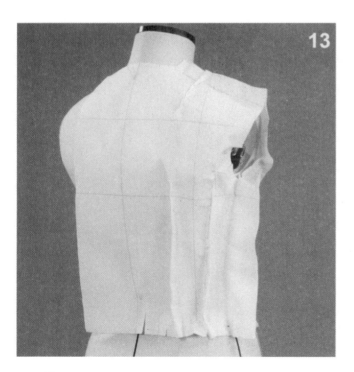

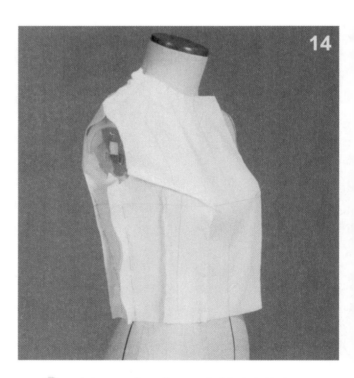

13 与前片相同，确定腰省的量、位置、方向及省尖位，用抓合针法固定。侧缝自然地顺着人台，确认腰部松量（1.5cm）。

对齐前后侧缝，再次确认衣身的松量，用抓合针法固定。

14 对应于人台形状，让布料丝缕线水平、竖直，加上日常动作所需的功能性松量（活动量），从前面、侧面、后面观察各部位的适合情况，并进行调整。

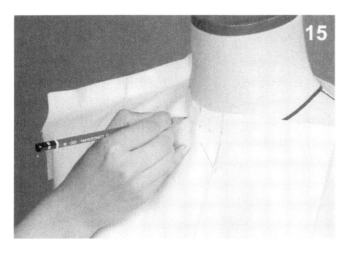

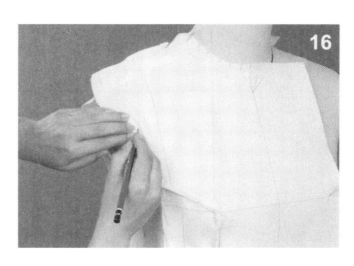

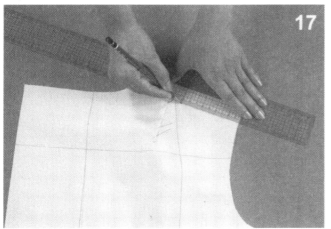

点影（作标记）

15、16 用铅笔标记前后领窝线、肩线、袖窿线、侧缝线、腰围线、各省道。袖窿线只标到前、后腋点为止。像领窝线和肩线那样，线与线的接缝处、必要的对位点位置打上"×"记号。

17 将白坯布从人台上拿下，并取下用抓合针法固定的大头针。将后衣身的肩省倒向中心侧，用折叠针法固定后画出肩线。

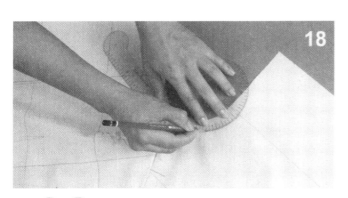

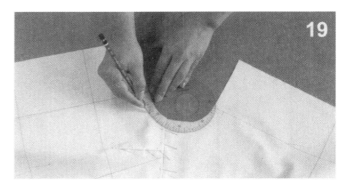

18、19 合并前、后肩缝，将缝份倒向后衣身侧，用折叠针法固定。用 D 形曲线板上合适的曲线段画出前领窝线、SNP、后领窝线的点影——光滑的领窝线。

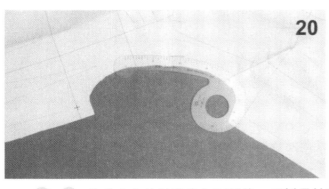

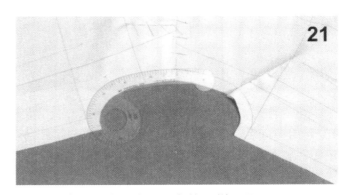

20、21 将前衣身的袖窿省向下倒伏，用折叠针法固定。从肩端点开始，像画领窝线一样，用 D 形曲线板分段对合，边对边观察，直到将前、后袖窿弧线光滑连顺。

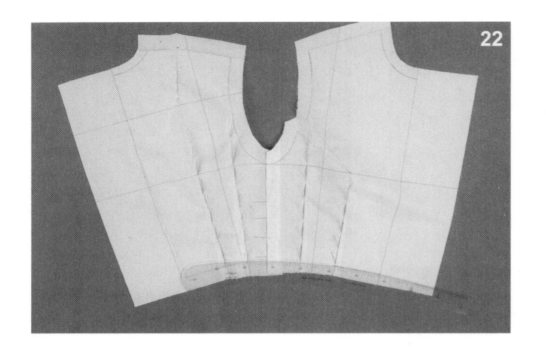

22 将前、后腰省分别倒向中心方向，侧缝处倒向前衣身侧，用折叠针法固定，用曲线尺将各标记点连顺。

描图

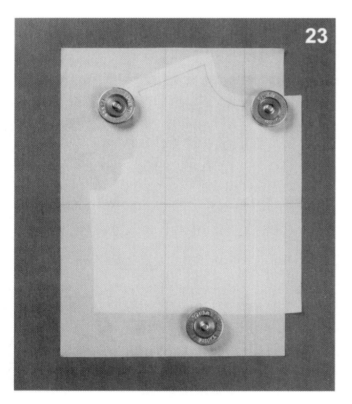

23 将作好标记的布再次熨烫并整理。用纸（专门用于打板、描图及推档）与白坯布一样画出标记线，将其覆盖在作好标记的布上，标记线与标记线对齐，压上重物使其稳定，然后描出样板。

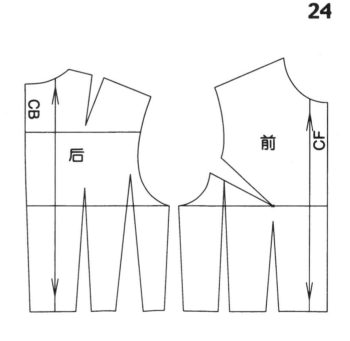

24 经拷贝得到的纸样。

胸围线、腰围线呈水平，在衣身中加入了必要的最小活动量。确认袖隆处的胸省量，理解腰省根据体型而在各部位得到了分散。

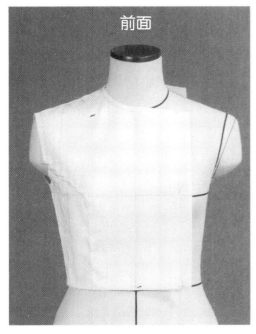

前面

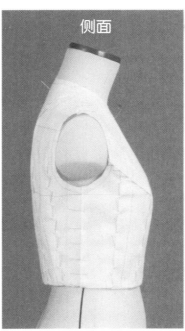

侧面

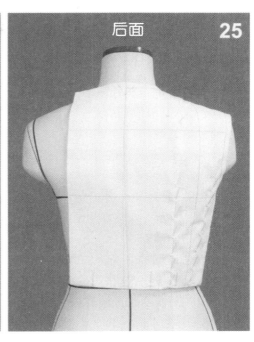

后面

25 用大头针别成型。

用折叠针法将衣身组合。给人台装上手臂，并进行试穿。

伴随着动作，观察整个衣身的运动量是否得以保证。

把腰围线设定为水平状态，观察各结构线是否平衡。还要确认布是否歪斜扭曲、浮起。进行修正后，将所描的图也进行修正。

完成

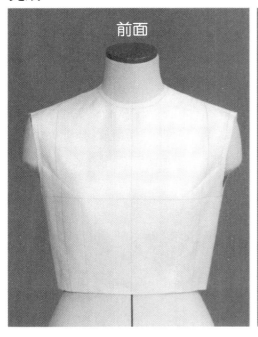

前面

侧面

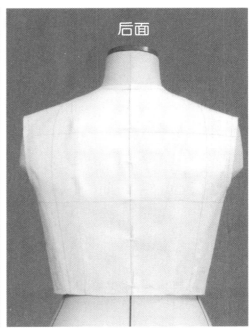

后面

用红色扎纱线缝出领窝线和袖窿线，作为标记，以明确这些线。

二、衣服的结构和设计表现

胸省的变化设计

作为衣服的结构线，省道是为了合体而得到的。根据设计表现、轮廓形状等，它可移到需要的地方，也可作分散处理。

作为基础知识，这里就有关前衣身的胸省处理做介绍。

人台的准备

与衣身原型一样贴好标记线，取下手臂进行立裁。

白坯布的准备

因为是原型的衣身，估算尺寸与衣身原型一样。但是，中心省（第 69 页）的前衣身宽为 40cm。

这里的后衣身胸围线省去了标记线。

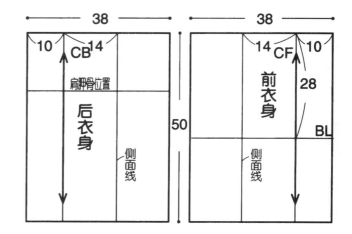

1 肩省

从肩指向 BP 点的省。

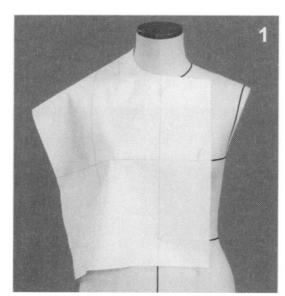

别样

① 对齐前衣身的纵、横标记线，用大头针固定。剪去领窝线的余量，在领窝线缝份上打剪口，整理平整。

② 使胸围线从 BP 点到侧缝线处保持水平，用大头针固定。考虑到功能性，在 BP 点周围、胸宽处、侧缝处分配胸围松量。将胸围线以上形成的余量，在前肩宽中心处抓合捏省，并指向 BP 点。

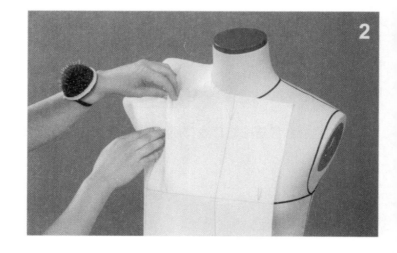

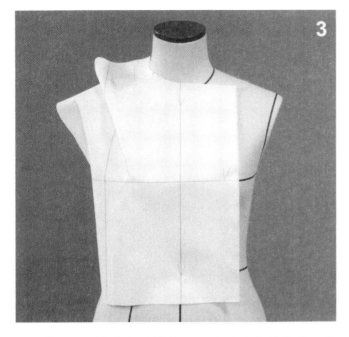

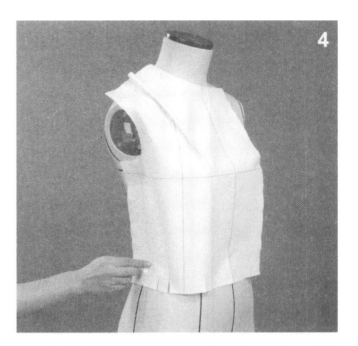

3 保留前胸宽处的松量，边确认省的大小、位置、方向，边将省尖确定下来。

4 边观察人台与布之间的松量，边用抓合针法别出省道。剪去肩部、袖窿处多余的布。使侧面的标记线垂直于地面并靠向人台腰部，并用大头针固定。给腰部缝份剪刀口，使衣身轮廓形成箱形。

向领窝线侧折倒省道，用粘带贴出肩线，轻轻地向前翻起并放好侧边的布。

5 对齐后衣身中心线与人台上后中心线，使肩胛骨上的标记线水平。将布从下往上向 SNP 点方向捋平，用大头针固定。剪去领窝处的余布。为使领窝线不起皱，需剪口，确认领窝线的松量。从肩胛骨位置线开始按箭头所示将布与人台贴合，轻轻往下捋平，后中心处便形成了倾斜量。后腰处的移动量就是后中心省量。

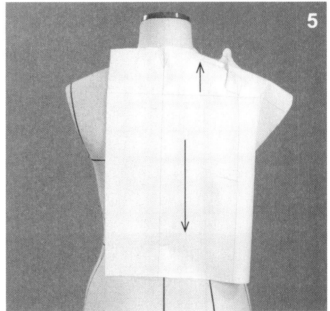

在背宽的侧面加入松量，将布从下往上向肩端点方向捋平，在肩线上形成的量即省量，用大头针抓合住。一边确认肩胛骨周围的松量，一边将布与肩部形状相吻合，确定省的方向及省尖点，用抓合针法固定。

6 剪去肩部与袖窿处的余布。在肩端点处放入一个手指量的松量，与前肩线对齐，将肩缝缝份向后倒，用折叠针法固定。用折叠针法使肩省稳定，也使肩线清楚、明确。

使侧面标记线垂直于地面，并与人台腰部贴合，用大头针固定腰部并剪刀口。分别确认胸围线和腰围线上的前后松量，对齐前后侧缝线，用抓合针法固定。

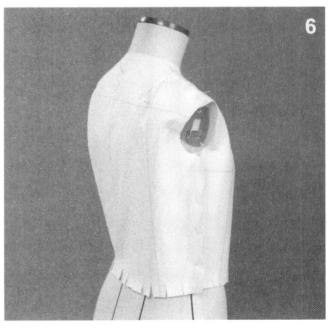

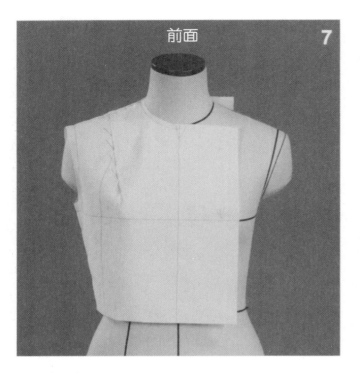

前面 7

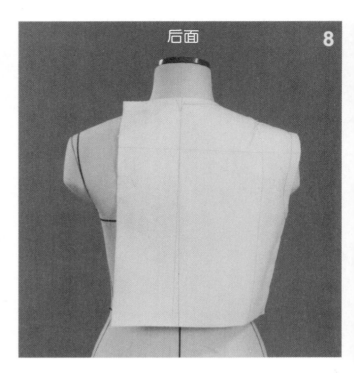

后面 8

7、8 用大头针别成型。

　　在人台上装上手臂后试穿。伴随动作观察活动量是否足够，领窝线、袖窿线处是否过松或过紧，并进行修正和最终确认。

完成图

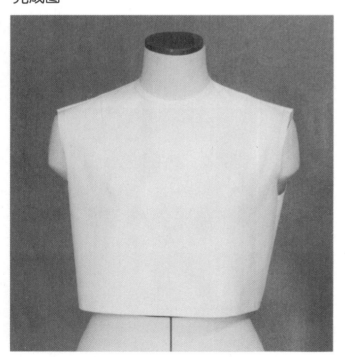

描图

　　在肩部得到的胸省量。

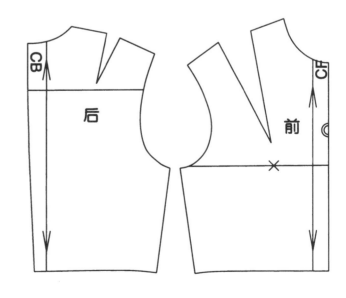

2 侧缝省

从侧缝指向 BP 点的省。

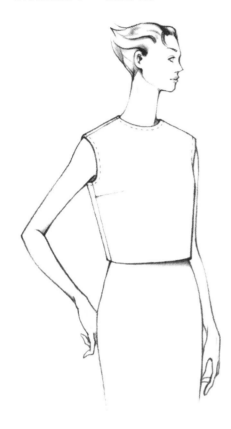

别样

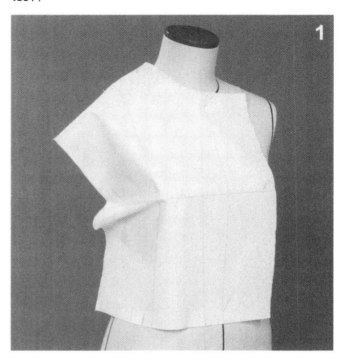

1 到整理领窝线为止的各步骤与肩省相同（参照第 62 页）。用大头针固定左、右 BP 点处。将平领窝线到肩部，在前胸宽处加上松量，用大头针轻轻固定侧缝线处。使胸围线以下侧面标记线垂直于地面并在腰围线处用大头针固定，在腰围线处打剪口，箱形轮廓便做成了。在胸围线上抓合掉侧边的多余量。

完成图

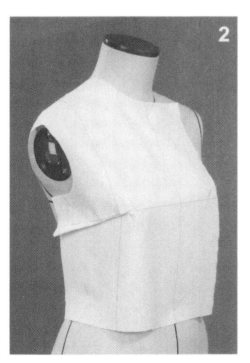

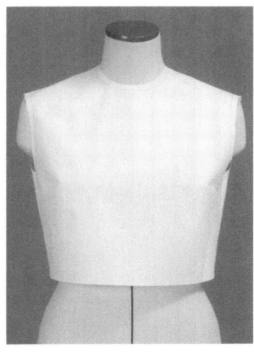

描图

得到的侧部胸省。

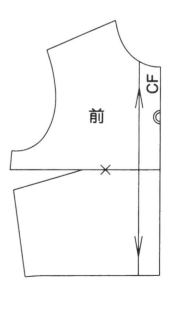

2 确定省道的量、位置、省尖。省尖离 BP 点 3~4cm。自然将平侧缝线。整理肩、袖窿、侧缝、腰部的缝份。

3 低侧缝省

位于侧缝下方指向 BP 点的胸省，是斜向设计要素较强的省。

别样

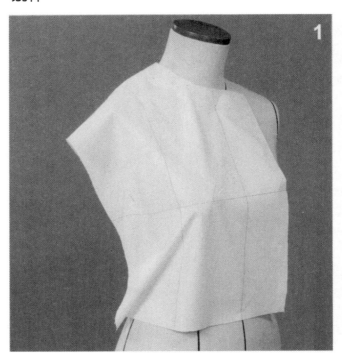

① 到整理领窝线为止的各步骤与肩省相同（参照第 62 页）。用大头针固定 SNP 点附近，自然捋平肩部。放入前胸宽的松量，从袖窿到侧缝轻轻地往下捋。使侧面标记线垂直于地面，得到箱形轮廓，将余量斜向抓合捏出。根据这个省量的大小，可改变腰围的大小。

完成图

描图

在侧缝下方得到的胸省。

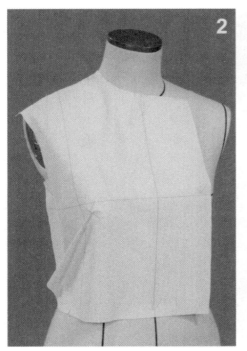

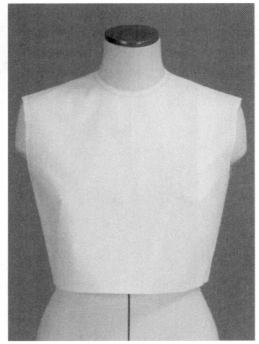

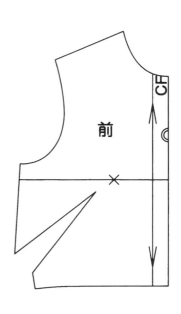

② 剪去肩部、袖窿处多余的布，确定省的方向、长度、省尖位，用抓合针法固定。

4　腰省

从腰部指向 BP 点的省。这里胸省量有增加，省量稍增大，完成后腰部呈较细的轮廓。

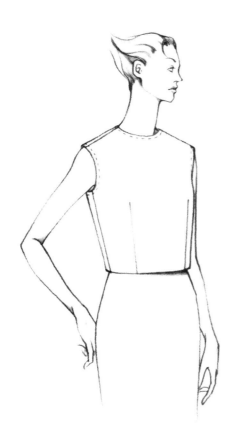

别样

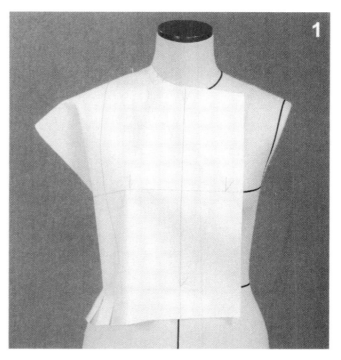

1　到整理领窝线为止的各步骤与肩省相同（参照第 62 页）。用大头针固定 SNP 点附近。自然捋平肩部，让布从肩端点开始自然下垂，加入前胸宽松量。在腰围线缝份上剪刀口，在腰部形成余量，留些腰部余量捏出腰省，使省道指向 BP 点。

完成图

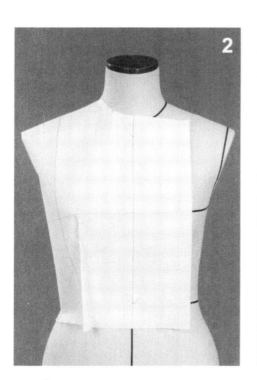

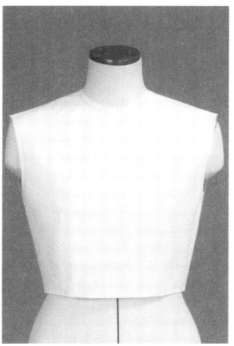

2　确定省道的方向、省尖位，省道用抓合针法固定。剪去肩部、袖窿处、腰部的余布。

描图

省道量稍稍大些，腰部变细了，腰围线不呈水平而向侧边上翘。

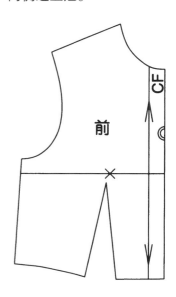

5　袖窿省

从袖窿开始，省道指向 BP 点的袖窿省。

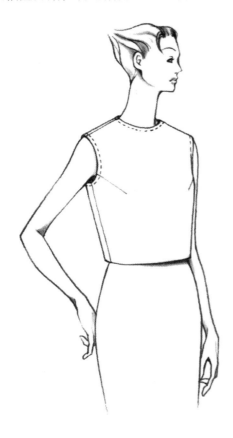

别样

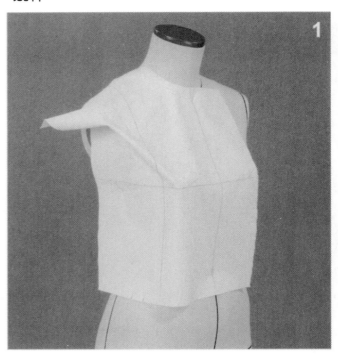

1　按原型一样准备并别样（参照第 55、第 56 页）。使胸围线往下的侧面标记线垂直于地面，形成箱形轮廓。

完成图

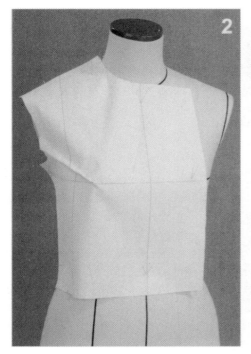

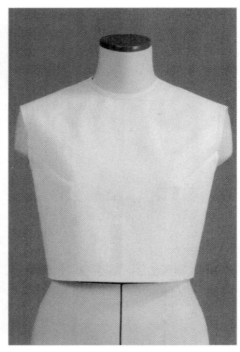

2　捏出省道，用大头针固定。剪去肩、袖窿处的余布。

描图

胸围线、腰围线处于水平，侧缝则与人台自然贴合形成倾斜状。胸省量与衣身原型相同。

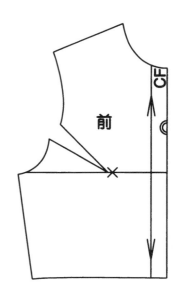

6 中心省

从前中心开始，省尖指向 BP 点的省。

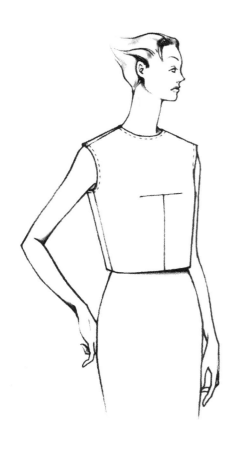

别样

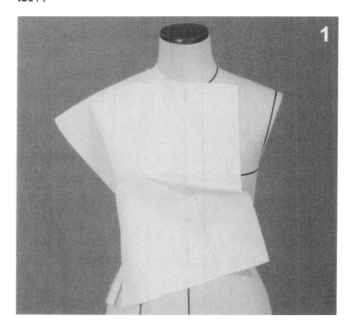

① 竖直对准前衣身的中心线与人台的中心线，水平对准胸围线，用大头针固定左、右 BP 点处。放正后将平 BL 线以上的丝缕，轻轻用针固定，并整理领窝线。

到肩端点为止，自然地将平，在前胸宽加入松量后使布自然下垂。在腰部缝份处打剪口，保留腰部松量，将多余的布从下往上将向前中心。

完成图

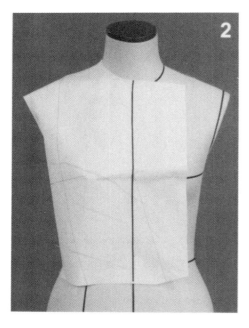

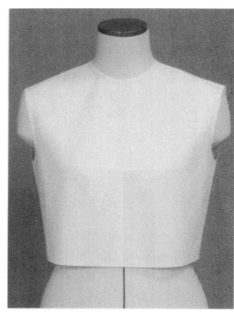

描图

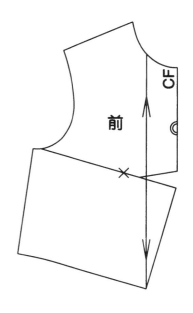

在前中心处得到的胸省。胸围线往下布料丝缕变斜了。中心线处有分割缝。这种情况下，先缝省道，然后再缝合前中心线。

② 捏住前中心形成的余量，在前中心捏出省道，省道指向 BP 点，确定省尖位。剪掉腰部余布，用粘带贴出前中心线。剪去肩部、袖窿、侧缝、前中心处的余布，确认松量。

7 领省

从领窝指向 BP 点的省。

别样

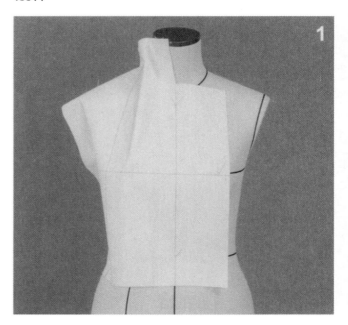

1　将前衣身中心线与人台中心线对准，并垂直于地面。使胸围线水平，并与人台上的胸围标记线对齐，用大头针固定左、右 BP 点处。使胸围线到侧缝保持水平，松量分配在 BP 点周围、前胸宽附近及侧缝处，用大头针固定侧边。胸围线以下部分，使侧面线垂直于地面，在腰围线处用大头针固定。在腰围处的缝份上打剪口，领窝前中心处打剪口。剪去左侧余布。将袖窿处的浮余量捋到肩部，并继续捋向 SNP 点与前领窝中心点之间。

完成图

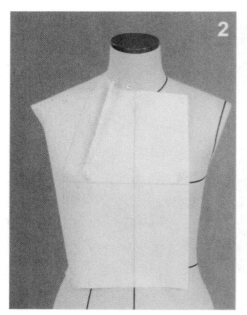

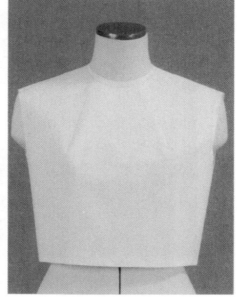

描图

在领窝处得到的胸省。

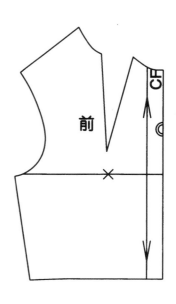

2　使浮余量指向 BP 点，捏出省道，确定省量、省尖位置后用抓合针法固定。整理领窝、肩、袖窿、侧缝、腰围处的缝份。

8 领部抽褶

领窝处表现的抽褶。

坯布准备

使用薄型白坯布。

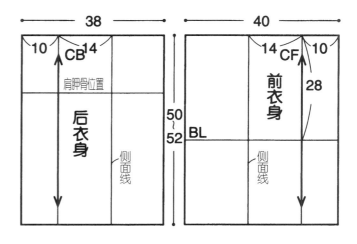

别样

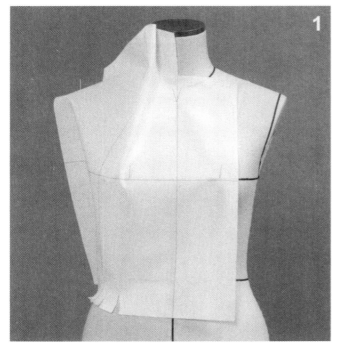

1 将前衣身中心线与人台上的中心线对准，并垂直于地面，使胸围线水平对准人台，用大头针固定。在前领窝中心处打剪口，剪去左侧余布。

在腰围线处加入 1.5cm 的松量，用大头针固定，并在缝份不平整处打剪口，确认松量。将布从侧缝线处从下往上捋，确认前胸宽的松量，用大头针固定肩端点处。将肩端点处产生的余量捋向领窝。胸围线会在侧边上翘。

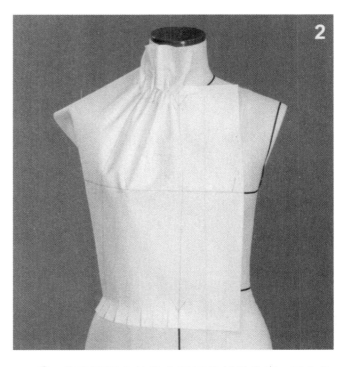

2 将移到领窝处的余量呈放射状分配，用大头针固定，确定抽褶的止点位置。将抽褶的量、方向、长度进行适当的强弱分配，做出造型。

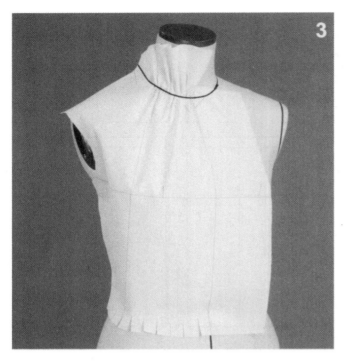

③ 剪去肩、袖窿、侧缝处的余布，整理轮廓形状。用粘带贴出领窝线造型。

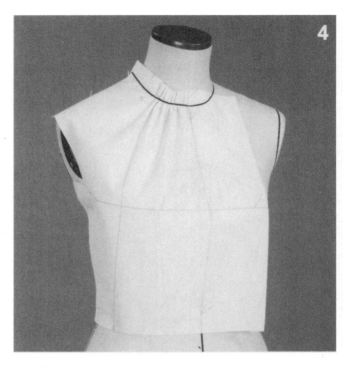

④ 剪去领窝处的余布，整理腰部缝份。

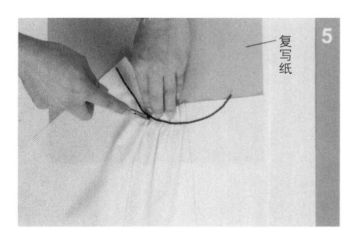

复写纸

⑤ 在领窝线上作标记。下面垫上单面复写纸，用滚轮作出领窝线记号。在抽褶的止点位置也作出标记。

完成图

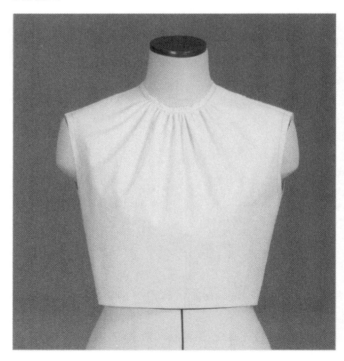

抽缩抽褶量，整理成放射状。

描图

把腰围的松量限制到最小，胸省的部分也放入抽褶里。

后衣身的廓形也和前衣身一样，把腰围的松量限制到最小。

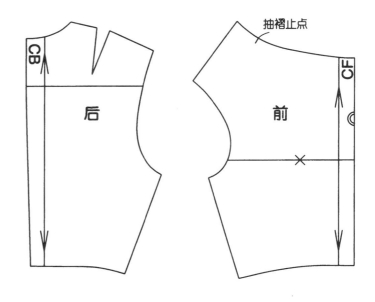

9　肩部塔克

肩部有两个塔克。白坯布的准备参照第 71 页。

别样

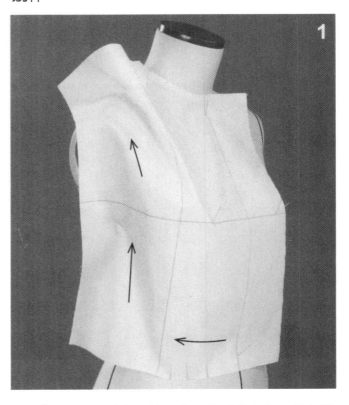

1　分别将前中心线、胸围线对准人台，将布轻轻地覆合于人台，边整理领窝线边打剪口。在腰围线上加入 1.5cm 的松量，将侧边的布向胸围线方向由下往上抟平，同时确保侧部及前胸宽的松量，并将胸围线上部形成的余量转移到肩部。

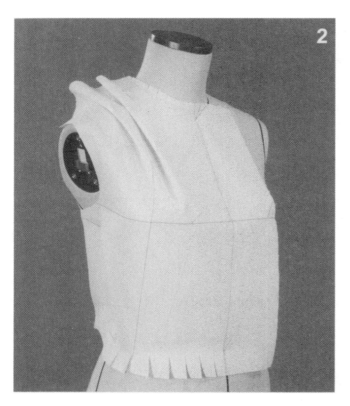

2　将肩部余量大约分成两等份，分配给两个塔克。塔克的方向指向 BP 点，两个塔克相互平行。剪去肩部、袖窿部及侧边余布。

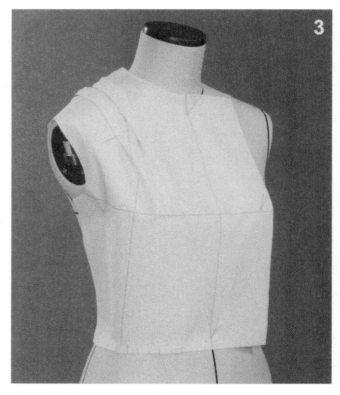

3　再次检查塔克的位置、量的平衡、方向以及塔克结束位置，并向领窝线方向折倒。整理腰部缝份，确认轮廓形状。

完成图

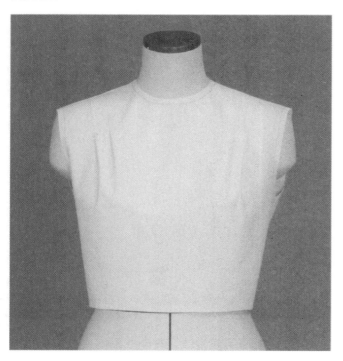

描图

腰部的松量达到最小，腰省与胸省合并。肩部省量增加，并将其分成两个塔克。

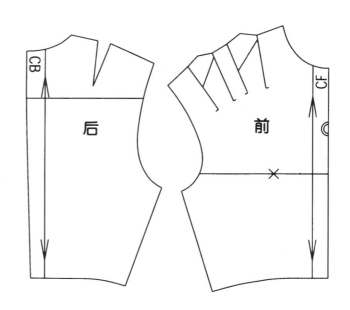

后　前

第4章

基本款式的立体裁剪

一、女衬衫

1 底摆塞在裙子中的女衬衫

这是一款在原型衣身上装上衬衣领、袖口有抽褶，并配有袖克夫的装袖女衬衣。

这种衬衣穿着时通常将衣身的下摆塞在裙子中，因此要伴随着动作观察衣身的大小、袖山高、袖肥、衣长等是否合适，这是很重要的。

坯布准备

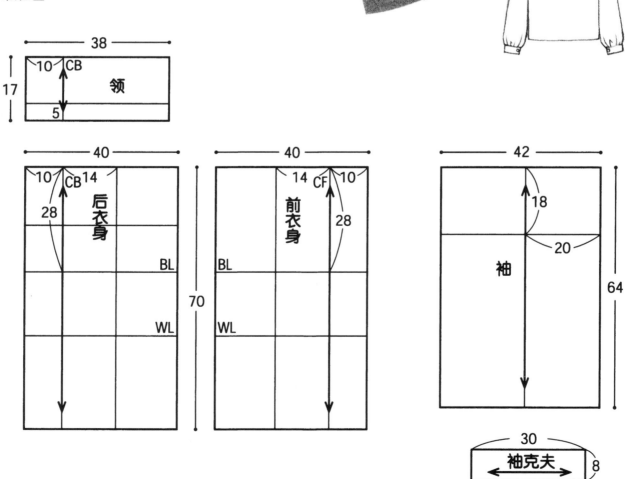

别样

给人台装上手臂。

1 将前衣身的中心线对准人台中心线，水平对准胸围线，确认垂直、水平度，在中心处打剪口。

2 从 BP 点开始按箭头方向对准丝缕，一边将平坯布，一边轻轻地用大头针固定，整理领窝线。领窝线处要盖住锁骨，应稍有松量。

将布往下向肩端点方向将平，并放出前胸宽的松量，剪掉肩部、袖窿上部多余的布。

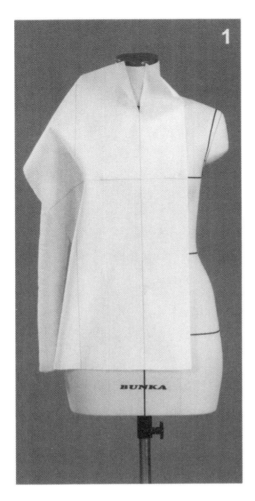
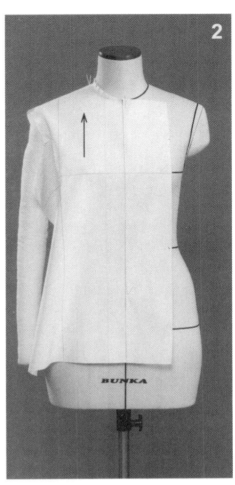

3、4 贴出肩缝造型线。

在确保前胸宽侧面松量的状态下，注意侧面导引线，让腰围线水平，做出箱形轮廓造型。将侧边多余的量在胸围线上捏出省道，用大头针固定，省尖距 BP 点 3cm。

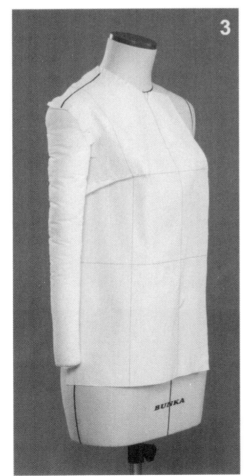
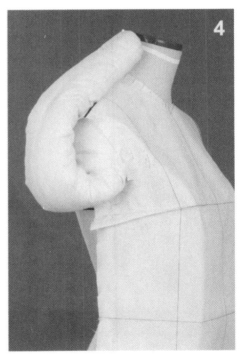

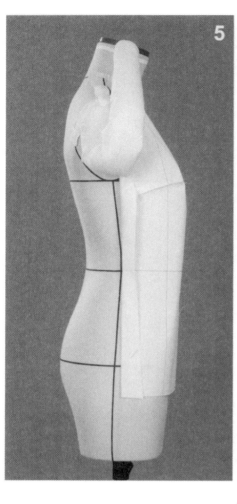

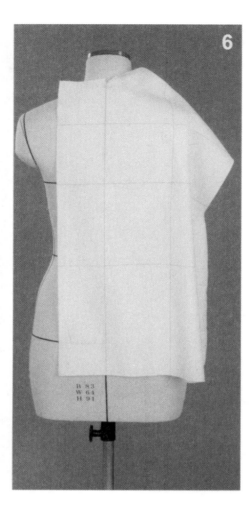

5　在箱形轮廓造型中，确保臀部有一定松量。

向前折侧缝处的布，用大头针轻轻地固定。

6　将后衣身中心线对准人台中心线，胸围线和肩胛骨位置上的标记线水平对准。确认垂直、水平，在中心处剪刀口，剪去多余的布。

7　朝 SNP 点方向捋平坯布，放正丝缕，整理领窝线。为了覆盖肩胛骨，肩胛骨附近要放出松量，并确保该松量能将布水平地捋平，轻轻地由下往上捋到肩端点，肩部多余的量为肩省。

8、9　向肩胛骨方向捏出肩省。肩省是作为设计线的，因此很重要，要确认其位置、长度、方向。使肩部后肩缝压在前肩缝上，并用大头针垂直于肩缝固定，剪去余布。给后背宽放松量，将侧边的导引线垂直往下，做成箱形轮廓，剪去袖窿多余的布。

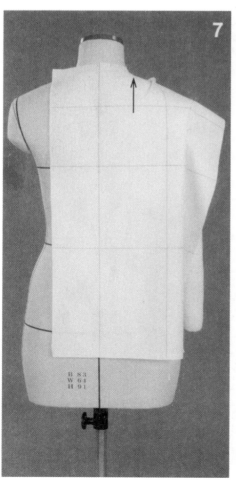

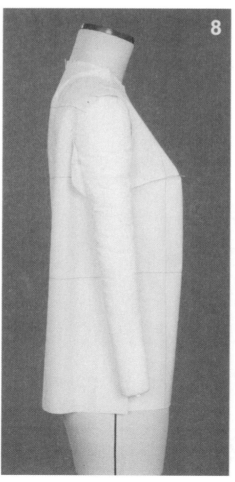

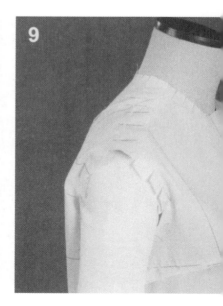

10 在侧缝处将前后胸围线的标记线对齐，并加上衣身的松量。腰围线的标记线也要对齐，并收去1.5cm左右的吸腰量，用大头针抓合固定侧缝，剪去余布。再次确认衣身的松量是否合适。

11 用大头针将衣身别成型。将侧省向下折，肩省往中心侧折，用大头针斜向固定。将肩缝折向后衣身，侧缝折向前衣身，用大头针固定。

整理前门襟、领窝线和下摆线，用粘带贴出造型。在袖隆上部贴出净样线，确定袖隆底部并作出标记。

在前中心线上钉纽扣。

第一粒纽扣位于领窝线往下一个纽扣直径距离处。腰围线附近也有一粒纽扣。注意观察平衡情况，确定纽扣间隔。

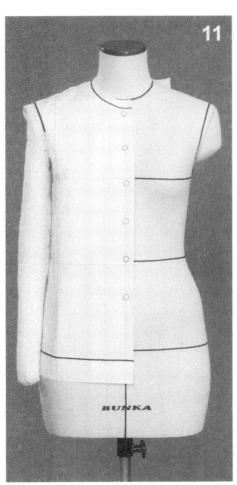

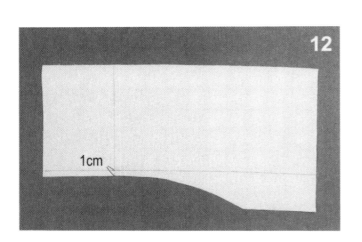

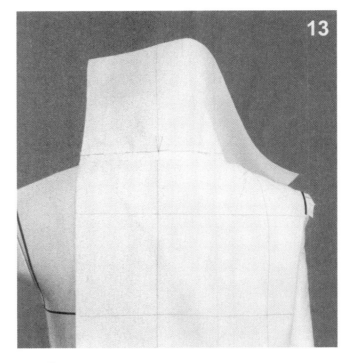

12 装领线的准备。

衣领布的后中心线与水平标记线的交点往下1cm为缝份，水平往右2.5cm为直线，其余剪成自然的、平顺的曲线。

13 装领。

将领的中心线对准后衣身中心线，领窝线与装领线的导引线水平地对准。从中心开始到2.5cm左右处用重叠针法水平地固定。

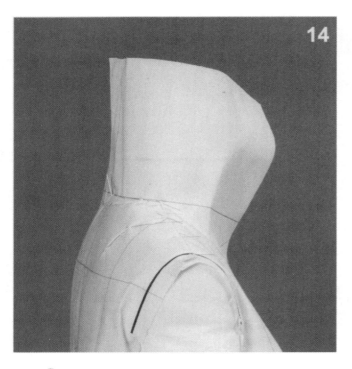

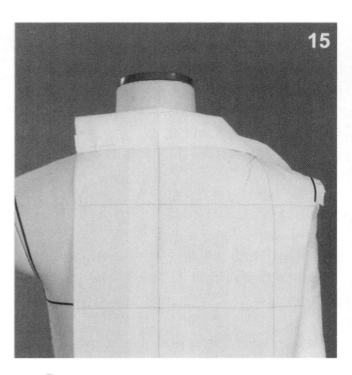

14　将衣领布顺着脖子捋平，一边转一边在缝份上打剪口，到 SNP 点为止，并用大头针固定。

15　在后中心处确定领座高和领宽，用大头针水平地固定。领宽必须盖住装领线，所以比领座高宽，将领外弧线缝份往外侧折起，一直转到人台前半部。

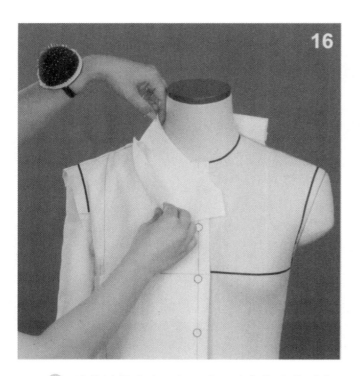

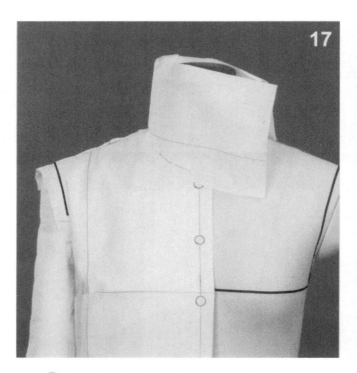

16　边估计领座高、领面宽，边与领窝线对齐，同时脖子周围要留有一个手指尖大小的松量。

17　翻起衣领布，边在装领线上打剪口边确认装领线，在 SNP 点附近稍稍拉伸，到前中心为止，用大头针将领子装上。

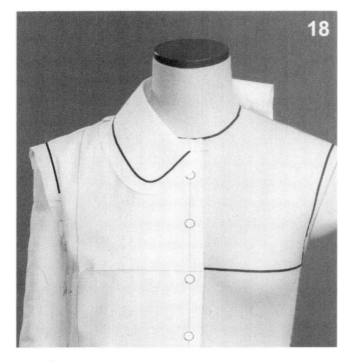

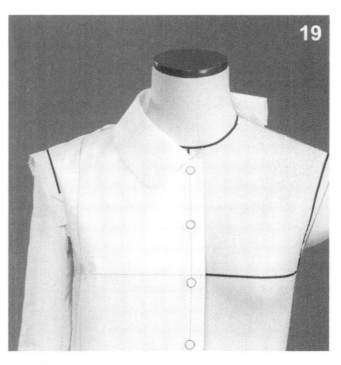

18 整理衣领，确认颈部的松量、领座高、领面宽及领外弧度是过量还是不足，确定领型，用粘带贴出，并整理缝份。

19 用大头针将衣领别成型。

20 袖子采用平面作图。

在衣身袖窿上配出袖子结构图。袖山高为从前后肩端点高度差的二等分处到袖窿底的5/6等分处的尺寸。以这个袖山高为基准，确定衣袖安装效果。

袖长根据袖克夫宽度（4cm）和袖口的蓬松量的设计而定。

20

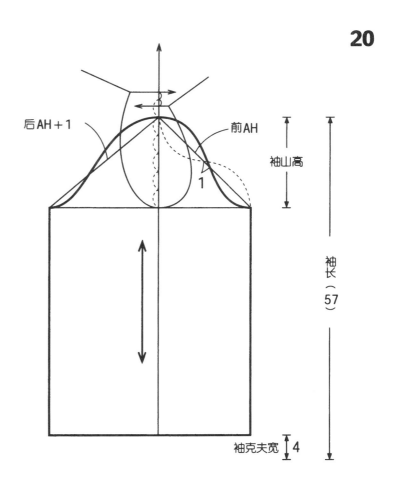

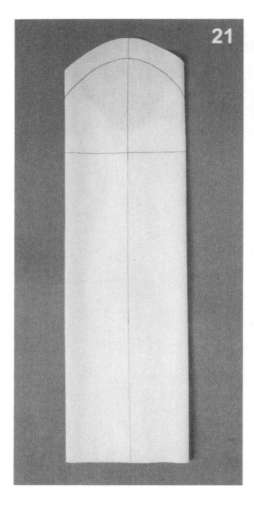

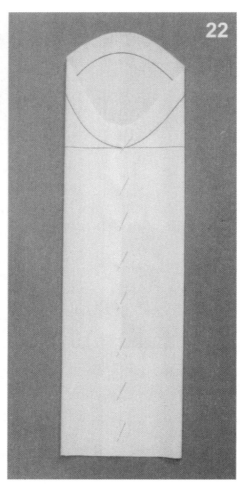

21、22 在准备好的袖布样上复描出衣袖，将外袖侧与里袖侧组合成筒状。将袖底缝向前侧折倒，并用大头针别成型。

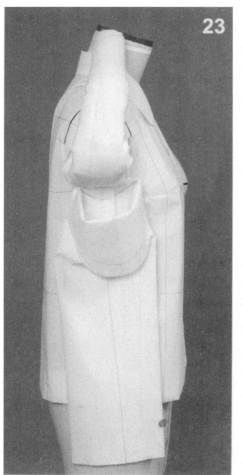

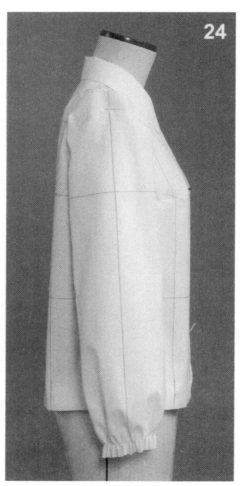

23 装袖。

抬起人台的手臂，将衣身袖窿底处与袖底对准，用大头针水平地固定，并且从袖窿底开始向前后各2~2.5cm处将袖子与袖窿对准，并用大头针固定。

将手臂塞进袖子中。

24 将肩点与袖山点重合对准，并用大头针固定。以装袖线为准，在衣身的前、后腋点附近确认袖子的位置安稳与否，并用大头针固定。粗略地分配袖山上部的缩缝量。

在袖口处加上抽褶量。

25 为了做出肩端点处的圆润及厚度感，应很好地分配袖山头的缩缝量，用大头针密密地别出，并修正成型。

26 手臂稍稍向前，使袖底角度呈35°左右，确认袖山的高度是否适当。另外，检查从袖窿底到腋点（稳定性好的地方作出标记）的尺寸是否合适。

完全按照作图线进行假缝，装在衣身上呈稳定状态是其最终结果。

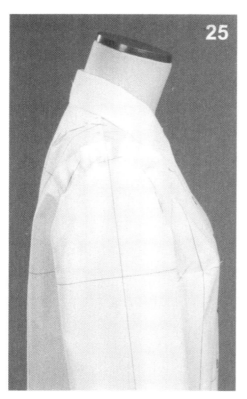

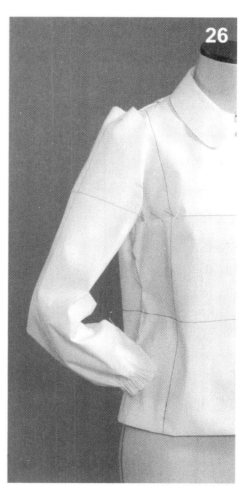

27、28 方法A、B都在袖口处设置了抽褶。袖子是根据手臂向前倾斜而安装的。袖口尺寸是手腕围加9cm松量得到的，剩下的则作为抽褶量处理。

方法A（照片27）是符合手臂向前倾斜的状态的，即从前面到后面抽缩缝（为了便于区别，应用红色扎纱线），做出抽褶量。抽褶量在后袖侧分配多些，并做出侧面的蓬松量，进行整理。

方法B（照片28）是使用大头针和粘带来整理的。

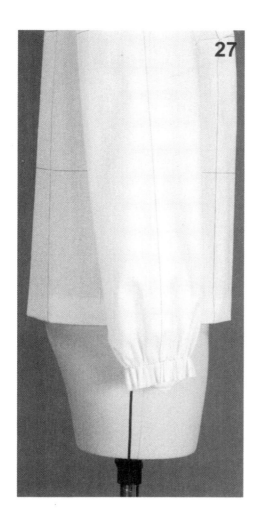

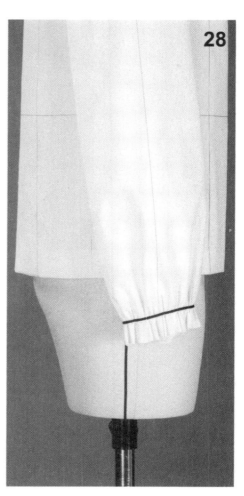

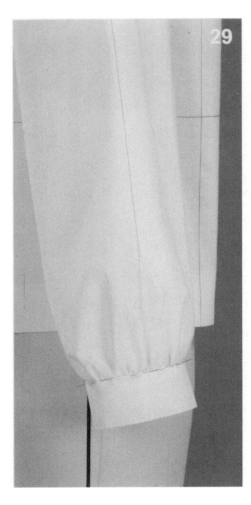

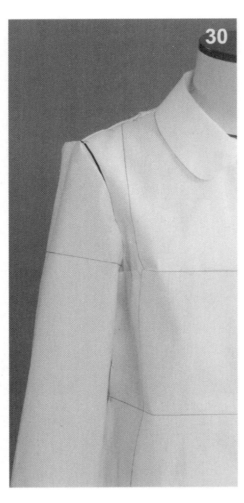

29　将袖克夫按其宽度折成型，装袖口。

30　整理好装袖的缝份，并将其装在衣身袖窿处。袖窿底，袖山点，前、后腋点附近（对位记号）用大头针固定。

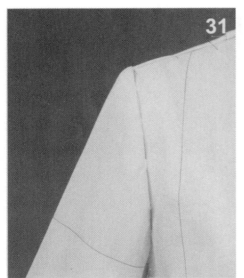

31　袖子用隐藏针法安装。

前面

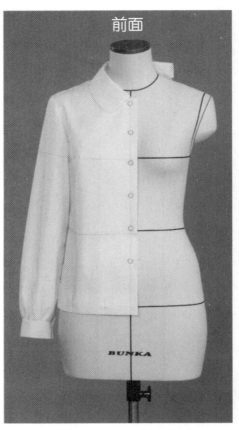

侧面

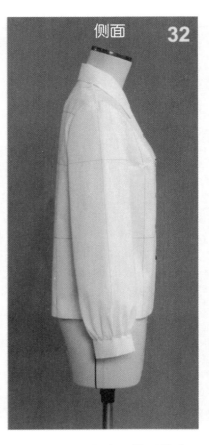

32　用大头针别成型。布纹线呈垂直、水平状，构成了箱形轮廓。确认功能性的松量是否到位。

完成

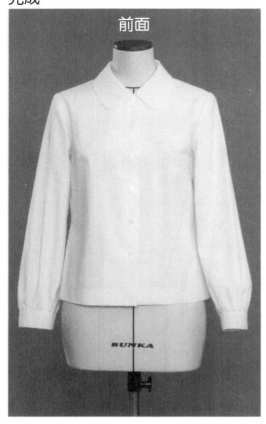
前面

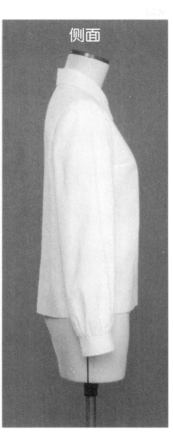
侧面

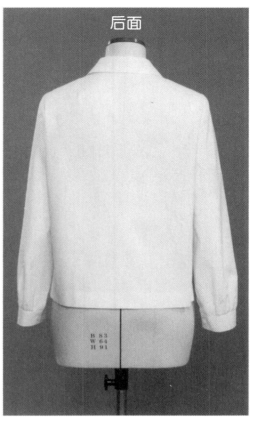
后面

描图

    与原型的肩斜度相近,根据衬衫常被塞入下装中的着装习惯,腰部稍稍吸进,构成了伴随基本动作必须松量的近似箱形的轮廓。

    盆领的纸样是最基本的衣领纸样。

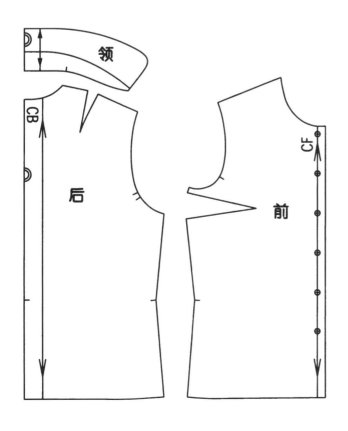

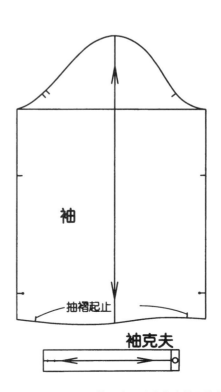

2 驳领女衬衫

腰部稍吸进、基本轮廓造型的驳领女衬衫。

驳折止点设定在胸围线上方，尖角的敞开式领，袖子为装袖形式。从下摆方向向BP点方向的腰省，具有很好的设计表现效果。

穿着时，可将下摆放在外面穿着，也可作为外套的代用品而当两件套穿着，使用范围广泛。

坯布准备

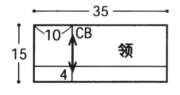

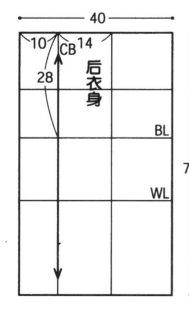

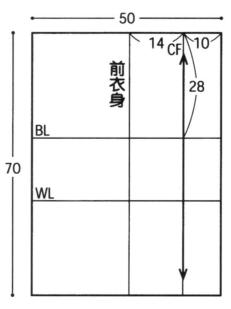

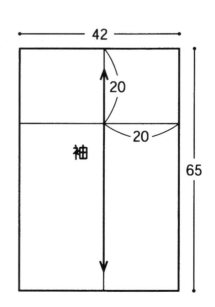

人台的准备

给人台装布手臂。

用粘带贴出领子的驳折止点，距前中心一个叠门量，平行贴出止口线。从后中心领座高到止口线的驳折止点，连顺翻折线，并贴出领子造型。

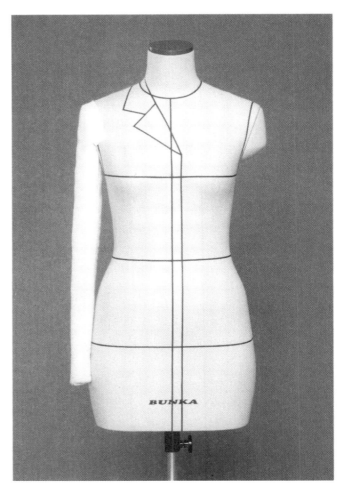

别样

1 将前衣身中心线对准人台中心线，胸围线对准人台胸围线，确认丝缕线是否横平竖直。在颈前中心处打剪口。

2 按箭头方向，从BP点开始让布料丝缕正确，沿着人台将布捋平，用大头针轻轻地固定，整理领窝线。确认领窝松量，将平肩端点处，做出前胸宽处的松量。

剪去肩部、袖窿上部的余布，在确保前胸宽处松量的状态下自然地让布下垂，用大头针固定臀围线附近。

向后捋侧面的布。将胸省量移向下摆，胸围线及腰围线呈倾斜状。

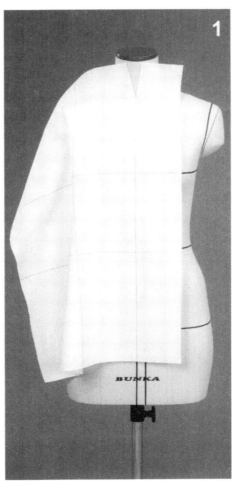

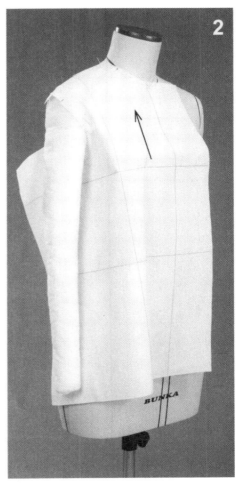

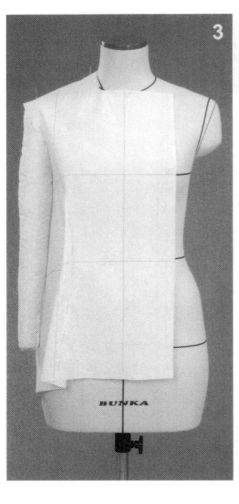
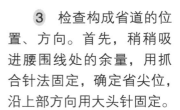
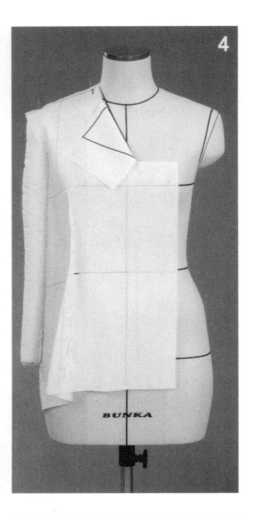

③ 检查构成省道的位置、方向。首先，稍稍吸进腰围线处的余量，用抓合针法固定，确定省尖位，沿上部方向用大头针固定。

在臀围线上考虑保留一些下摆松量，将剩余的量捏出省道，一直到腰围线，并用大头针固定。因这个省道是作为设计线而设置的，应充分确认其位置、方向及省尖位的平衡。

④ 确定肩线并贴出肩线。

作出颈侧点和腰部重要点的标记。从布边缘到止口线翻折止点位置处打剪口，与人台上翻折线的标记线对准后翻折。以标记线为准，做出驳头造型。

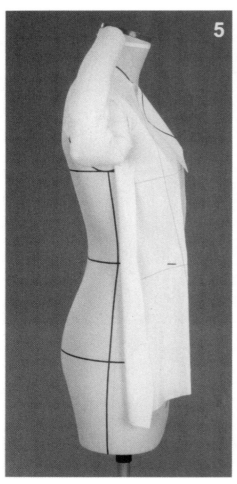
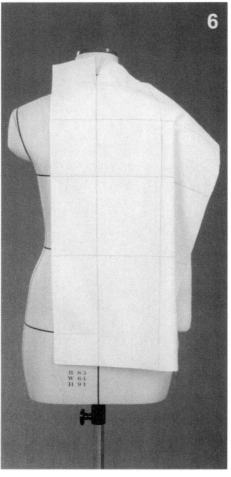

⑤ 在后衣身放入前，将侧缝附近的布向前折转，轻轻地用大头针固定。

⑥ 将后衣身中心线对准人台中心线，分别对准胸围线和肩胛骨标记线，并保持水平。

确认垂直、水平后，在颈后中心点处打剪口。

7 确保布料丝缕正确并向 SNP 点方向捋平，整理领窝线。做出包覆肩胛骨的松量，保持该松量，使布水平覆在人台上并捋平。将布轻轻地从下往上捋到肩端点，在肩端点处加入松量，把肩线上的多余量捏出肩省。观察省的位置、方向、省尖的平衡，向肩胛骨方向捏出省。

肩部重叠在前肩缝上，用重叠针法按照与前肩缝垂直方向固定肩部，剪去多余的布。

在后背宽处放入松量，使侧边的导引线垂直于地面。

从肩胛骨向下摆形成一定的量，在臀围线上保证下摆的松量，剩余的量用抓合针法固定。腰省处于肩省的下方，观察肩省的位置，检查腰省位置、吸腰量及省尖位。同时把握在后中心线无缝的情况下，很好地设定平衡。一边捏出省，一边作出腰围线位置记号，剪去袖窿处多余的布。

8 别合前、后侧缝（为使操作方便，将手臂向上抬起）。加入衣身的松量在腰围线上吸进 1.5cm 左右，确认臀围线上的松量，用抓合针法固定，剪去多余的布。

在腰围线上作出标记，检查前、后腰围线的平衡。

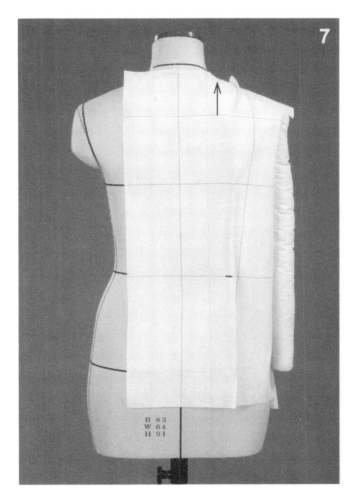

9 用大头针将衣身别成型。

分别将肩省及前、后腰省倒向中心侧，用折叠针法固定。将肩缝线向后衣身方向倒，侧缝线前压后，用折叠针法固定。剪去下摆多余的布，折成型后用竖针法固定贴边。整理前门襟止口、驳头的缝份。

从后中心经 SNP 点，再往前 3cm 左右处贴出领窝线。在袖窿上部贴出完成的造型线，确定袖窿底，并作出记号。

在前中心处装上纽扣。第一粒扣位于驳折止点，腰围线附近也要有纽扣，观察平衡并确定纽扣间隔。

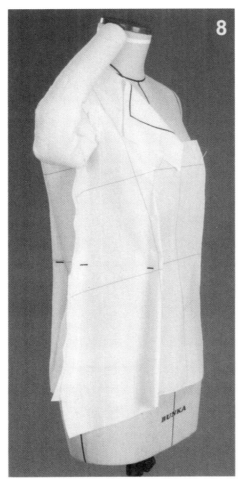

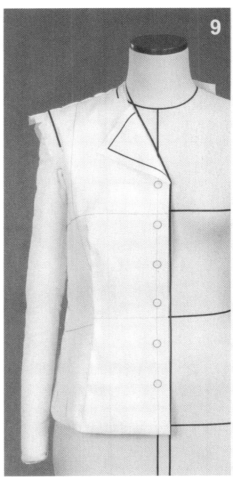

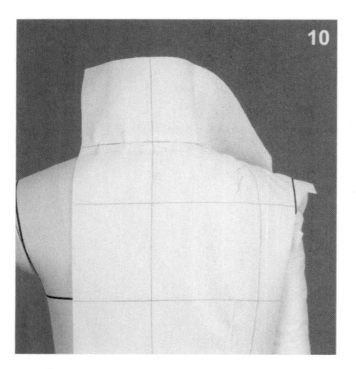

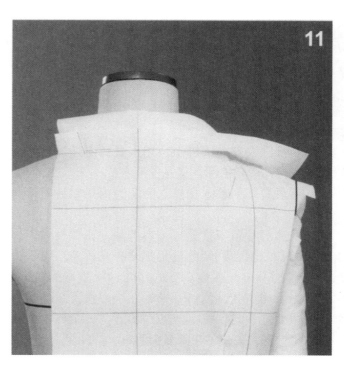

10 装领。对准后衣身与衣领中心线，在领窝线上，将衣领的导引线水平对准，用大头针固定。另外用大头针水平地固定距 SNP 点 2.5cm 处。将衣领布与人台脖子吻合，一边转动布边一边在缝份上打剪口，一直到 SNP 点为止，并用大头针固定。

11 在后中心处，确定领座高和翻领宽，用大头针水平地固定，并将衣领布往前转动。

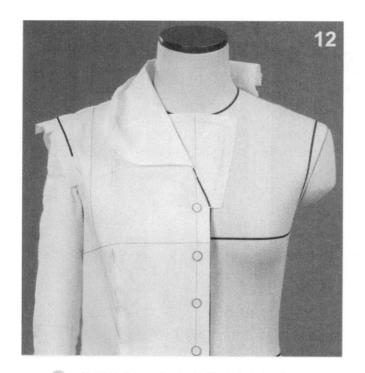

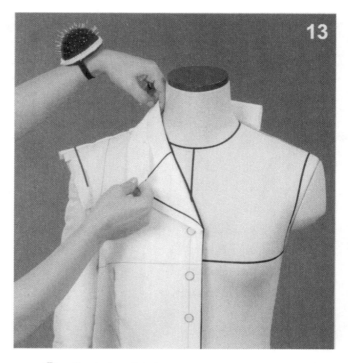

12 将驳头布返回，用粘带贴出翻折线。
一边仔细观察领座高及翻领宽，一边与领窝线吻合，并使领子的翻折线与驳头的驳折线连顺。留出脖子周围能伸进一个手指的间隙松量。

13 将驳头翻折过来重叠在领子上，确认脖子的松量是否得到保证，再次确认翻折线与驳折线是否连顺。

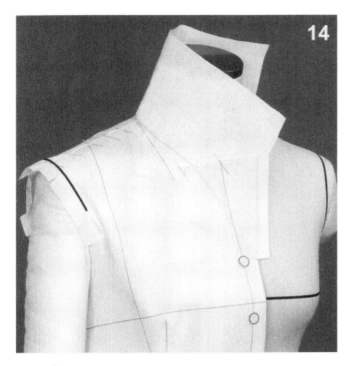

14　将衣领与驳头翻起来。领子部分在 SNP 点附近稍稍拉伸，一边在缝份上打剪口，一边在领窝线上用大头针固定。

在串口线位置上用大头针固定时，最好使大头针与驳折线平行。

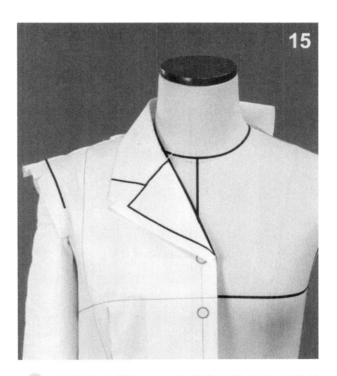

15　将领子翻折好，在肩部位置将领外弧线拉伸，确认领外弧线长度是过量还是不足，并整理好。

确定领子造型，用粘带贴出并整理缝份。

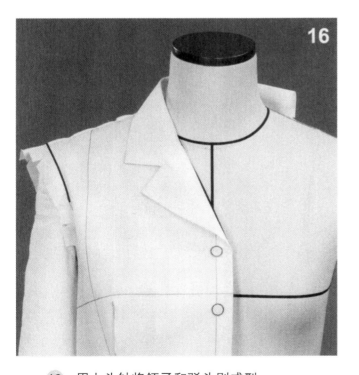

16　用大头针将领子和驳头别成型。

再次确认领子与脖子间的松量，领子翻折线和驳头驳折线是否连顺，串口线及领缺嘴是否平衡等。

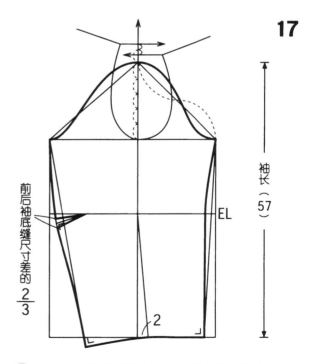

17　袖子采用平面作图，然后再组装起来。

袖山高取前后肩端点的平均高到袖窿底的 5/6 处，袖长、袖口尺寸、袖肘缩缝量及袖肘省也是设计出的，是根据安装好的成型结果来确定的。

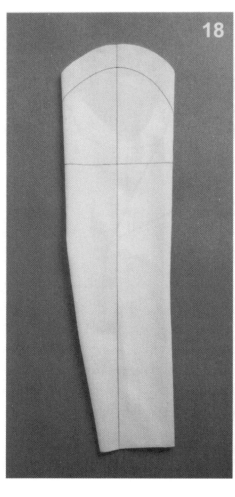

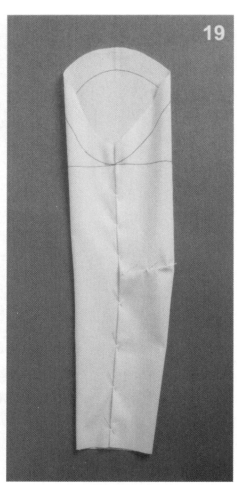

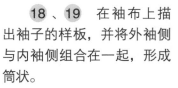

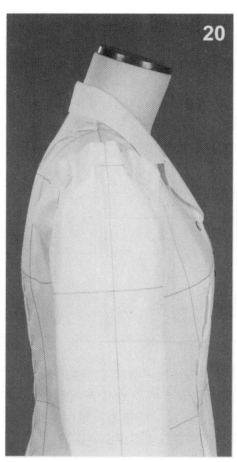

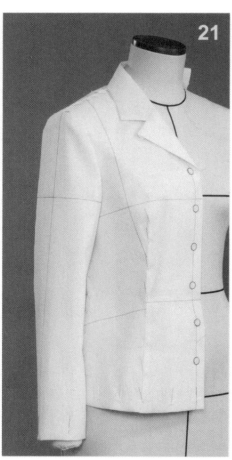

18、**19** 在袖布上描出袖子的样板，并将外袖侧与内袖侧组合在一起，形成筒状。

往下折倒袖肘省，袖底缝外袖侧有缩缝量，将袖底缝倒向后侧，用大头针固定。

20 装袖。与束在裤子或裙子里面的衬衫一样，在袖底处用大头针固定，将袖窿肩端点与袖山中心点对准，用大头针固定。在衣身前后腋点附近，确认袖子的方向，用大头针固定。

在袖窿上部粗略分配袖山缩缝量，观察一下袖山处的圆顺度及其厚度。均匀地分配袖山缩缝量，并细密地用大头针固定，确认前后缩缝量的平衡。

21 用大头针安装袖子。整理袖山弧线的缝份，并安装到衣身上去。在袖窿底、袖山高及前后腋点附近（对位标记）用隐藏针法固定。检查袖肘省的位置、方向、长度以及袖长和袖口宽的平衡，并进行修正。

完成

前面

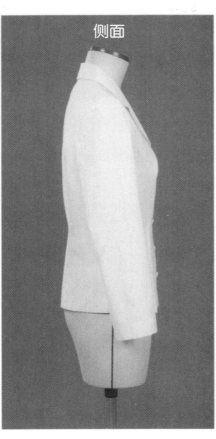
侧面

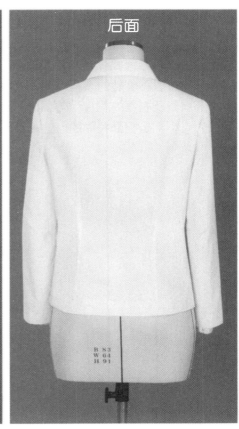
后面

描图

　　因穿着时，其下摆放在下装外面，所以需保持伴随基本动作所需的松量。胸省量及腰部吸腰量的腰省使前侧倾斜，布料丝缕发生了变化。将后衣身的肩省和腰省设定在一个流畅的位置上。

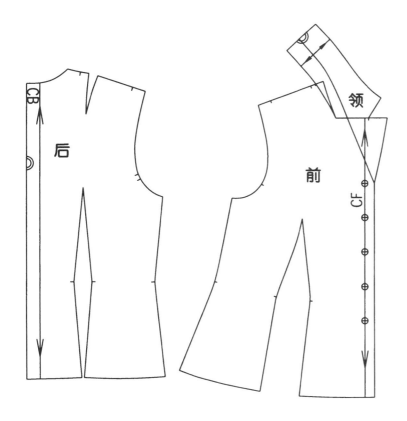

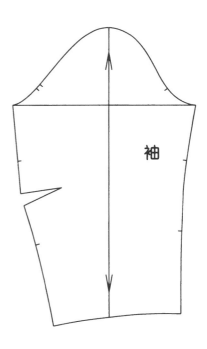

3 男衬衫领式女衬衫

衣身加入了大量松量，落肩袖，由有底领的男式衬衫领、育克、明门襟、口袋等细节构成的男衬衫领式女衬衫。通过细节的变化，能构成各种有趣的造型。

落肩量及衣身的宽度，与袖山的高度和袖肥的大小都是相互关联的。这点很重要。

坯布准备

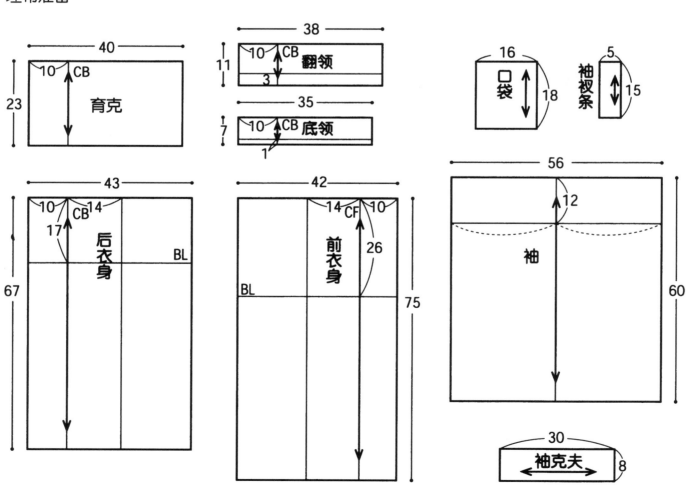

人台准备

在人台上贴出翻门襟及育克造型线。

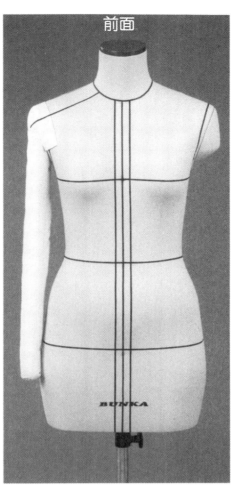
前面

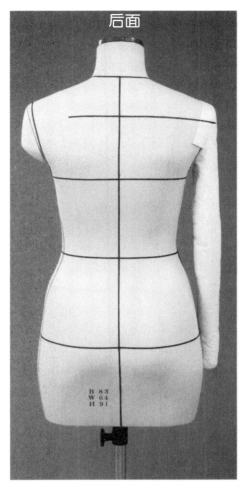
后面

别样

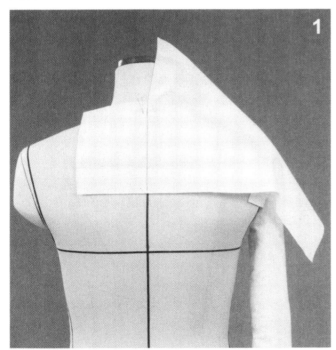

1　将育克的中心线与人台的中心线对准，并垂直于地面，水平对准肩胛骨线，用大头针固定，在后领中心处打剪口。

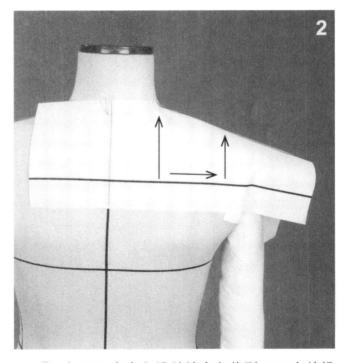

2　向 SNP 点方向沿丝缕方向找到 SNP 点并轻轻地用大头针固定，整理后领窝线，将布转向前放着。做出肩胛骨处的松量，在肩端点处一边加入松量一边将布从下往上捋平。

贴出后育克位置线。

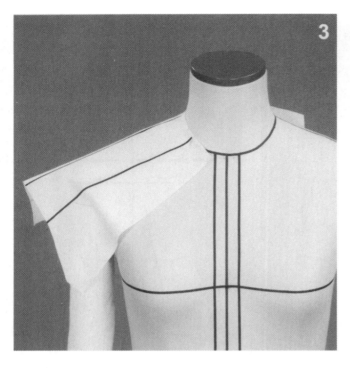

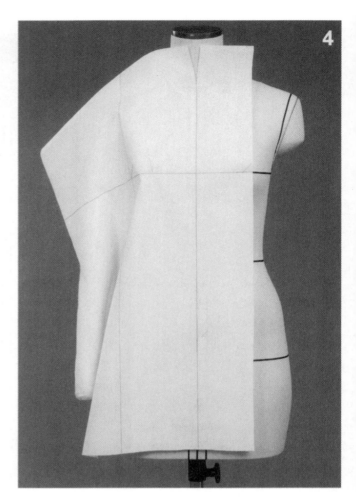

③ 肩线没有分割线，SNP 点附近易起皱，需稍放入适宜的松量，并打剪口，一直整理到前领窝。

在确保肩端点松量的前提下，贴出肩线和前育克线。这时，肩端点处可放入薄型垫肩，贴出袖窿上段弧线。

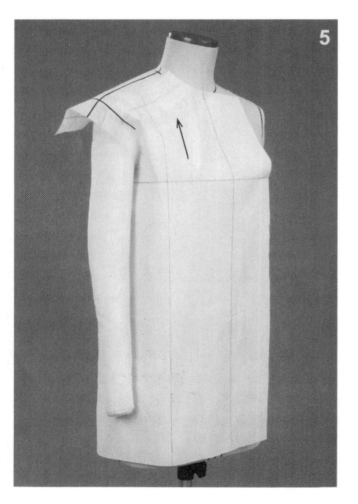

④ 将衣身前中心线对准人台前中心线，胸围线对准人台胸围线，并确保垂直、水平。给领窝中心线打剪口。

⑤ 从 BP 点开始，其上部丝缕放正并与人台吻合，用大头针固定，整理领窝线。

保持胸部导引线水平，侧面导引线垂直于地面，将衣身覆于育克之上。剪去育克分割线处的余布，再将衣身覆盖于育克之上，用重叠针法固定。

确定落肩量。考虑到袖窿线，在前胸宽处加入松量并做出一个面。剪去袖窿余布并转向后面，在 SNP 点和袖窿上段贴出标记。

在臀围线位置，检查做成箱形的面中是否有足够的松量，大致确定侧缝线并放好。

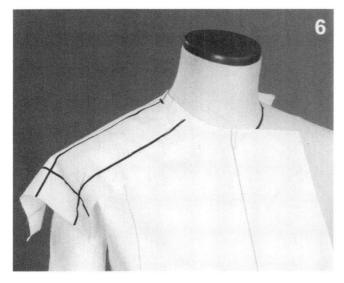

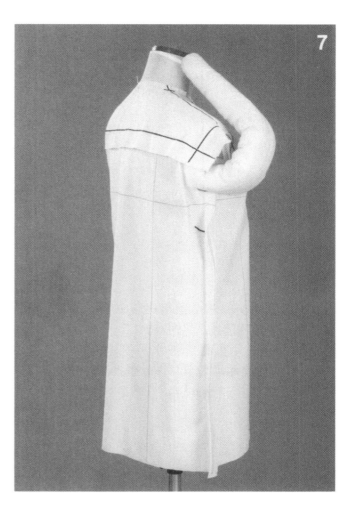

6　将育克布覆于衣身上，用重叠针法纠正。使线条能被看得到，以确认平衡。

7　在后衣身中心做出褶裥，用大头针固定。将后衣身中心线对准人台后中心线并垂直于地面，使衣身上的胸围线保持水平，将后育克覆盖其上。

与育克一样在肩胛骨附近放入松量，与人台相符，一直到袖窿位置，用假缝针法固定。

确认侧面线及胸围标记线垂直、水平，将育克布放在其上，并用大头针固定。做出后背宽松量，整理成箱形形状，剪去袖窿处的余布。

确认臀部松量，合前、后侧缝，在袖窿底用粘带贴出标记。

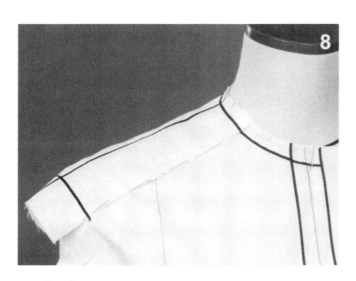

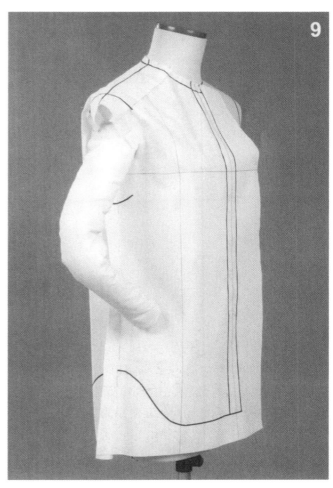

8、9　将育克折成型，用折叠针法整理。用粘带贴出领窝线、明门襟及下摆线。

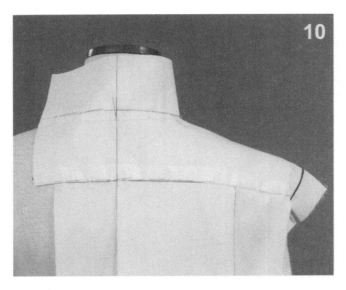

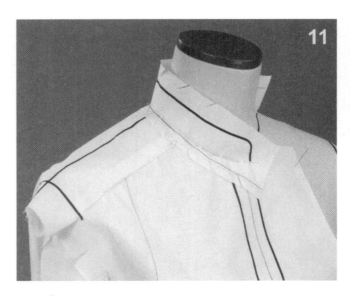

10　将后衣身中心线与底领中心线对准，装领线的标记线与领窝线水平对准。

　　在中心处用重叠针法水平固定，并在离中心2.5cm位置上也水平固定。一边在底领的缝份上打剪口，一边使底领与脖子吻合，一直到SNP点，用大头针固定。

11　在往前转动的布上，一边确定底领的高度，一边与领窝线对准，同时做出脖子周围能放进一个手指的松量，用大头针固定。剪去多余的布，用粘带贴出底领造型。

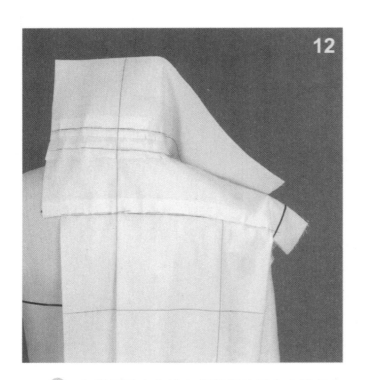

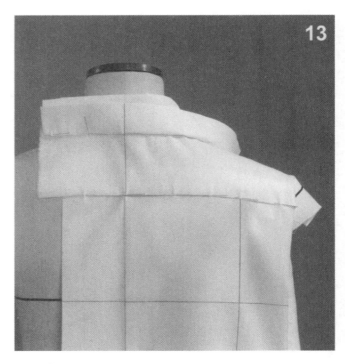

12　在底领后中心线上将翻领的后中心线与之对齐，在底领上将翻领装领线的标记线水平对准，并用重叠针法固定，一直到SNP点为止。

13　在后中心上确定翻领宽，水平地用大头针固定。翻领宽要确保底领装领线看不到，将缝份翻起倒向外侧，用大头针固定。

　　将翻领布转到前面。

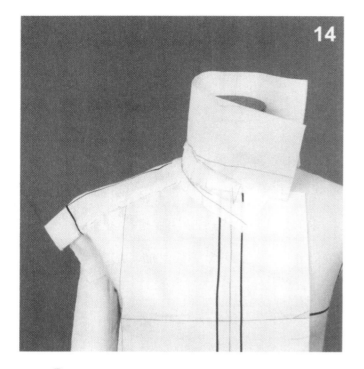

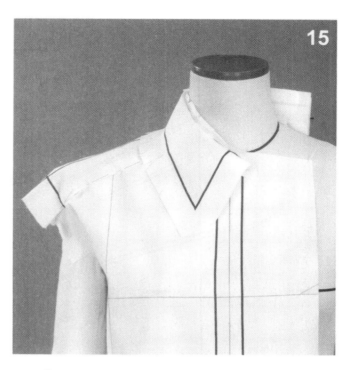

14 将翻领翻起来，一边在装领侧的缝份上打剪口，一边与底领吻合直到前中心，用大头针固定。

15 将翻领翻折成完成形态，用粘带贴出领子造型。

16 将衣领和衣身用大头针别成型。衣身的侧缝线要前压后，并用折叠针法固定。作出袖窿标记（为清楚起见，这里用粘带贴出）。

有底领的衬衫领，首先将底领四周的缝份往里折，整理成型。然后再整理翻领四周，对准翻领（反面）的装领线对位记号，覆在底领上，用大头针固定。将底领的装领线与衣身领窝线的对位记号对准，用大头针固定。

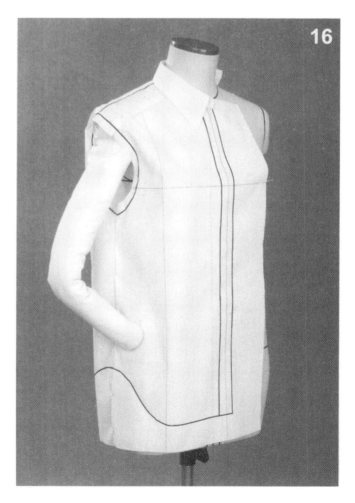

17 袖子采用平面作图，然后再组装。

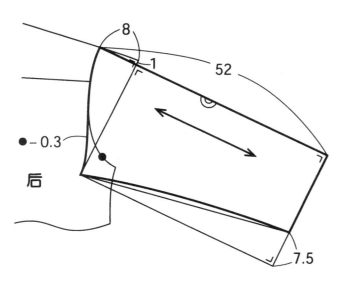

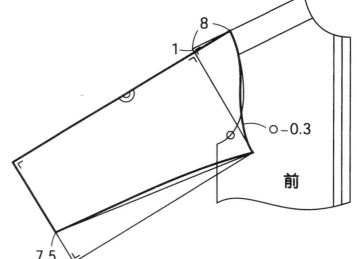

　　袖窿弧线是衣身和育克拼在一起的状态下的弧线。在肩端点处，将肩线延长8cm，向下1cm作出角度，量出袖长（除去袖克夫宽）。确定出袖山高，并在该点作垂线，该垂线即袖肥导引线。袖山弧线长度比袖窿弧线长度短0.3cm，在袖肥导引线上得到交点（装好袖子后，最终缝份倒向衣身，所以袖山弧长小于袖窿弧长）。

　　袖山弧线从袖窿底位置开始稍稍作出弧线。

　　与后片一样画图。

　　因为袖山弧线在袖窿底位置附近，为了符合手臂方向，所以比后袖山弧线弧度大，可用曲线板来画。

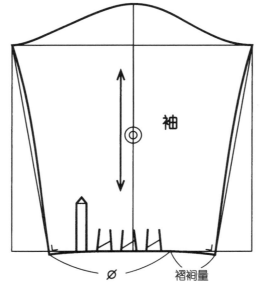

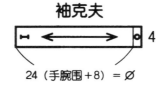

　　将前、后袖中缝拼合，确定袖克夫尺寸，画出袖衩及褶裥。

18、19 在袖布上描出袖子的样板，将外袖侧与内袖侧呈筒状组装，袖底缝要前压后，并用大头针别好。

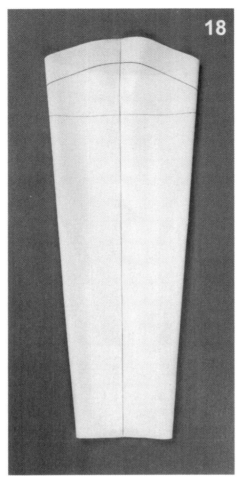 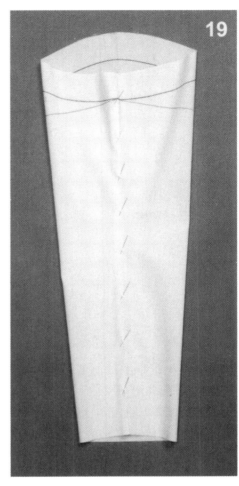

20 装袖。

将衣身袖窿底与袖子底部对准，用大头针固定。将手臂稍向前并呈45°左右角度弯曲，以装袖线为准，在衣身的前、后腋点附近确认袖子的位置，用大头针固定。

检查袖山高是否合适。

在作图中的袖山弧线完全修正好后以及袖子的位置完全到位后，最终修正袖山弧线。

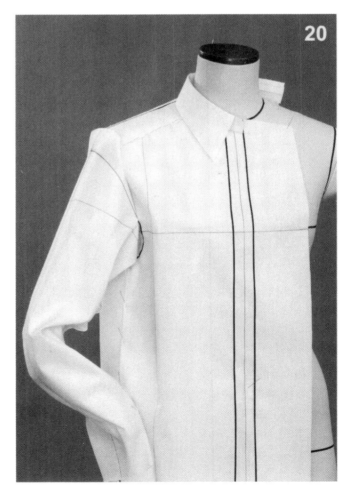

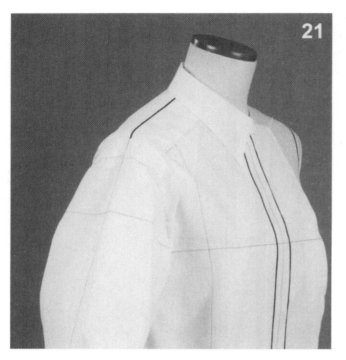 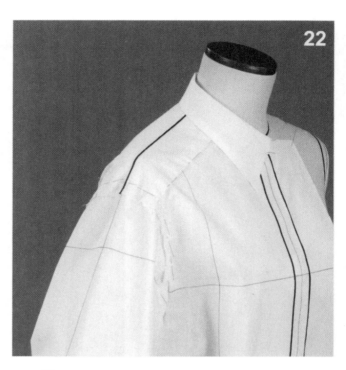

21 衬衫袖的袖山低，就不需要缩缝量了。将衣身的肩点位置与袖山点对准，用重叠针法别好。用大头针将袖山上部固定好，确认装袖尺寸（袖子侧稍微拉紧为好）。

22 将衣身覆盖在袖子上，以完成的状态来修正。确认袖子的位置、袖山的高度。

 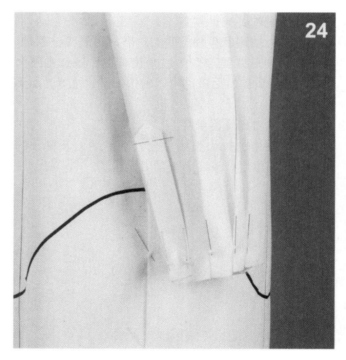

23 用藏针法装袖。
整理袖窿的缝份，将缝份倒向衣身，用大头针固定。

24 在后袖侧面装上袖衩条。袖口尺寸是手腕围尺寸加上 8cm 松量，多余的量分在 3 个褶裥量中。褶裥向前袖侧方向倒，纵向用大头针固定。确认袖衩条位置、褶裥位置的平衡。

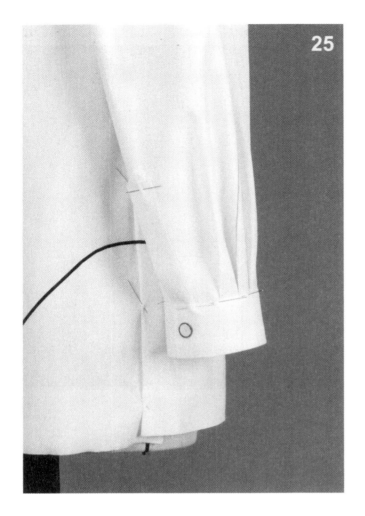

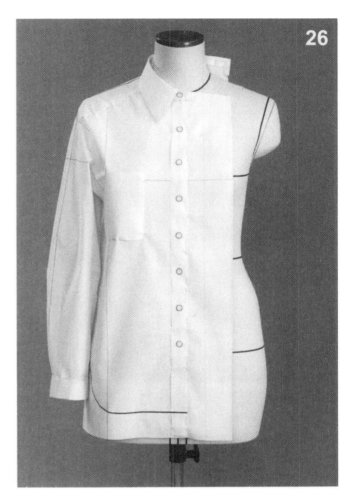

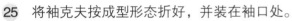

25 将袖克夫按成型形态折好，并装在袖口处。

26 前门襟按成型形态折好。

确定纽扣的位置及口袋的大小，在平衡性好的
位置上用大头针固定。

27 用大头针别成型。

检查布料丝缕的横平竖直后，看看是否构成了
箱形的造型，衣身和衣袖的连接是否顺畅，并进行
修正。

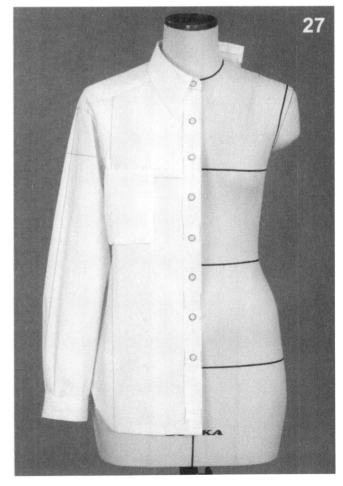

完成图

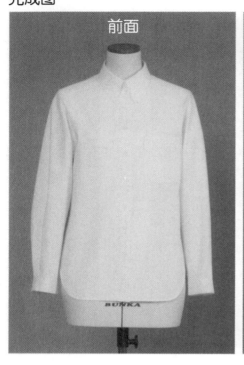
前面

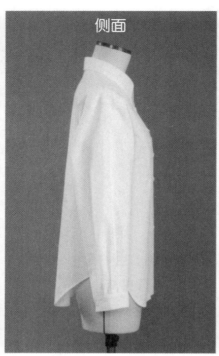
侧面

后面

描图

　　对应于衣身肩点的下落，袖窿深加深了，袖山低了，袖肥增大了。要能理解衣身和衣袖的关系。

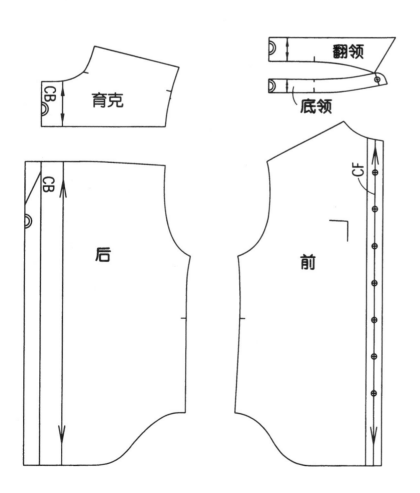

育克
CB
后
CB
翻领
底领
前
CF

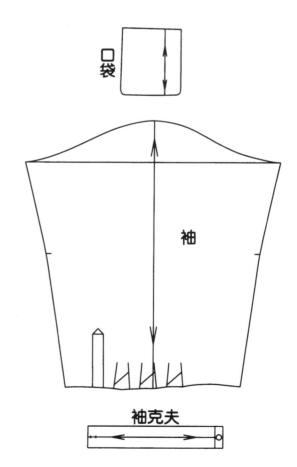

口袋
袖
袖克夫

普通装袖和衬衣袖的比较

袖山高和袖肥		
	普通装袖（基本肩宽）	衬衣袖（落肩型）
衣身	基本的袖窿宽 基本的袖窿底部	袖窿宽变窄 袖窿底变深
衣袖	基本袖山高和袖肥	袖山变低，袖肥变大

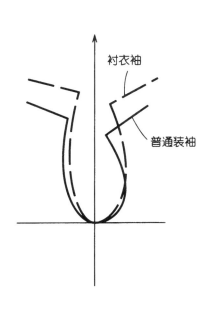

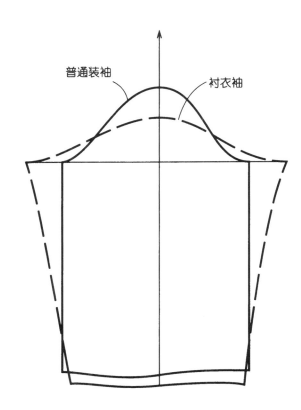

二、裙子

裙子的构成原理

裙子造型的重要出发点是理解下肢的形态和机能。

为使裙子做得符合女性体型，穿着舒适，必须明白裙子的构成原理，绘制合理的纸样，这是制作优美造型的基本条件。

为了理解裙子的构成原理，用纸（缝纫用纸）包裹在人台的臀部，水平围绕，使其形成筒状来进行说明。形成筒状后，腰围周边有空隙（照片1）。从图1中人体的横截面重合图可看出，存在腰围尺寸和臀围尺寸的差量，为使裙子合体，这部分量应收去，捏出多余的量，即省道。臀腰差越大，这个捏出的量也越大；相反，臀腰差越小，省道量也越小。

从图1可看出，A点为人体的中心点，过A点作放射线，观察各部分空间：后面的臀部和侧面的空间大，腹部中心的空间最小，因有腰骨，前侧部分比腹部中心空间大。根据这一构造形态，空间狭小的部分省量小，空间大的部分省量大，这是能理解的即省量是根据这个比率将多余部分捏掉而构成的（照片2、3）。

省的长度是由省量大小来决定的。从照片3可看出，前片省道量小于后片省道量，后片省道长且省道的止点位置也发生了微妙的变化。

省尖位置的确定方法，虽然有两种方法（一是与人体完全吻合，二是自然地过渡成外凸状），但裙子的省以后者为好，即不与人体完全吻合。留有适当松量，即保留一定的空隙，不强调完全贴合体型而强调裙子造型得到理想的省尖位，这一点很重要。

图1

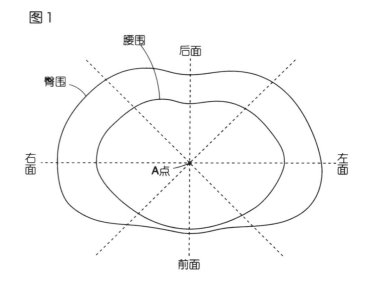

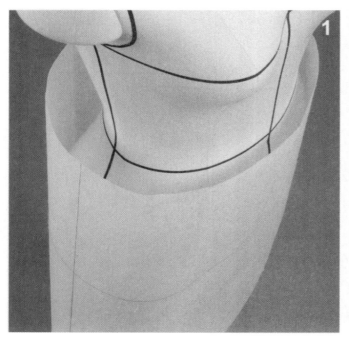

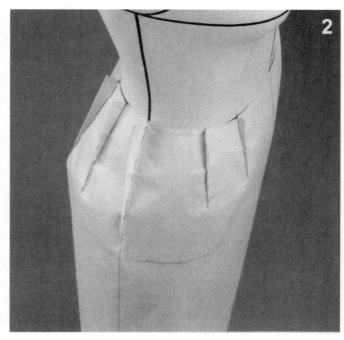

裙子的功能性

要特别注意的是，裙子必须根据轮廓及裙长设计裙摆围度。图2表示的是步行时的步幅大小。裙长越长，裙摆尺寸必须越大。

设想紧身裙（直身轮廓）的情况：若裙长超过膝盖，裙长越长，伴随动作裙摆量就越显不足。这个不足的量可通过开有重叠量的衩和无重叠量的衩等来弥补。波浪裙则可将省道变为下摆的波浪量，该波浪量便于运动，问题也就解决了。

裙长、有重叠量的衩、无重叠量的衩等的位置，必须根据膝盖位置充分考虑运动功能性、流行因素的影响等综合因素，这一点非常重要。

图2

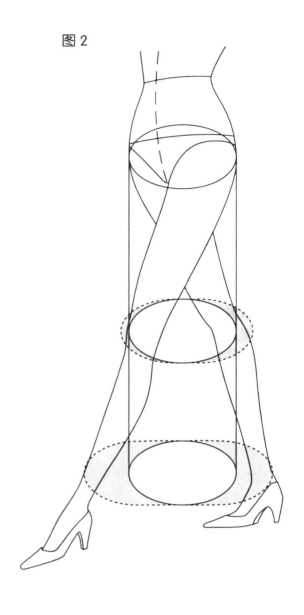

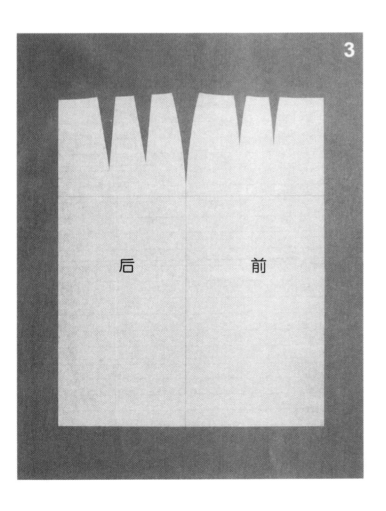

1 紧身裙

紧身裙是指从腰到臀是合体的，然后臀部以下直身轮廓的裙子，也称为直身裙。根据臀腰差，设置4个（前面2个，后面2个）省道。省道的数量、位置、省量及长短则根据体型而变化。特别是省道的位置、覆盖人体曲面部位、裙子的立体形状等，这些都是裙子结构的要点，必须放到平衡性好的位置。

紧身裙最理想的廓形是既贴合前面腹部稍凸、胯骨凸出、后面臀部凸出的造型，又能轻轻地包住身体，布自然地垂下来，侧缝线从腰围线开始竖直地垂下。

侧缝线位置的设定有以下几种观点：

① 半腰围尺寸的二等分处竖直往下。

② 半臀围尺寸的二等分处竖直往上、竖直往下。

③ 半臀围尺寸和半腰围尺寸的二等分位置设置前后差，侧缝线往后移。

设定的目标基准是从侧面看达到平衡，获得符合体型的优美侧缝线位置。这里采用方法③（前后差为2cm）。

紧身裙作为裙子的基本形，应用它可变化出各种廓形的裙子，从而可以熟练掌握正确的知识和技术。

坯布准备

长度为根据成品设定的裙长加上腰部的缝份及下摆贴边宽，再加一些余量。

宽度为根据人台的臀围尺寸（半身）、臀围的松量（1 ~ 1.5cm）和侧缝线的缝份，前、后中部位加上 10cm 尺寸。

在前、后中心线和臀围线处沿布纹线画出导引线。

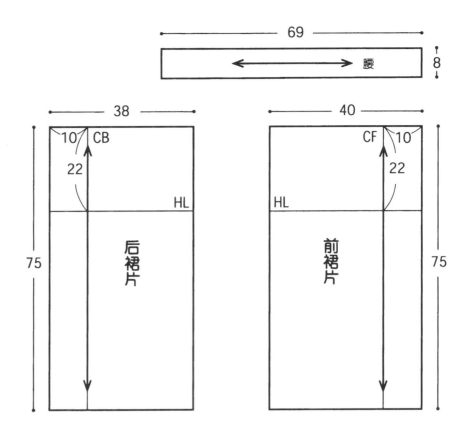

人台准备

在人台上贴出必要的标记线。

腰围线因体型而异，不呈水平状的情况很多，有的后面还要下落。贴出腰围线标记线。

还有，最好贴出省尖位置的标记线，从前面连到后面，检查是否自然顺畅（参照裙子的构成原理）。

虽然有确定省位、省长的方法，但边确定和观察省的平衡，边在人台上捏出省的做法，可以学习以最少的导引线去立裁原型裙的方法。

前面	侧面	后面

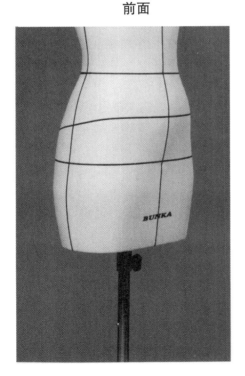
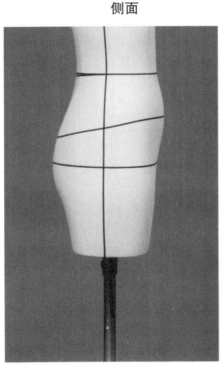
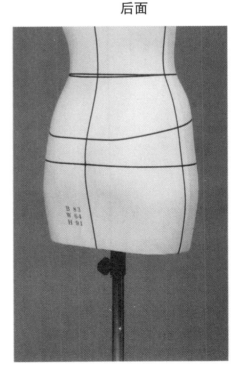

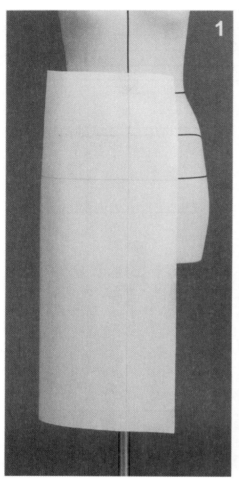

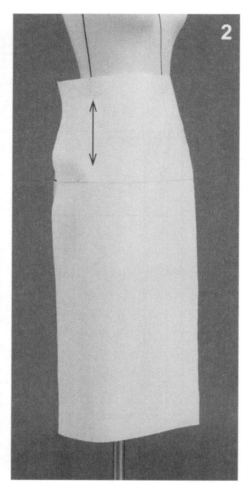

别样

1 将裙片前中心线对准人台的前中心线，并垂直于地面，同时臀围线保持水平，并与人台上的臀围线对准，加入 1 ~ 1.5cm 松量，用大头针固定，使其呈筒状。

因腹部凸出和大腿的隆起，所以要使坯布稳定，以此作为目标，确定大头针的固定位置。

2 臀围线以上的侧部，将胯骨最高点处以上丝缕放正，将坯布压向人台。为了获得合适的省道，可将坯布向后倒。侧缝上段有松量，根据面料和量的大小做缩缝处理。

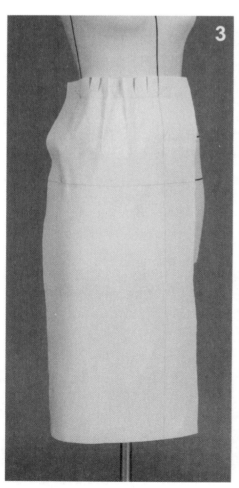

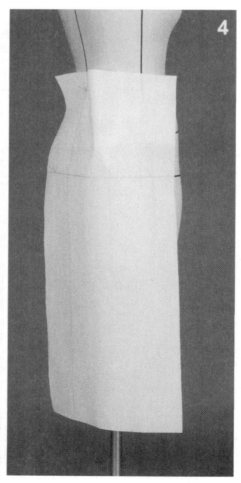

3 把腰围线上的余量做成两个省。考虑体型特征，检查省位、省的方向及省长（以标记线为标准）。因覆盖腹部的隆起，所以最好加入必要的缝缩量。

用抓合针法固定省道，沿省道方向别大头针，从视觉上观察省的方向、位置及长度。

在腰部缝份上打剪口，确认腰部尺寸是否过量或不足。

4 后裙片与前裙片一样，在侧边放松量，用大头针固定，考虑与前裙片的平衡，做出侧缝倾斜度。

5 捏后省。通常有意识地根据体型确定省的位置、间隔、长度，这点很重要。

关于腰部缩缝量，侧边的量比省与省之间的量多些。

6 合侧缝。臀围线以上是曲线对合，臀围线以下为使布料丝缕垂直，用抓合针法固定前后。再次确认前、后臀围的松量，省位的平衡。

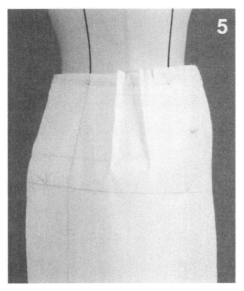

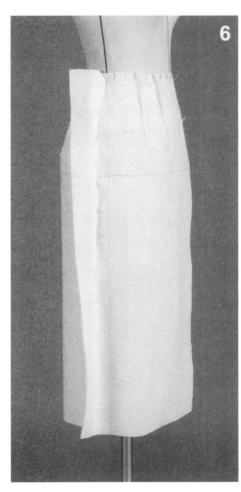

7 整理侧缝缝份，确认整体造型，作出省道、侧缝的标记（点影），并标上必要的对位记号。

8、9 用粘带贴出腰围线（在准备阶段人台上已设定腰围线）。

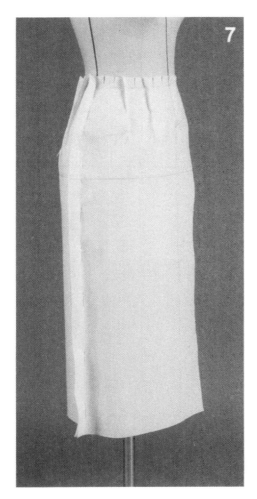

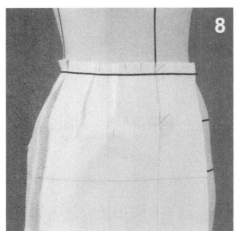

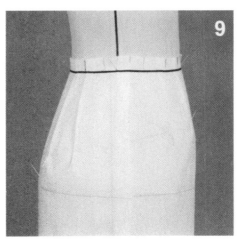

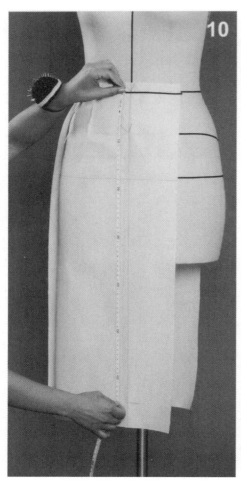

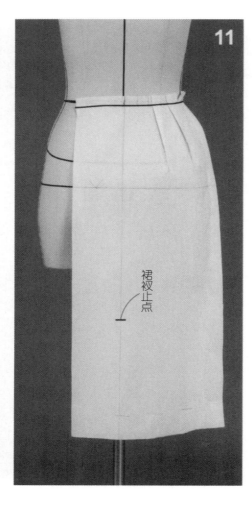

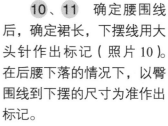

裙衩止点

10、11 确定腰围线后，确定裙长，下摆线用大头针作出标记（照片10）。在后腰下落的情况下，以臀围线到下摆的尺寸为准作出标记。

另外，考虑到功能性，可用裙衩等来弥补裙摆的不足量。衩的高低位置要考虑步行动作与裙摆量间的关系（照片11）。

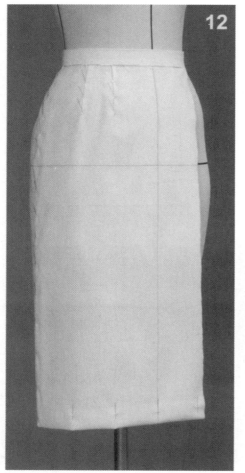

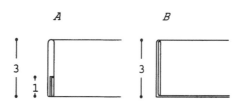

A   B

3   3

1

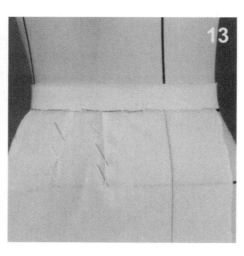

12 将裙子从人台上取下，以点影的记号作为完成线，用大头针别成型。

分别将省道倒向中心侧，前侧缝缝份倒向后侧缝，在完成线上用大头针斜向别成型。为了不影响下摆处造型，用大头针别住纵向贴边。

13 将用大头针别成型的裙子穿在人台上，装上腰头。

将装腰用的白坯布采用如图A或B（这里用的是方法A）的方法装腰。这时，为了能确认腰围线，须水平方向别大头针。

完成

前面	侧面	后面

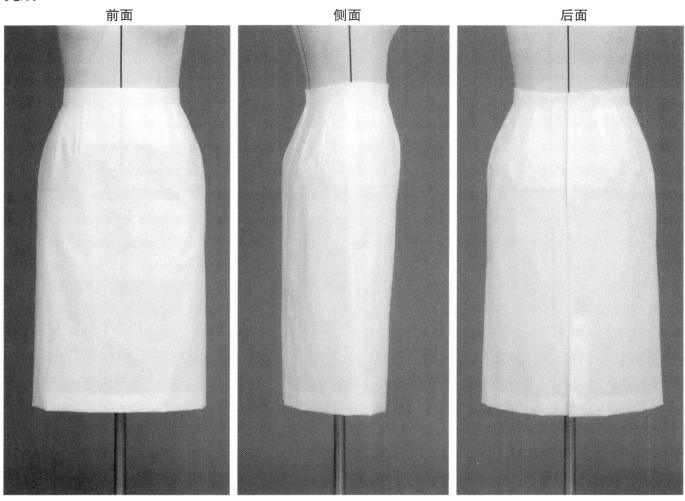

描图

　　将别样获得的布样转换成纸样。

　　后片省道量比前片省道量大，这体现了结构原理。

　　前裙片近胯骨处的侧省比近中心的省大。

　　侧缝线为了包住丰满的臀，必须有一定的量，因此侧缝的臀长变长了。

　　前、后片侧缝的曲线虽可获得理想的相似形，但也可不相似，前、后侧缝倾斜即可。

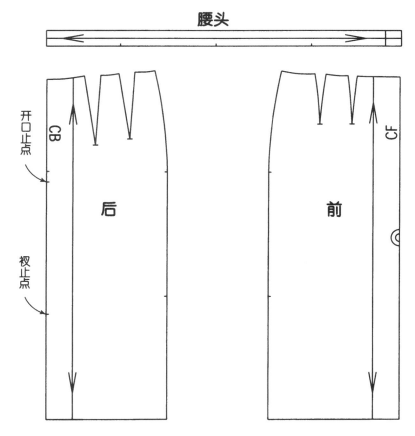

2 半波浪裙

半波浪裙是下摆比半紧身裙大、比波浪裙小的裙型，没有严格的定义。

腰省是必要的，不开裙衩等也不影响步行，裙摆量满足了步行需要。宽松下摆的结构，能将腹部及臀部的隆起优美地覆盖住。

腰省的一部分省量被转到下摆处成了波浪，变成了前后各一个省。省量根据造型而定。

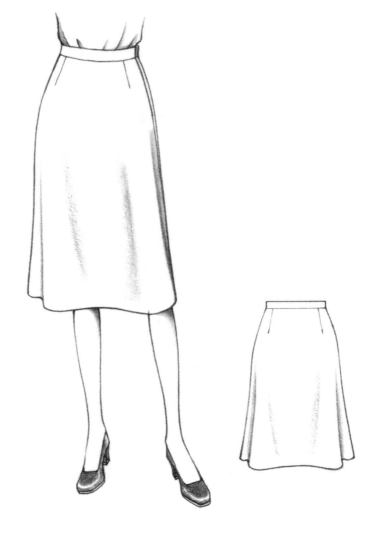

坯布准备

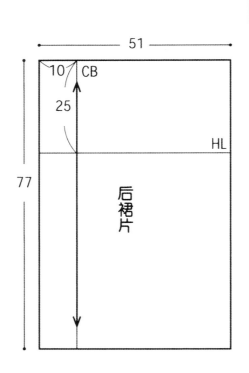

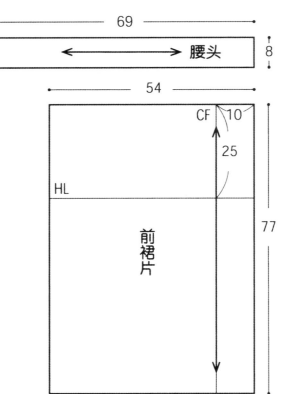

别样

1 将前裙片中心线与人台上的中心线对准，并与地面垂直，臀围线也水平地对准。

使侧缝处的布向下倾斜，从臀围向腰围方向捋平，得到下摆的波浪量。虽在波浪量中已包含了臀围的松量，但仍有必要追加相应的量。

2 腰部剩下的余量为省道量，检查该量的大小，当作一个省量处理。若不合适，可再次调整波浪量。

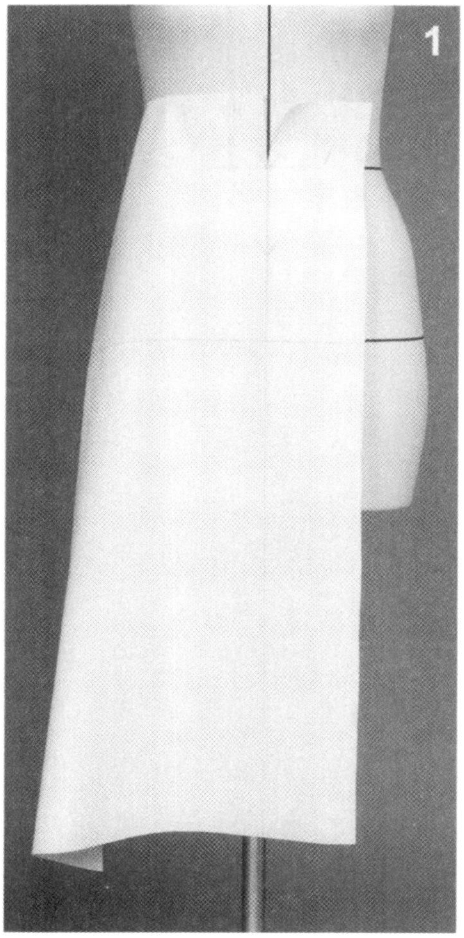

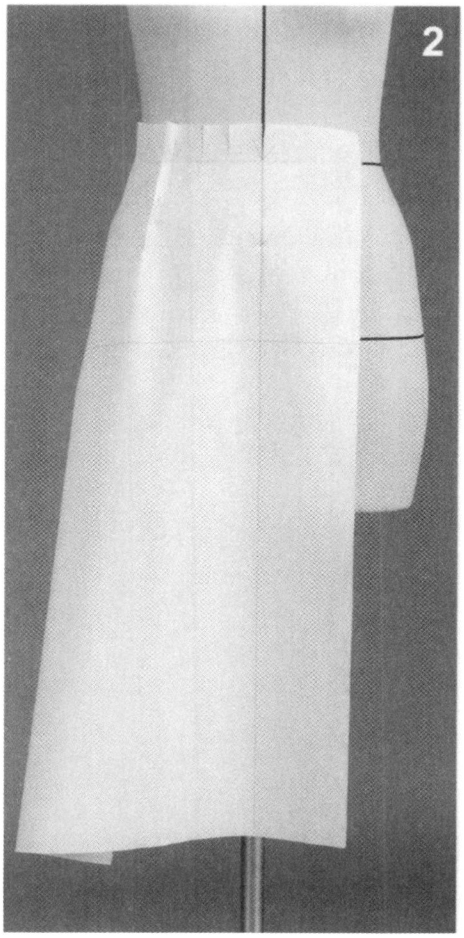

3 收省。省道的位置、量、方向以及长度要从立体上观察而得到。

在腰部缝份处打剪口，确认腰围尺寸。

4 设想设计完成的造型，确定侧缝线。

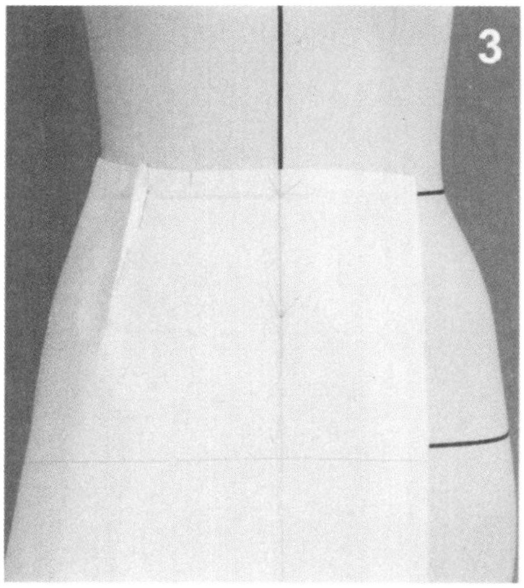

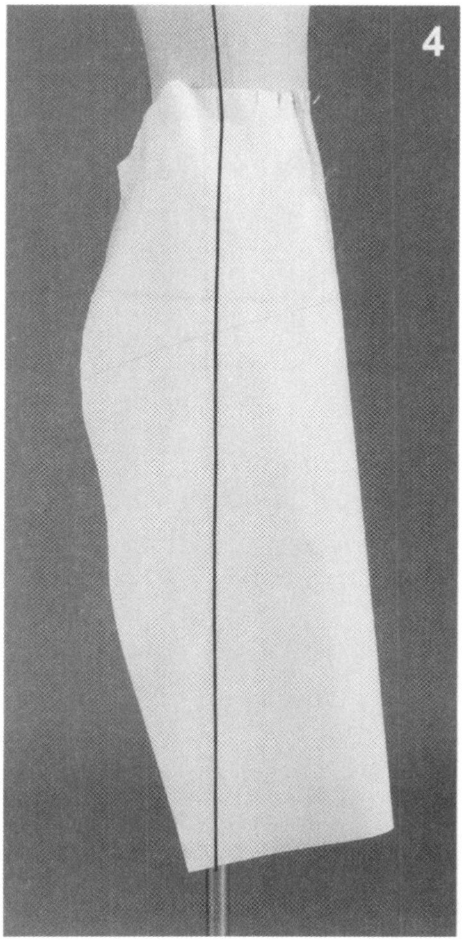

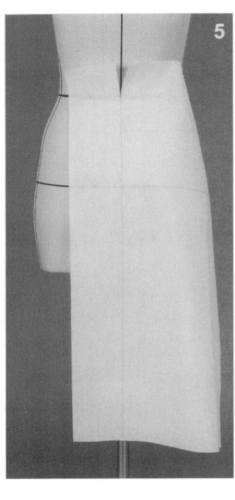

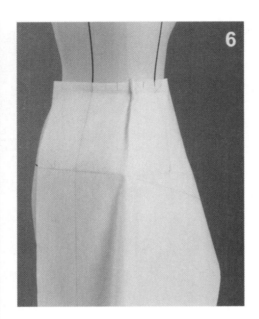

5 后裙片与前裙片步骤 1 一样，进行别样。

6 与前片一样，在适当的位置捏出省道，给腰围线处缝份打剪口，确认腰围尺寸。

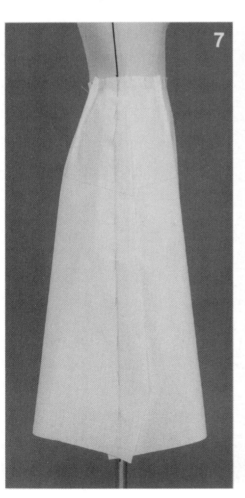

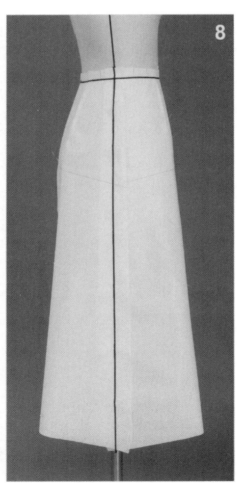

7 观察前后波浪量的平衡，重叠侧缝，用大头针固定。采用重叠针法，便于在视觉上确认侧面造型，是一种合理的方法。

8 确认侧面的立体感，从平衡方面观察并确认侧缝的合理位置，用粘带贴出侧缝线。

用粘带贴出腰围线。

9 确定裙长，用大头针在下摆线作标记。因为有波浪的结构要素在内，所以以与地面平行为基准来确定裙子长度和下摆。

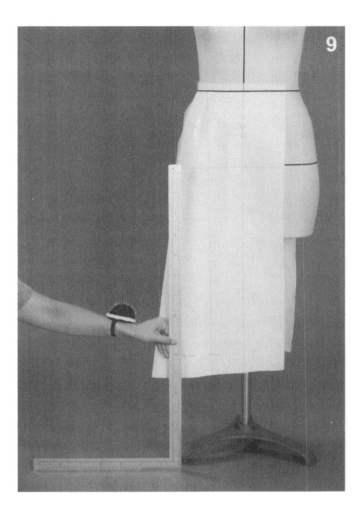

10、11 与紧身裙一样，将裙子从人台上取下并作记号，用大头针别成型后装上腰头。

确认前后省位、波浪量，从立体上观察构成的各个面的平衡性。

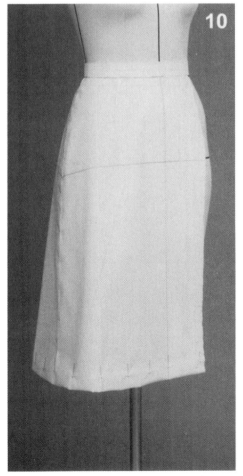

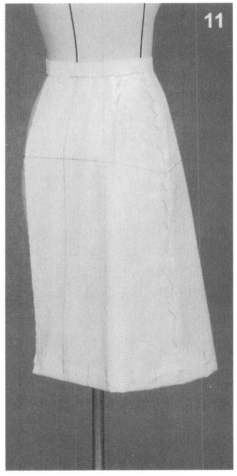

完成

前面	侧面	后面

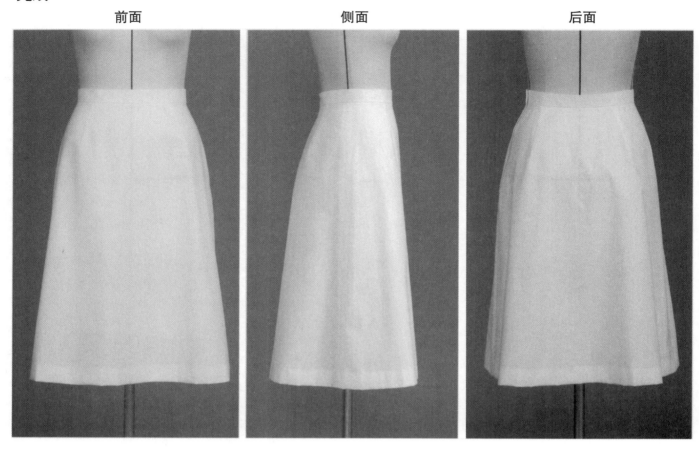

描图

省道的量、省道长度及波浪量通常是相互关联、相互影响的。波浪量越大，省道量则越小，所以省道量是以确保波浪量（下摆尺寸）为前提的。

因省道量转化为波浪量，使侧缝向上倾斜，因而腰围线及下摆线为弧线形。另外，波浪使臀部产生了自然松量，下摆也相应增大，可作为步行所需的裙摆量，所以没必要做衩及开口等。

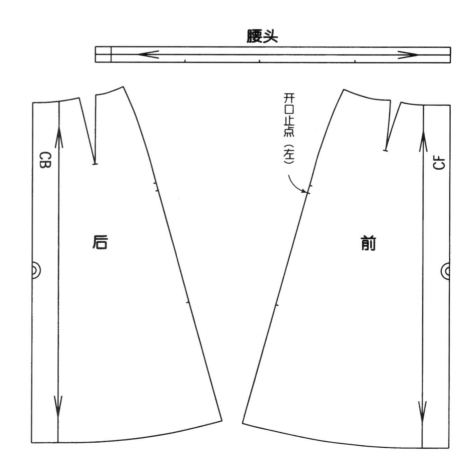

3 波浪裙

波浪裙基本上是腰部无省，从腰到下摆呈波浪状的宽松下摆的裙子。可根据波浪量的变化来表现各种各样的造型。

最好采用能使波浪均匀的面料（经纱与纬纱弹力平衡性好的布）。另外，因拼接缝的数量及布料丝缕会改变波浪的造型，所以根据设计及面料做适当判断后再立裁为好。

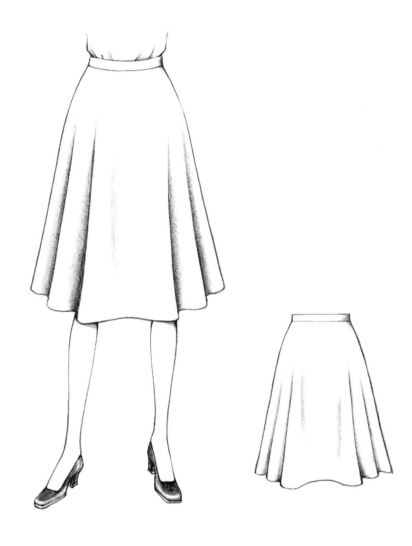

坯布准备

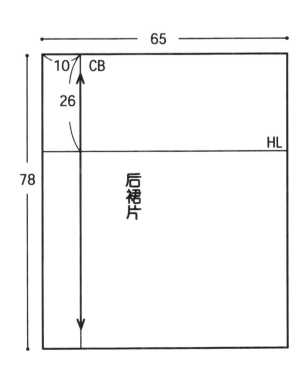

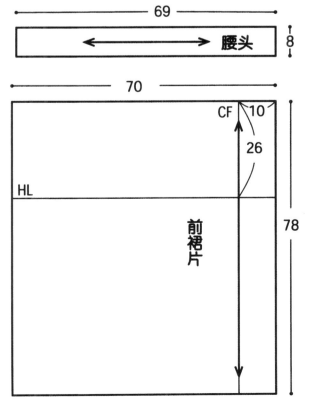

人台准备

在人台腰围线上标记出欲形成波浪的位置。这里以前面2个（A、B），后面2个（C、D），共4处预期波浪点为例。

前面	侧面	后面
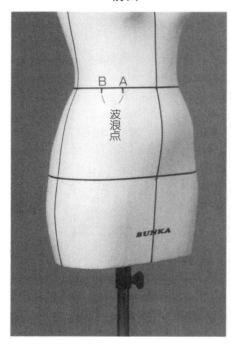	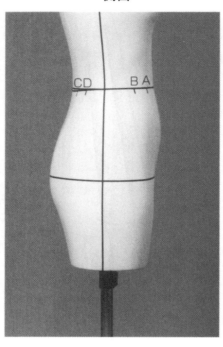	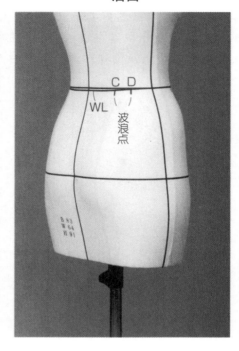

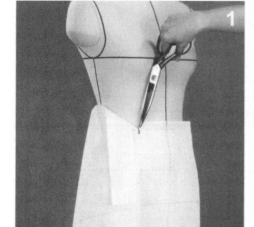

别样

1 将前裙片的中心线与人台中心线相吻合，臀围线保持水平，在A点位置垂直打上剪口。

2 用一只手在波浪点处将坯布向上拉，另一只手整理布，下摆便产生了波浪量。

3　在 B 处打上剪口，与 2 一样做出波浪。此时，为了防止在最初操作时下摆波浪的移动，在臀围线位置处用大头针固定波浪的两侧。检查两个波浪大小是否接近，整理腰部的缝份。

4　将后裙片同前面一样，用以上方法别样，特别是在臀部凸出地方，下摆量易增大，应注意有意识地做成与前面波浪量接近的效果，保持平衡。

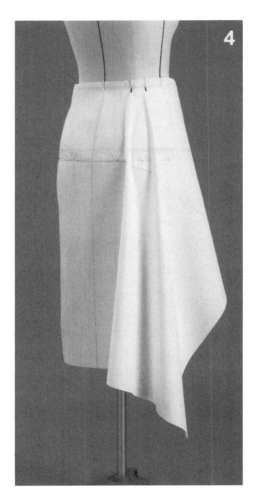

5　从各角度观察、检查从波浪点处立起来的波浪量。

6　边观察前后波浪平衡，边使侧面呈圆台形，用重叠针法固定侧缝，整理缝份。用粘带贴出侧缝线，并确保在平衡性好的位置上。

确定好腰围线，与半波浪裙的做法一样，用与地面等高的方法来确定裙子下摆线。

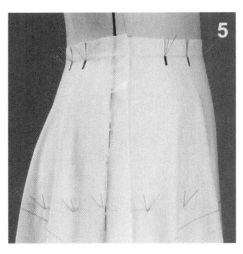

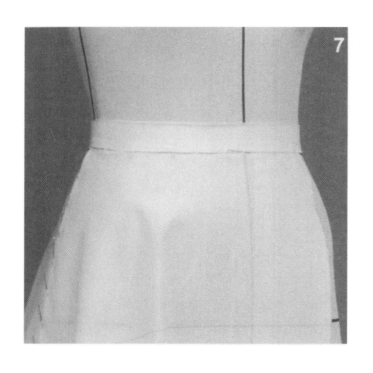

7 将裙子从人台上取下，作好标记，用大头针别成型。装上腰头，再次检查、确认裙子的造型。要注意装腰头的方法，尤其在波浪点处的装法，会使下摆波浪产生微妙的变化。

完成图

| 前面 | 侧面 | 后面 |

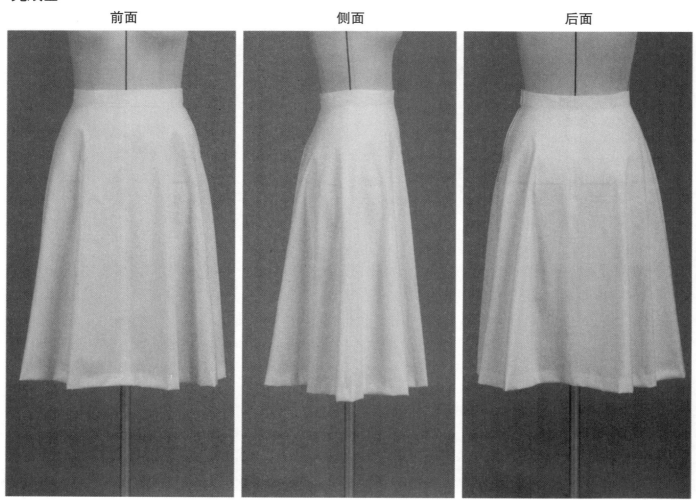

描图

    在腰围线上作出波浪点记号，同时修正腰围线，注意保留波浪形状。如果希望下摆波浪明显、稳定，波浪点位置的前后腰围线应呈一定角度。此外，装腰时腰头与裙子的对位记号要正确对位，才能使波浪保持美的形态。全部的腰省量转变为下摆波浪量。这样，腰围线、下摆线与半波浪裙的相应位置相比，弧度增加了。

    前、后片大小不一样，得到了强调面的优美纸样。

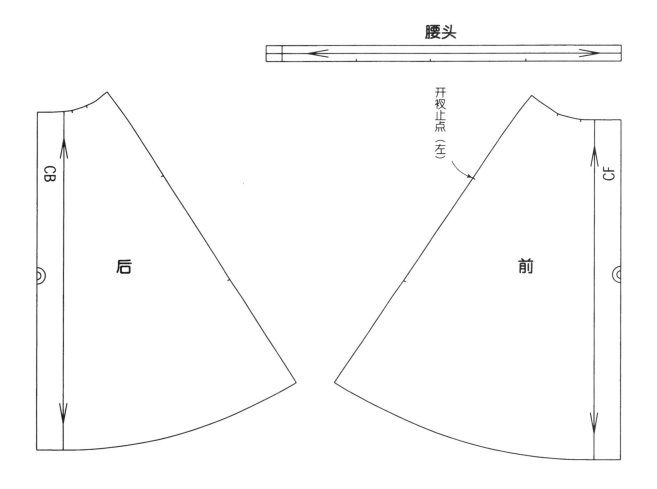

4 纵向拼片裙

作为设计点，加入了分割线，几片拼接构成的裙子。分割线不单是设计线，更要考虑到它所构成的面能符合人体体型。在人体曲面处设置的分割线中能藏省量，平面处加入波浪、插片，廓形就能改变。因此，巧妙地利用分割线能使款式变化丰富。

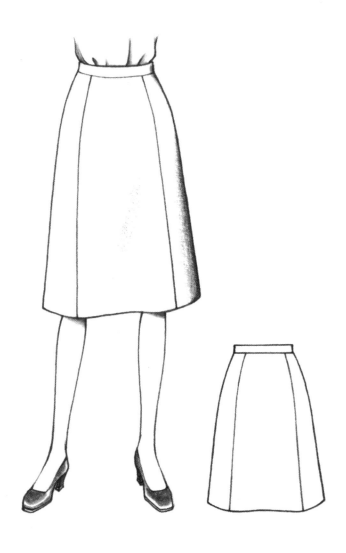

坯布准备

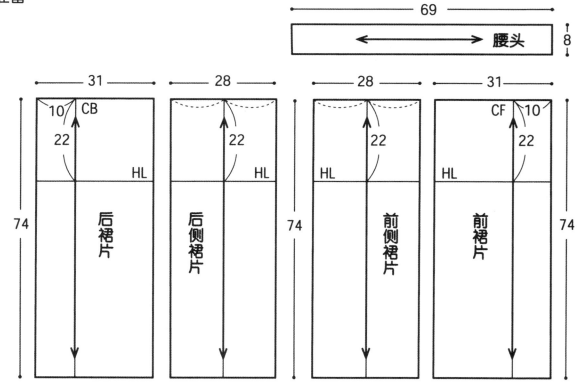

人台准备

在人台上贴出分割线。从前面、侧面、后面观察并修正。考虑到下摆的造型，可将臀围线以下略做倾斜处理。

前面

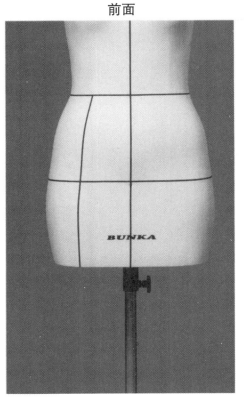

后面

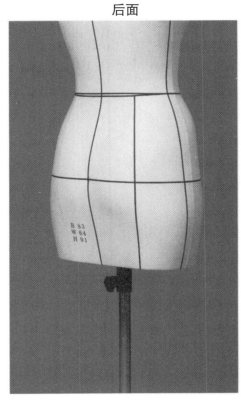

别样

1 将前裙片中心线和人台的中心线重合。水平放置臀围线，在人台的分割线上做出波浪量。

2 在臀围线处放入松量，用大头针固定，向腰部方向，以能包覆腹部为准放入松量，用粘带贴出分割线，去除多余的布。因为没有侧片布，所以臀围线上的松量容易移动，为防止移动，松量部分可用大头针抓合放好。

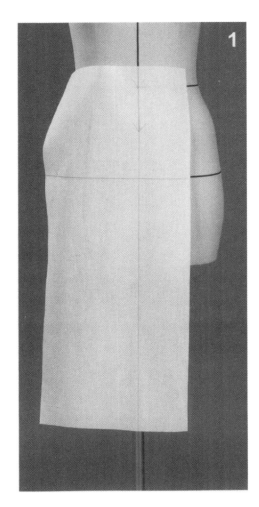

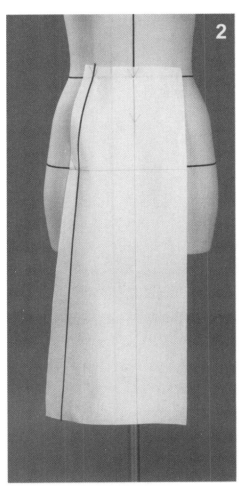

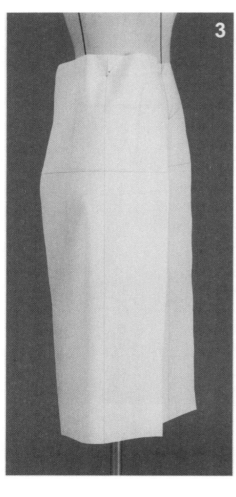
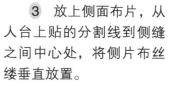
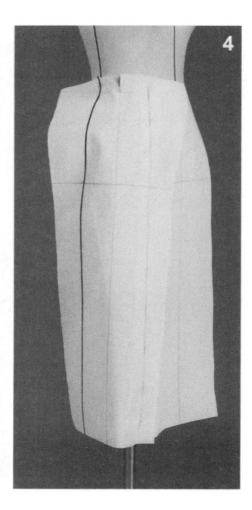

③ 放上侧面布片，从人台上贴的分割线到侧缝之间中心处，将侧片布丝缕垂直放置。

④ 在臀围线处放入松量，对齐对位记号，用重叠针法固定。

从臀围到腰围线像做省道一样将侧片布向中心侧倒，将布捋平，在腹部加入松量后用重叠针法固定，观察下摆宽度的平衡，别好，同样地，用粘带贴出侧缝线。

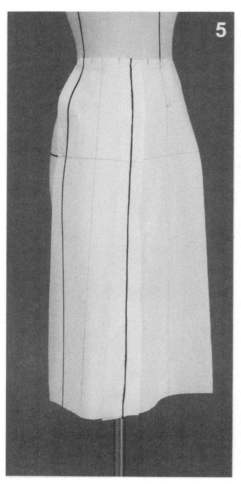
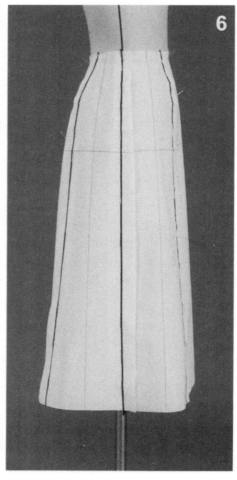

⑤ 裁去腰围线处多余的布。检查分割线位置是否准确，松量和波浪量是否平衡（为让分割线被明确辨认，标出分割线）。

⑥ 将后裙片同前裙片一样别样，将侧面的臀围线对齐，同前片一样，向腰围线捋平。

观察下摆波浪量的平衡，用重叠针法固定（为了让分割线被明确辨认，在布上标出分割线）。

7 用粘带贴出腰围线，裙长用平行于地面的方法确定。

8 点影，用大头针别成型后装上腰头。

再次检查从腰部到臀部处包覆体型放入的松量和分割线的平衡以及得到的面和构成的廓形。

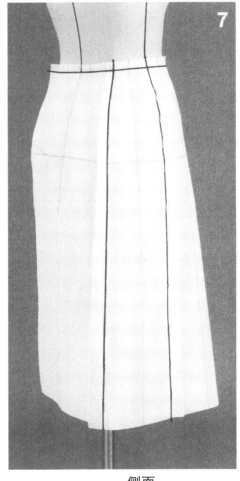

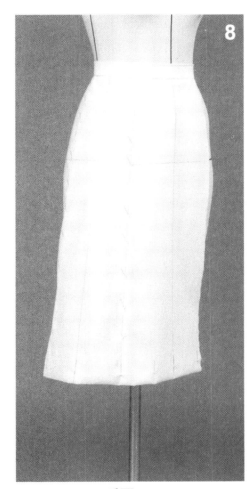

完成图

| 前面 | 侧面 | 后面 |

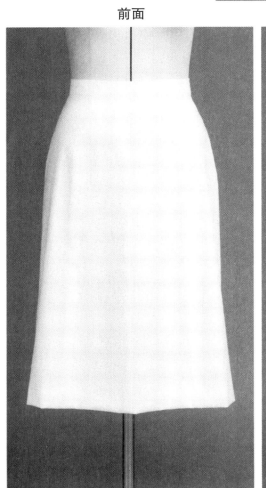

描图

从腰部到臀部的分割线倾斜度是大体对称平衡的。能理解在结构线中设定的省道量是以体型为基准均衡分配的。

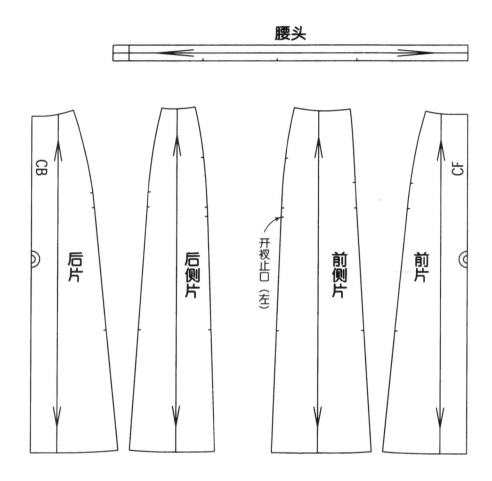

5 育克分割箱式褶裥裙

　　这是以育克分割来处理腰省，前、后设箱式褶裥的裙子。育克位置设置的不同，处理的省量也不同，并会影响其他相接的结构线，故要充分注意育克位置的设定。

　　加入活裥的位置也是人体的曲面部位，故活裥会呈不稳定状态，并要在其中隐藏省道。因此育克的宽度、活裥的位置、暗裥的宽度相互有关联，科学地设计非常重要。

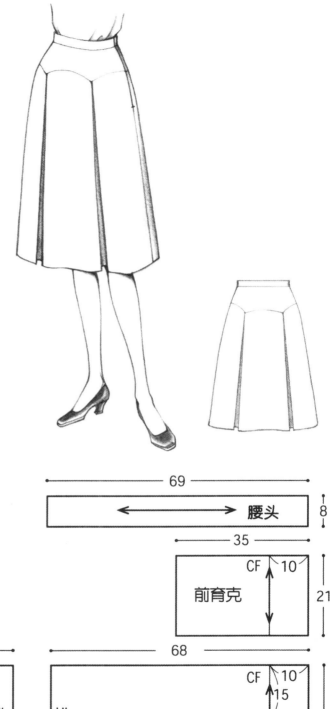

坯布准备

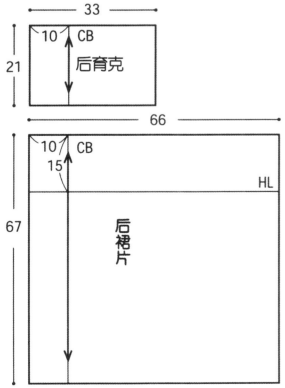

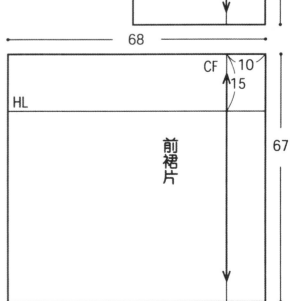

人台准备

在人台上确定育克位置，虽然在右半身进行别样，但为了观察造型线的平衡，在左、右全身都贴出育克分割线。育克的角造型（前面为胯骨周围，后面在臀凸周围）利用体型的凸出部位设计。

前面

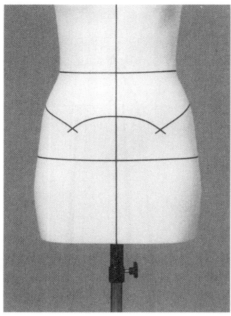

后面

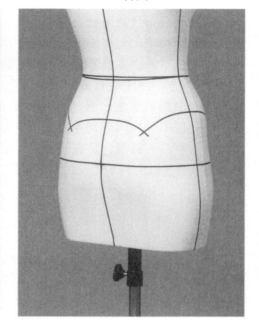

别样

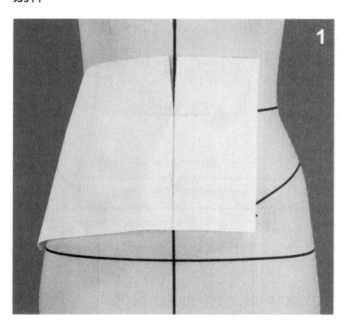

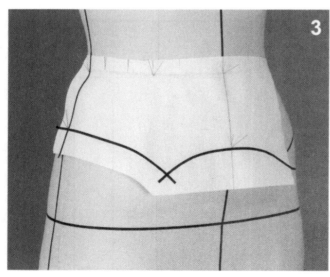

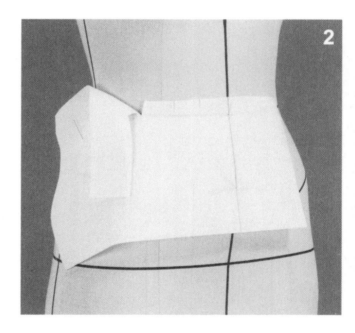

① 将前育克布的中心与人台中心对齐，用大头针固定，在中心处打剪口。

② 按喇叭裙制作技巧确定腰围线（参照第120页、第121页）。

③ 裁去腰部多余的布，按人台上的造型线用粘带贴出育克分割线和侧缝线。

造型时分割线位置和人台之间要留有空隙，做出必要的松量。

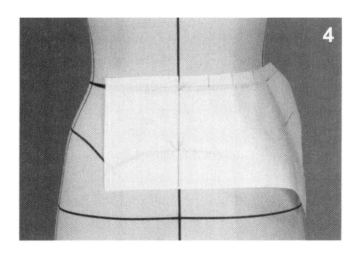 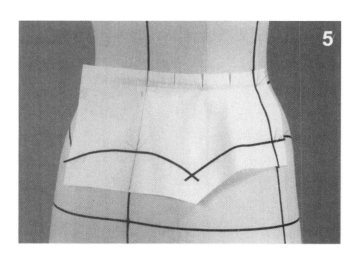

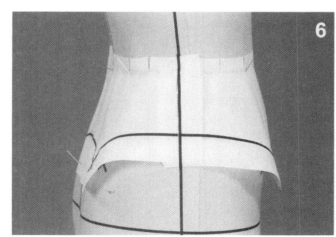

4、5　后育克同前育克一样地别样。

6　拼合育克侧缝。确认前面、侧面、后面在视觉上是否做成了圆台形。

7　将前裙片中心对齐人台中心，臀围线水平固定。

8　在中心侧的育克分割位置处用粘带贴出造型线，确定向下摆方向加入褶裥的位置。

确定裙长，在中心处的下摆处用大头针水平方向别出。

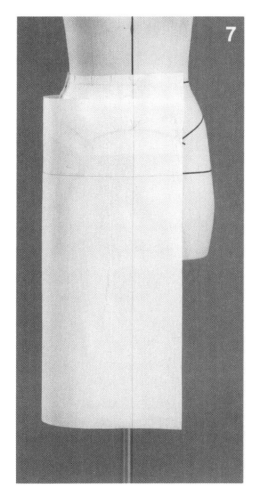 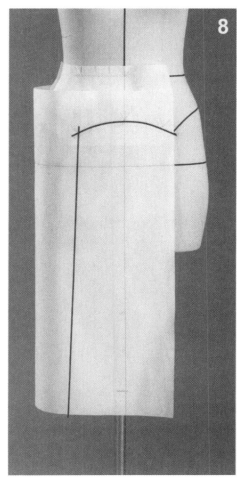

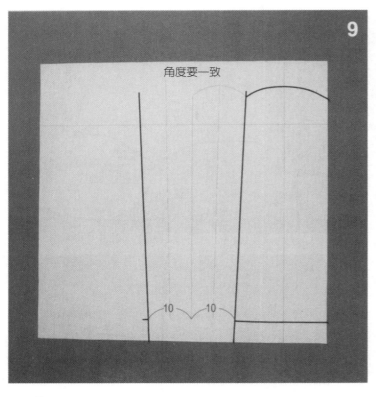

角度要一致

⌒10⌒10

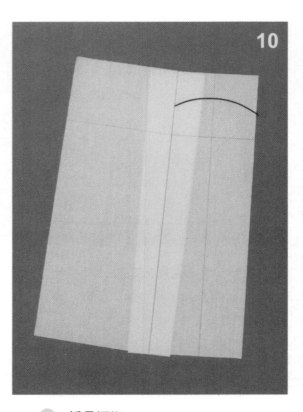

9 将坯布放平，做出设定好的褶裥宽量。

10 折叠褶裥。

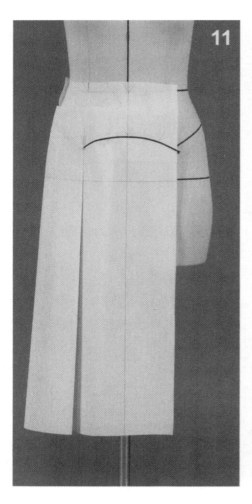

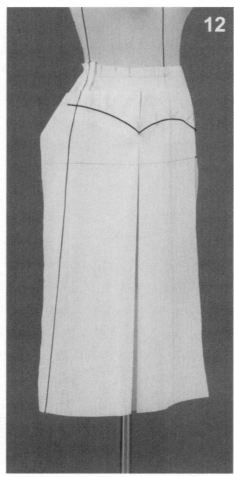

11 再次将前中心与育克分割线在人台上对齐，保持臀围线水平，用大头针固定。在育克分割线处用大头针纵向固定。

检查褶裥宽度和廓形。

立体地确认褶裥宽。若要修改，可在平面上先修正，然后再立体别样。

12 贴出侧边的育克分割线和侧缝线。

确认中臀部及臀围线位置的松量和下摆宽及整体平衡。

13、14 后裙片同前裙片一样别样。此外，也可采用在外形轮廓构造出后，在纸样上加入褶裥的方法。

15 拼合侧缝。对育克位置、轮廓做最终调整。

裙子长度以与地面平行方法来确认。

16、17 用大头针固定，装上腰头。如图示方法处理下摆褶裥处。

另外，腰部无省道，采用育克的款式类型，不装腰也可以。

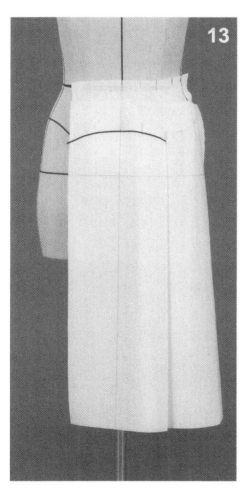
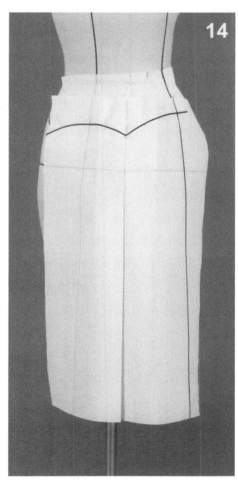
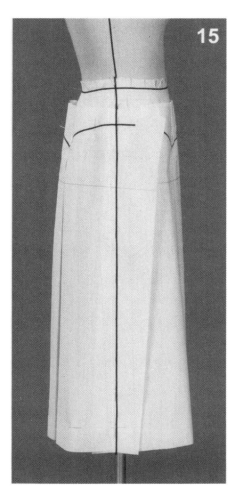

完成图

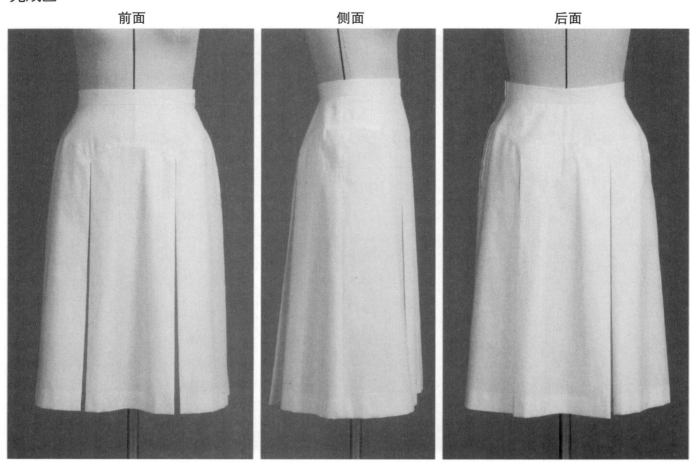

前面　　　　　　　　侧面　　　　　　　　后面

描图

　　腰臀差（省道的量）在育克分割线处被处理掉了。

　　前后中心部及侧部构成了梯形，明确地表现出了面。

腰头

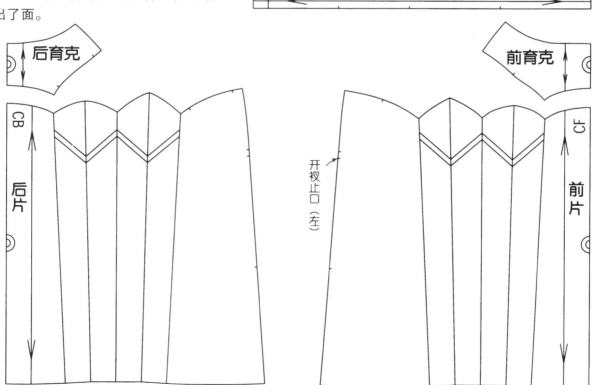

后育克

前育克

CB

CF

后片

前片

开衩止口（左）

6 褶裥裙

这是将腰臀差化为褶裥设计的一款裙子。单纯地把差量化为褶裥量也可以，若追加量则可以产生更明显的体量感，从而产生更好的视觉效果。

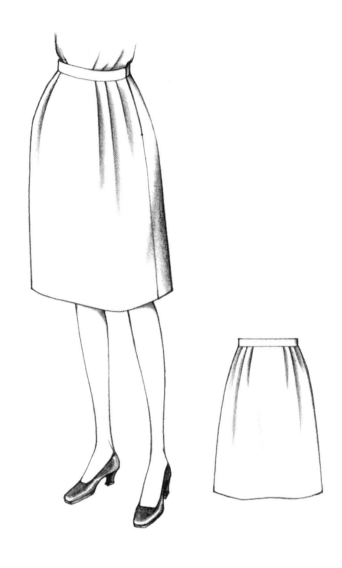

坯布准备

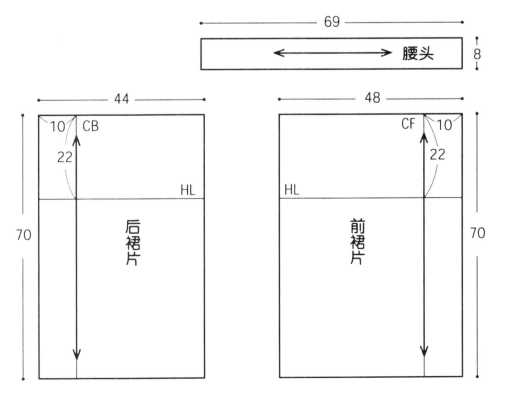

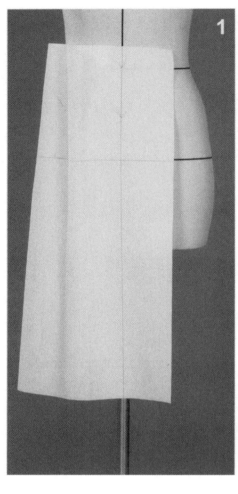

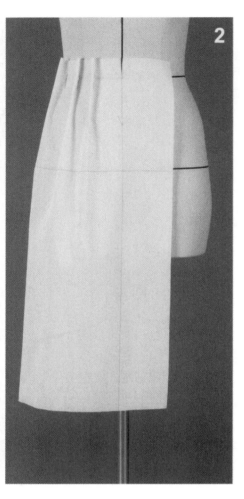

别样

1 使前裙片中心线与
人台中心线重合，保持臀
围线处于水平，设计褶裥
的量，加入松量。

注意要确保下摆量不
影响走路。

2 将腰部产生的余量
分配给3个褶裥，同时观察
位置、褶裥量、方向的平衡
是否符合轮廓造型，用大头
针固定。

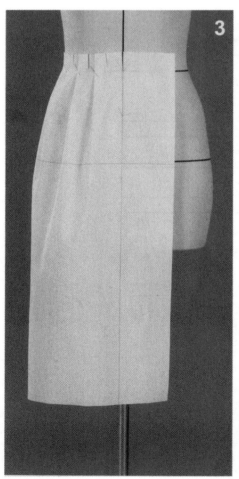

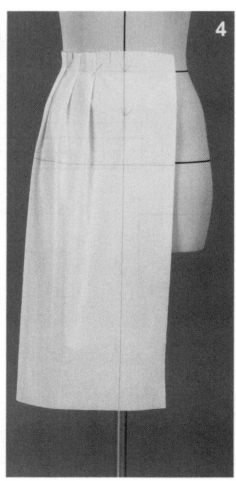

3、4 随着褶裥方向
的改变，外形也会发生变化。

褶裥向侧缝倒的情况，
一般会给人一种开放感、年
轻时尚感（见照片3）。

若向中心侧倒，则会
给人一种保守、稳定的感
觉（照片4）。

这里采用了照片3的
方法。

5 在胯骨位置附近向下的侧面，保持箱形的立体面，从侧缝的臀围线到腰围线，为了做褶裥，相应地，留出腰臀高松量。

用粘带贴出侧缝线，裁去腰部多余的布。

6 将后裙片中心线和人台中心线对齐，同前面一样别样。

腰部褶裥也同前面一样，有 3 个褶裥。

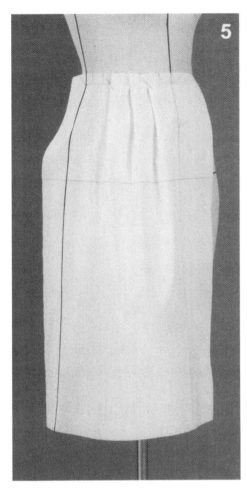

7 将前后片在侧缝处重叠，并用大头针固定（为了看得清楚，用粘带贴出）。

观察前后的廓形，贴出腰围线，确定裙长。

8 把裙子从人台上取下并点影，用大头针别成型后装上腰头。

再次确认整体造型，做相应调整。

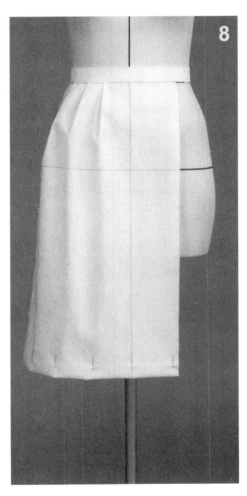

完成图

前面	侧面	后面

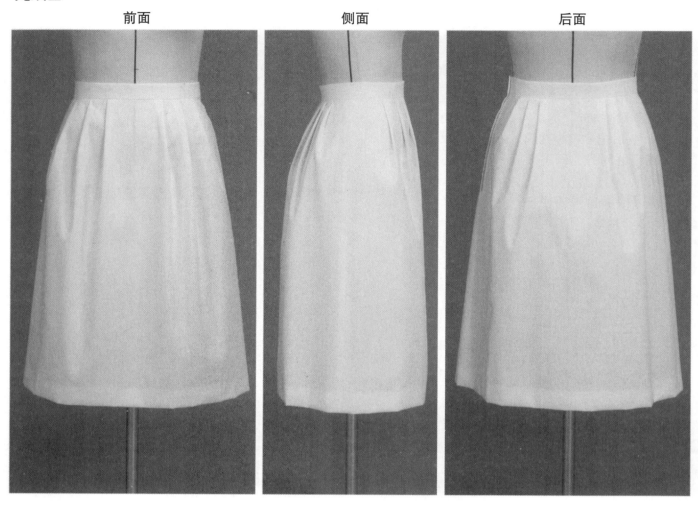

描图

　　观察褶裥量的大小，在前片侧面比中心处分配多些，在后片中心侧比侧面分配多些。前部胯骨周围、后部臀凸部位附近，很明显是结合体型特征进行了准确的表现。

腰头

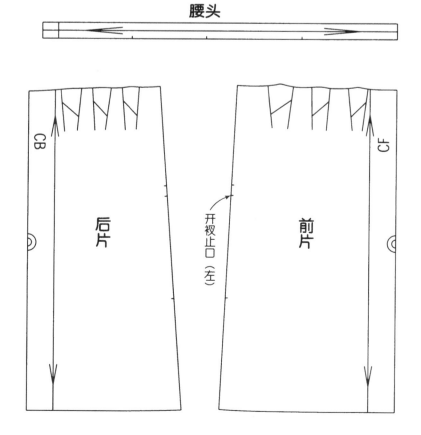

三、连衣裙

1 腰部分割的衬衣式连衣裙

这是一款衬衣感的休闲连衣裙。女性腰部美作为设计要点，腰部设计了分割线，使造型变得灵动。这是一条育克、领子、口袋、袖克夫等细节有变化，系上腰带能增添搭配乐趣的连衣裙。

坯布准备

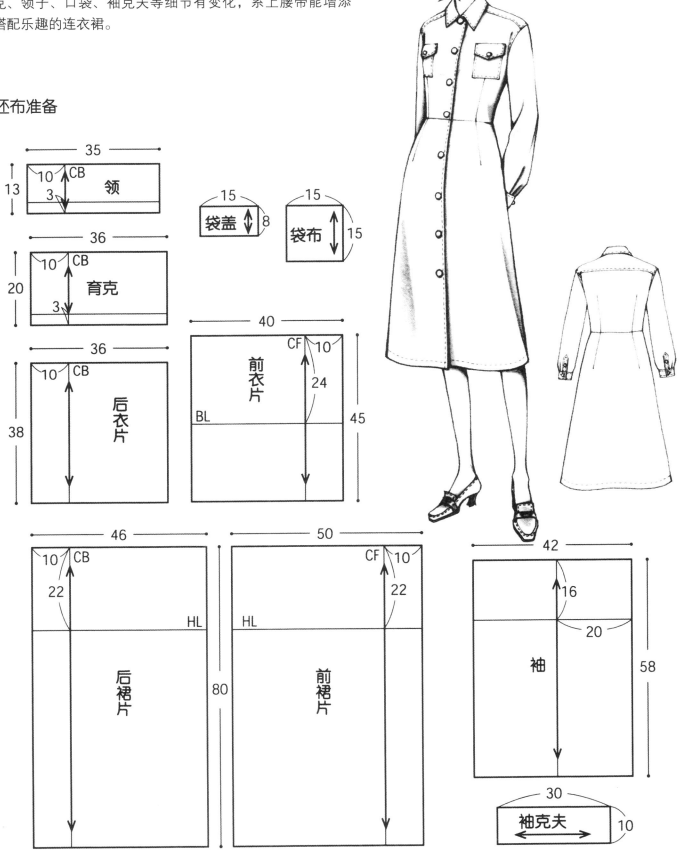

领 35 / 13 / 10 CB / 3

育克 36 / 20 / 10 CB / 3

后衣片 36 / 38 / 10 CB

袋盖 15 / 8

袋布 15 / 15

前衣片 40 / 45 / CF 10 / 24 / BL

后裙片 46 / 80 / 10 CB / 22 / HL

前裙片 50 / CF 10 / 22 / HL

袖 42 / 58 / 16 / 20

袖克夫 30 / 10

人台准备

在人台上贴出领窝线、前门襟线、袖窿线、育克位置的造型线。

袖窿线在肩点处稍落肩。

考虑到系上腰带穿着的情况，加上衣长的松量，腰部分割线的设置相应要比腰围线略向下。

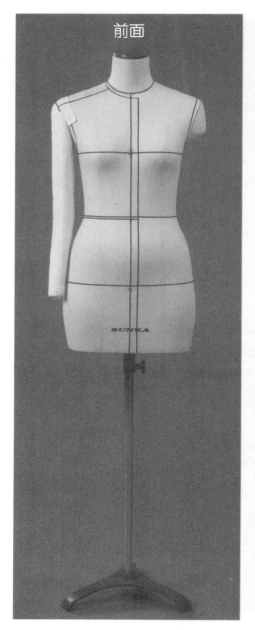

前面

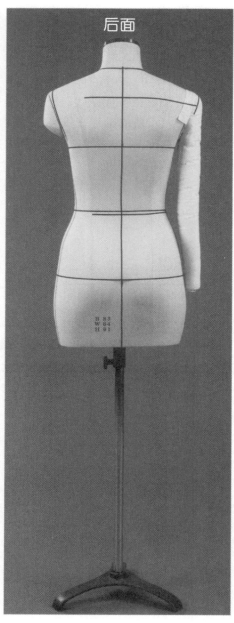

后面

别样

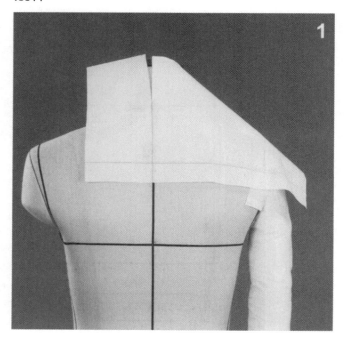

1

① 将育克布的后中心线垂直、育克分割线水平放置并捋平，用大头针固定。在领子的中心处打剪口。

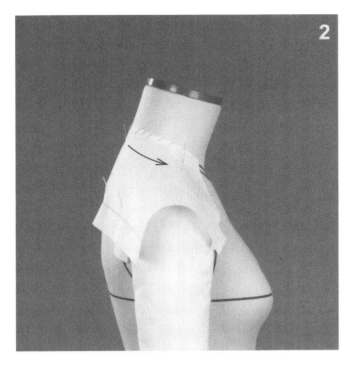

2　在领窝线紧的地方打剪口，边整理多余缝份，边将育克布由后向前转。在侧颈点周围，放入颈部活动松量，肩端点加入约一根手指的松量。

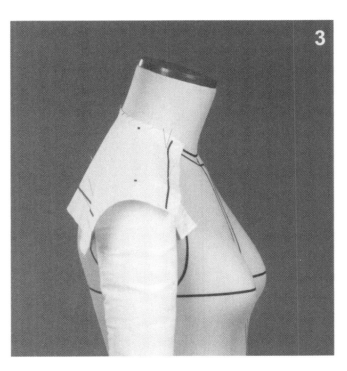

3　标记出前、后育克分割线、颈侧点及肩端点。

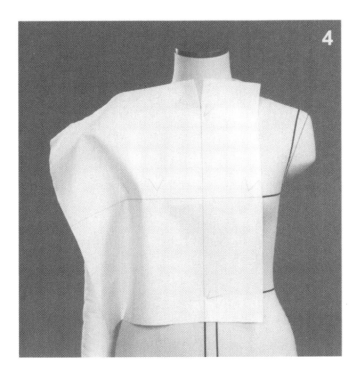

4　将前衣身中心线、胸围线分别对准人台前中心线与胸围线，在颈前中心处打剪口，使胸围线水平，放入松量，用大头针固定。

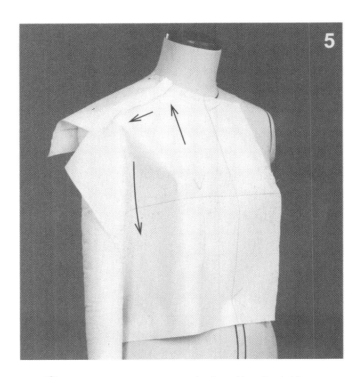

5　向上抨平 BP 点以上布片，整理领窝线。
将前衣身布盖在育克布上，用重叠针法固定。
确认胸宽的运动量，将布自然往下抨平，在腰部就产生了胸部浮余量。

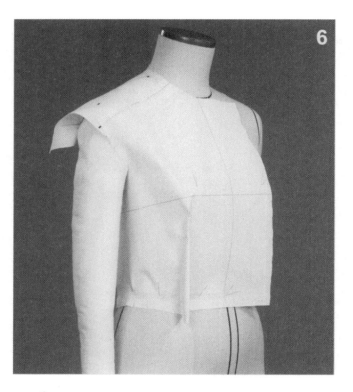

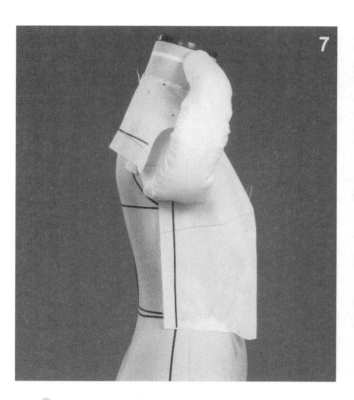

6 裁去袖窿多余的布。

　　将腰部产生的胸下余量，分散为腰部的松量、省道量。由于该款连衣裙是上下分割的连衣裙，又是装袖，所以要注意给身体足够的活动松量。

7 追加衣片侧缝部位的松量，贴出侧缝线。

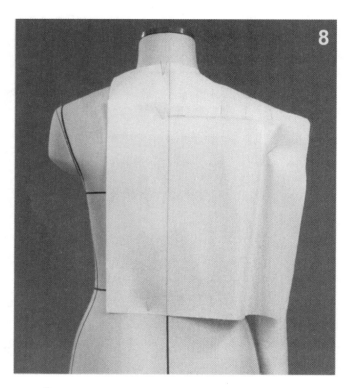

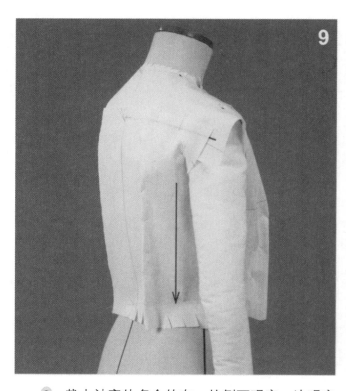

8 将后衣身中心线对准人台后中心线，育克分割线水平对齐丝缕线。背宽放入松量后与育克布相叠，并用大头针固定。

9 裁去袖窿处多余的布，从侧面观察，边观察体型，边保持丝缕线垂直于地面，捋平侧缝处。腰部同前面一样，多余量分散为松量和省道量。

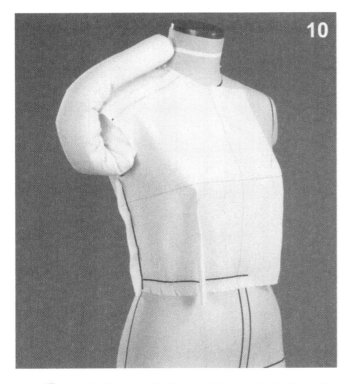

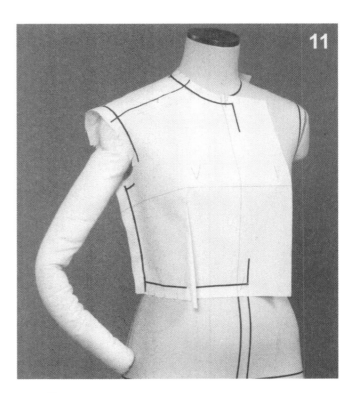

10　追加松量，将前、后侧缝对齐抓合固定，贴上腰分割线，确认整体的平衡。然后，将其重叠放在育克布上，用大头针固定。

11　标上领窝线、袖窿线。前领窝线的确定方法可根据衣领翻折线的变化而进行各种变化。袖窿在肩端点处略下落，不要让胸宽处松量移动。参照肩倾斜角度，确定袖窿下部。
　　确定前叠门宽度。

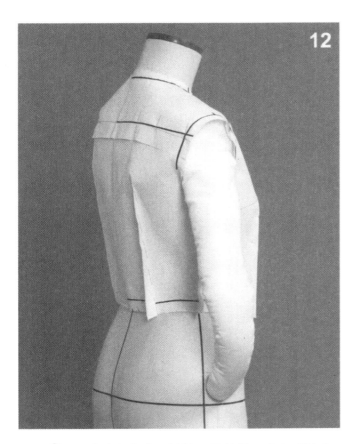

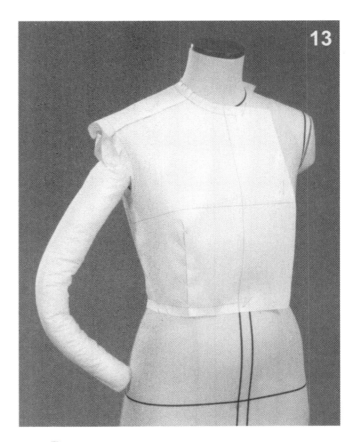

12　在背宽部位有足够松量的前提下确定后袖窿。边确保后背宽松量边贴出后袖窿造型线。

13　将衣身别成型。再次确认覆盖住身体的立体廓形。

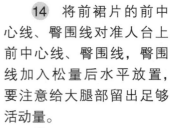

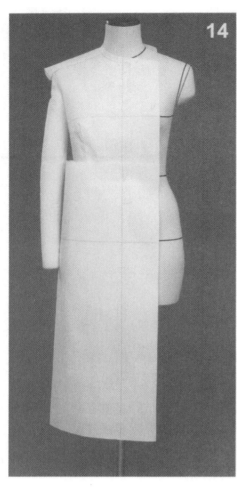

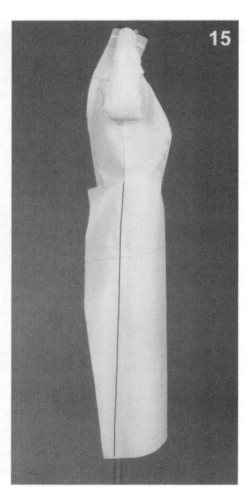

14 将前裙片的前中心线、臀围线对准人台上前中心线、臀围线，臀围线加入松量后水平放置，要注意给大腿部留出足够活动量。

15 从侧面观察，做出面，胯骨周围做出波浪。臀围的基准线向下的量作为波浪量大小的参考。
贴出侧缝线。

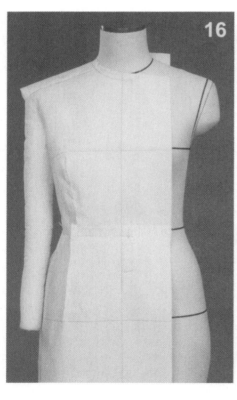

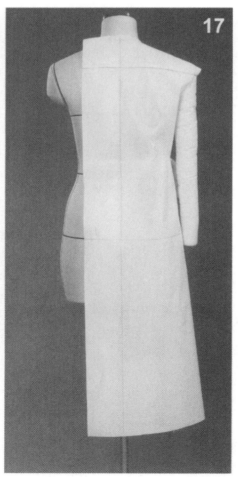

16 用重叠针法固定腰围分割线。根据省量调整省尖位置。

17 放上后裙片。将后中心线和臀围基准线对合，确保后中心不偏移，臀围放入松量后水平放置。

18 从侧面观察，做出面，在臀部凸出部位做出波浪。波浪量参考前裙片的平衡来确定。确认此时腰部产生的余量。

侧缝部从臀围线到腰围线产生多余的量，此量可在侧缝处缩缝掉。

19 用重叠针法固定腰部的分割线。省道作为结构要素要考虑面的构成，并注意方向。省尖位可根据省道量大小进行调整。

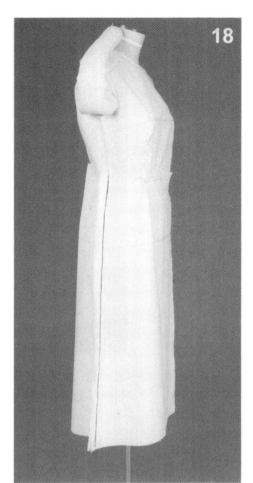

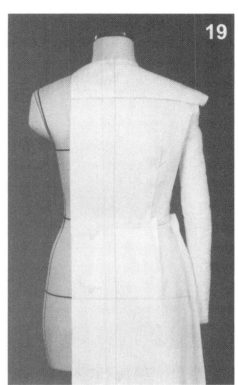

20 贴上前门襟线，确定衣长和纽扣的位置。因有波浪，采用与地面平行的方法得到下摆。在吸腰位置附近必须要有纽扣。

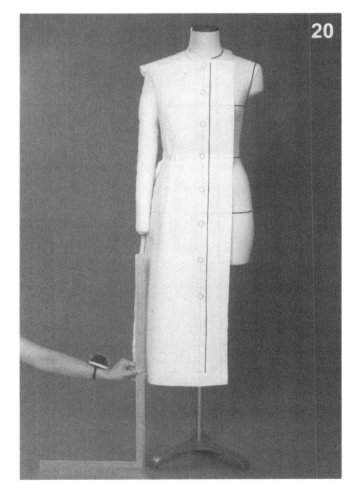

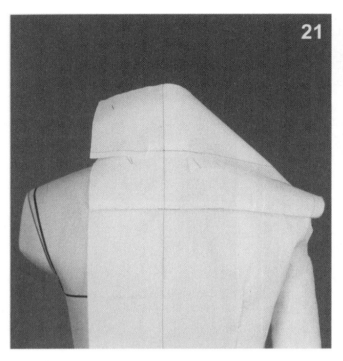

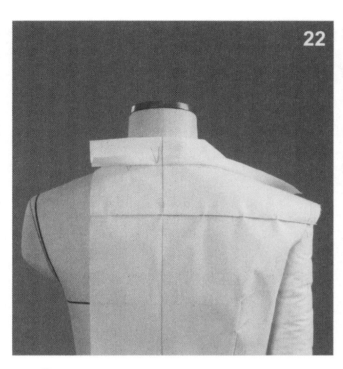

21 将衣领后中心线、装领基准线分别对准衣身上的线条，剪去装领线多余的缝份，打剪口并放好。用大头针横别固定后中心及离后中心约2cm处。

22 确定领座高和翻领宽，翻领宽确定时要做到看不到装领线，衣领布沿人台颈部向前转动。

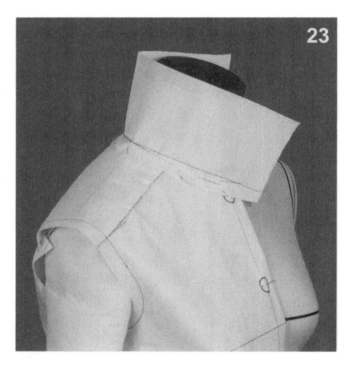

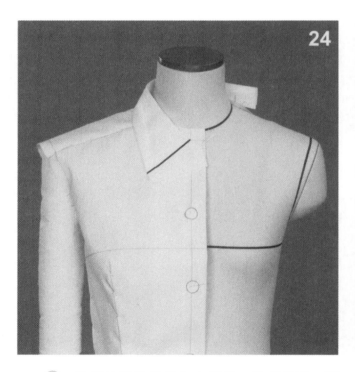

23 确认领座高、翻领宽、领外围尺寸三者的平衡，确定装领线（参照第80页）。

24 将领外围的缝份向内折叠，整理外形。再次确认翻折线是否圆顺，调整装领线，校正并用大头针固定。

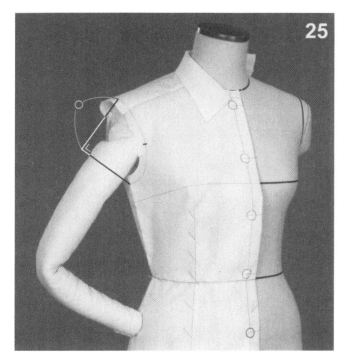

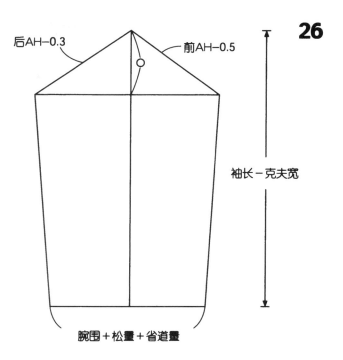

25 用图示方法目测确定袖山高。手臂放于腰部，约成45°角。袖山线和袖肥用直角法来求出，得到袖山高。

平面作图的话，袖山高设置为衣身前后肩高度差二等分的位置到袖窿底的尺寸的3/4比较合适。

26 在布上画出袖山高、袖长、袖肥、袖口。

为了减少袖山缩缝量，预先在袖山斜线上减去一定量。这时，要确认前后袖肥平衡。

袖长要减去袖克夫的宽度，袖口尺寸要算入两个褶裥的量。

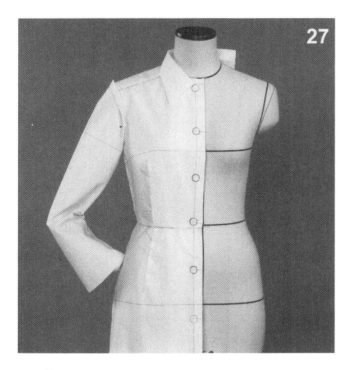

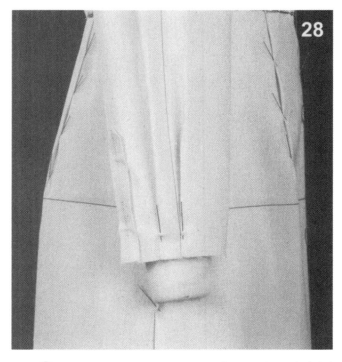

27 固定袖底线，形成筒状。在袖窿底部从袖内侧用大头针固定。袖子盖过腕部，保持45°角装袖。

28 在袖口处捏两个褶裥。袖衩装在后袖宽侧面位置。

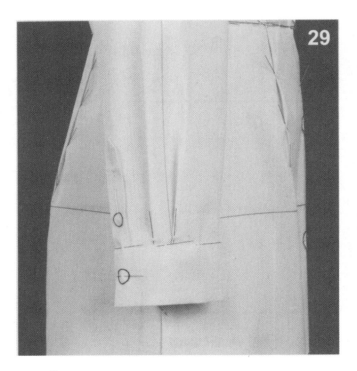

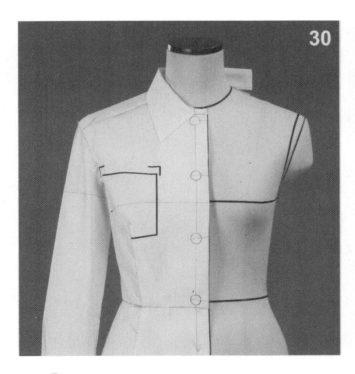

29 装袖克夫，观察袖长的平衡来确定袖长，确定纽扣位置。

30 标出口袋位置。因是有袋盖的贴袋，所以要根据袋盖宽来考虑口袋的大小、口袋位置、深度，袋口稍稍松些，即袋口略长一些。

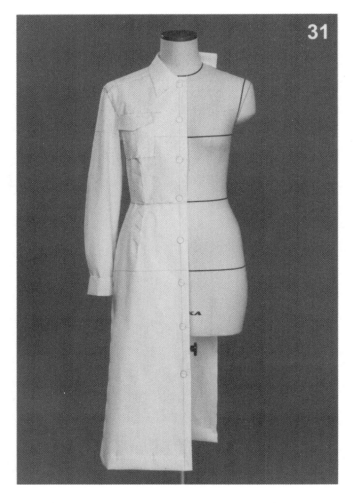

31 用大头针别成型。

完成图

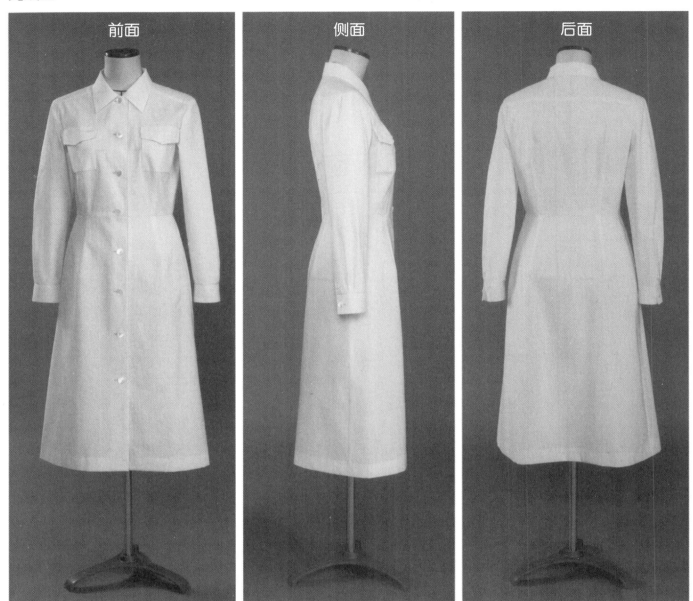

前面   侧面   后面

描图

在身体最具表现特征的胸部、胯骨、肩胛骨、臀凸等部位设置省道，构成立体造型。

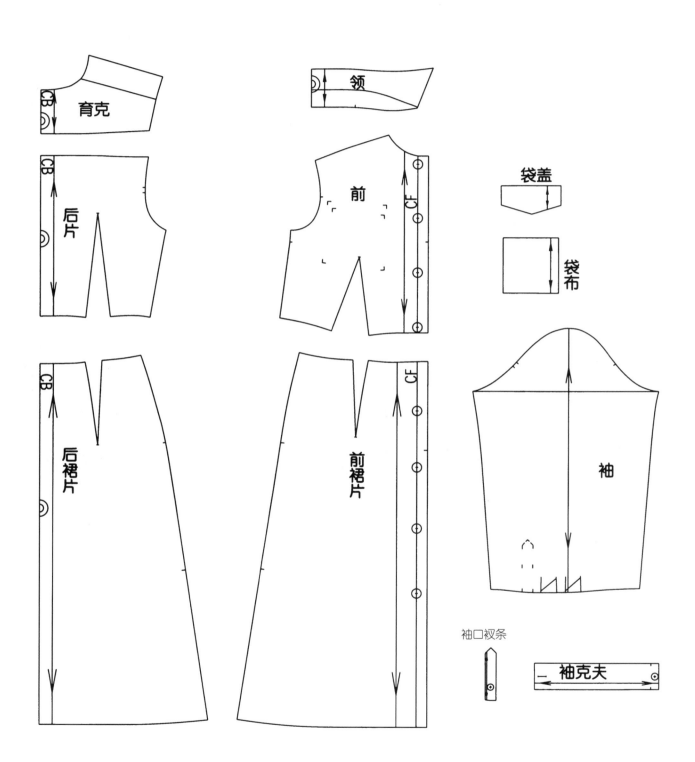

2　高腰分割连衣裙

这是一款强调胸部，作高腰分割线的连衣裙，具有帝政风格的设计。

像这类表达一个设计要点的连衣裙，采用直线条、合体感的廓形较合适。

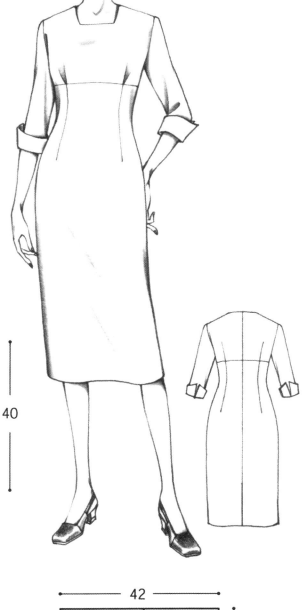

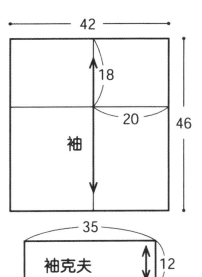

坯布准备

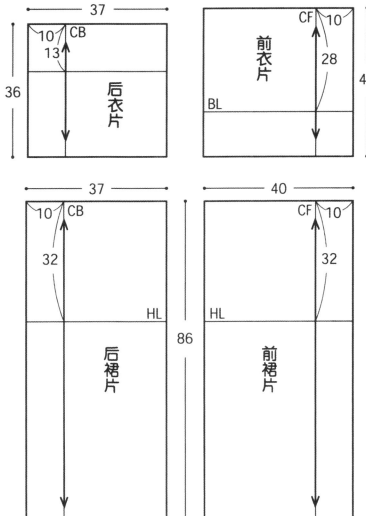

后衣片　37　36　10 CB　13

前衣片　40　40　CF　10　28　BL

后裙片　37　10 CB　32　HL　86

前裙片　40　CF　10　32　HL

袖　42　18　20　46

袖克夫　35　12

人台准备

　　在人台上贴出造型线。高腰分割线设置在下胸围处，腰围线位置设定得稍高些。方领领口线，左、右横开领造型视效果图而定。

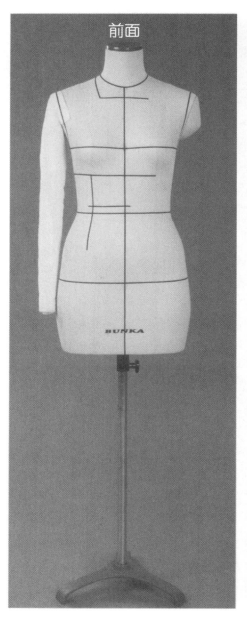

前面

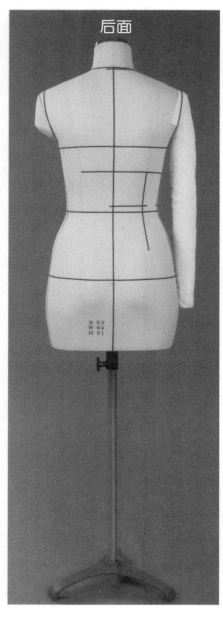

后面

别样

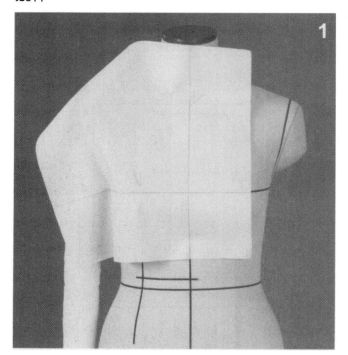

1　将前衣片中心线、胸围线对准人台，用大头针固定。

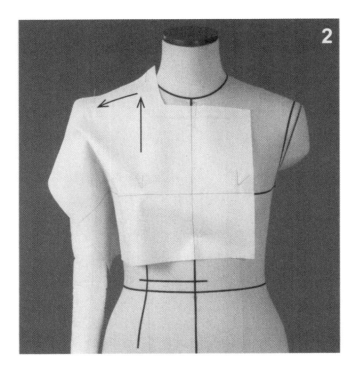

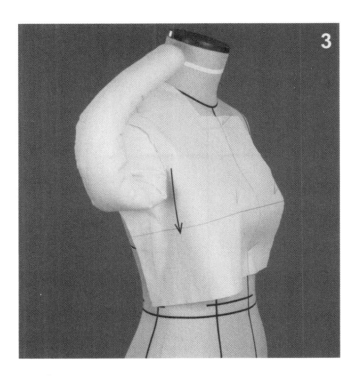

2 使胸高点附近丝缕垂直于地面并向上捋平，用大头针固定，剪去领窝处多余的布。

捋平肩缝线。

3 边确认前胸宽的松量，边自然地将布捋平，剪去袖窿处多余的布，捋平。这时将胸部下方产生的浮余量做成褶裥（为看清侧面，可将手腕部分抬上去）。

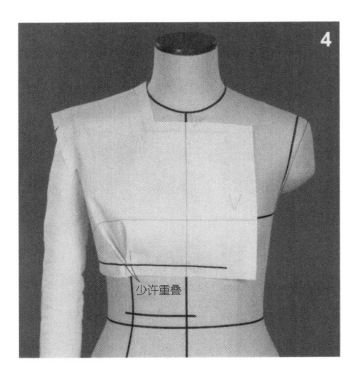

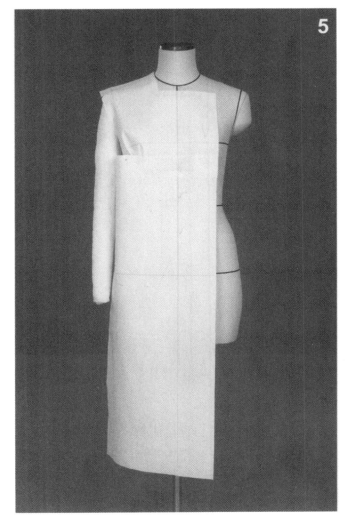

少许重叠

4 做褶裥。相对于前中心，强调胸部的丰满，注意褶裥的方向，做出造型。

根据人台上的造型线贴出分割线，注意不要让褶裥的量感消失。

5 放上前裙片。将中心线、臀围线对准人台上的基准线。同时，确保大腿部有足够松量后用大头针固定。

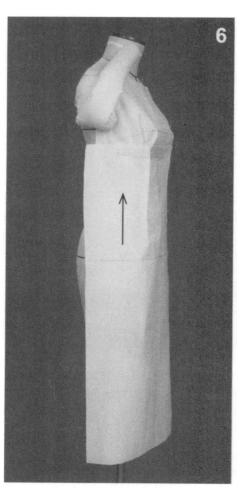

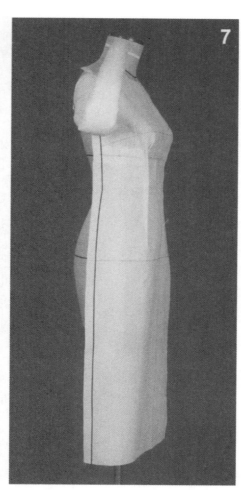

6 在距侧缝线3~4cm处，从臀围开始，使丝缕线垂直于地面，一直到分割线处。将前裙片与前衣片在腰部分割线处用重叠针法固定，裁去多余的布。将省道与衣片褶裥对齐，根据腰部松量调整长度和方向。

7 用重叠针法固定衣身和分割线。

在侧缝线处贴出造型线。如果在侧缝线的臀围线到腰围线间产生了松量，可在中臀围附近归拢。

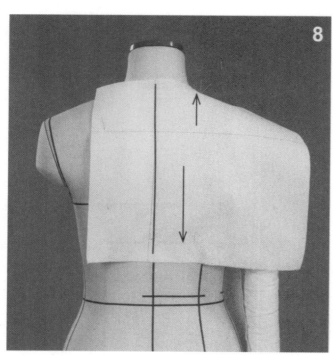

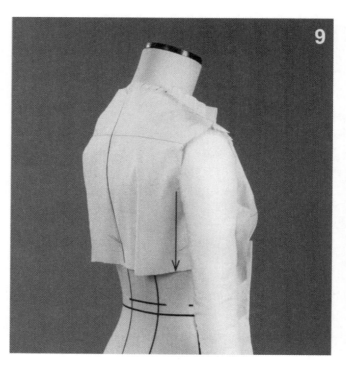

8 放上后衣片。

朝着分割线将布自然往下捋，移动完后重新贴出后中心线。

使颈侧点处布纹线垂直于地面，用大头针固定，裁去领窝处多余的布。

9 保持肩胛骨位置的导引线水平，做出后背宽松量，在肩端点处将布对齐，确认肩缝处产生的缝缩量，用抓合针法固定肩缝。在肩端点处加入一手指的松量。

裁去袖窿多余的布，在人台侧面将布垂直于地面，捋平。

10 在分割线上适当留些松量，捏出省道，用粘带贴出分割线。

11 放上后裙片。将后中心线与后衣片中心线对齐，臀围线与人台上臀围线对齐，从上往下捋布，确认吸腰量。在臀围线上放入松量，用大头针固定。

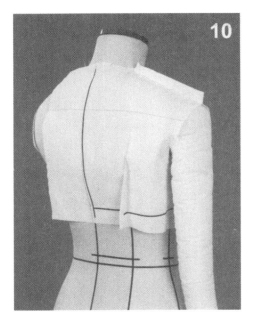

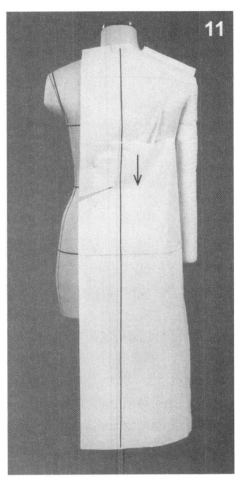

12 与前片相同，在后裙片离侧缝线3~4cm处将布纹线垂直于地面，裙片与衣身在分割线处用重叠针法固定。

将省道与衣片的省道位对齐，在臀凸附近构成面。根据省道大小调整省尖位。

13 追加不足的松量，用抓合针法固定侧缝。

确定裙长，在保证基本的运动步幅的基础上确定开衩的位置。

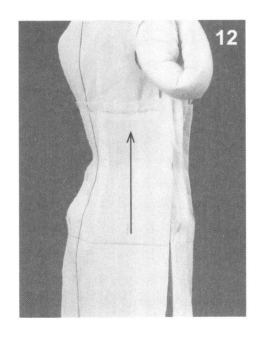

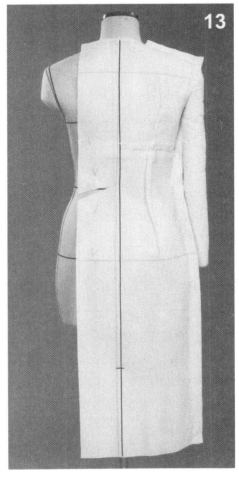

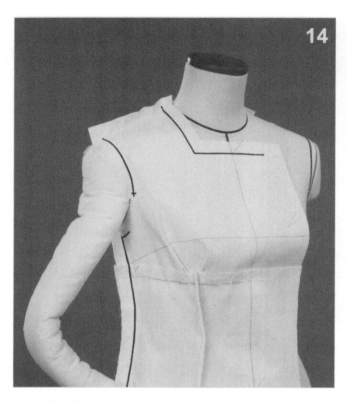

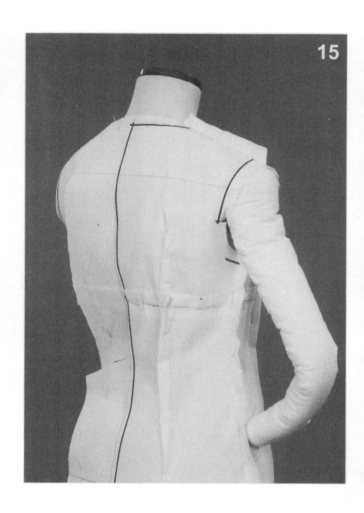

14、15 贴出领窝线、袖窿线。贴袖窿线时注意不要让前胸宽与后背宽的松量跑掉。

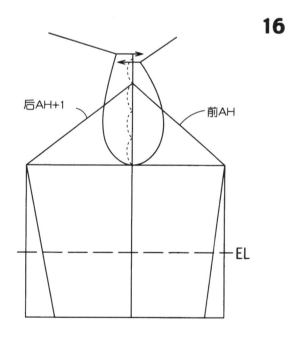

16

后AH+1

前AH

EL

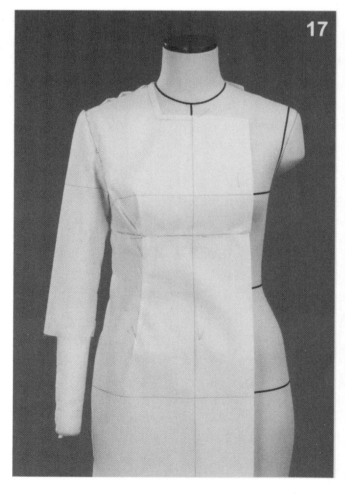

16 袖子制图。在布上画出袖山高、袖肥、袖长、袖口大小。袖长由肘部七分长度预估确定，袖口宽因要考虑袖克夫的制作，所以要考虑袖克夫的平衡来放入松量。

17 装袖。确认缩缝量的分配、方向、袖长以及袖口松量。

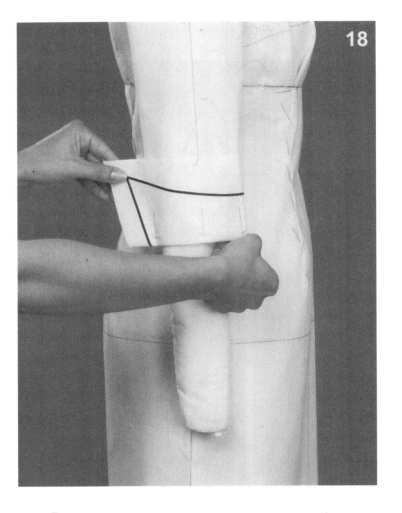

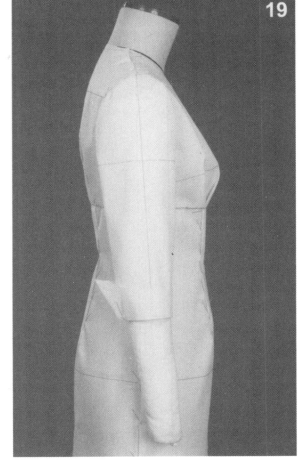

18　袖克夫的布片与袖口重叠，加入布的厚度，
袖克夫用粘带贴出，后袖侧贴出设计点造型。

19　装上袖克夫。

20　别成型。

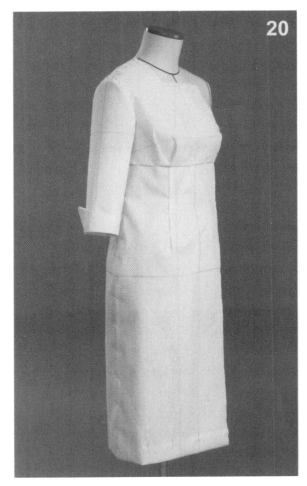

完成图

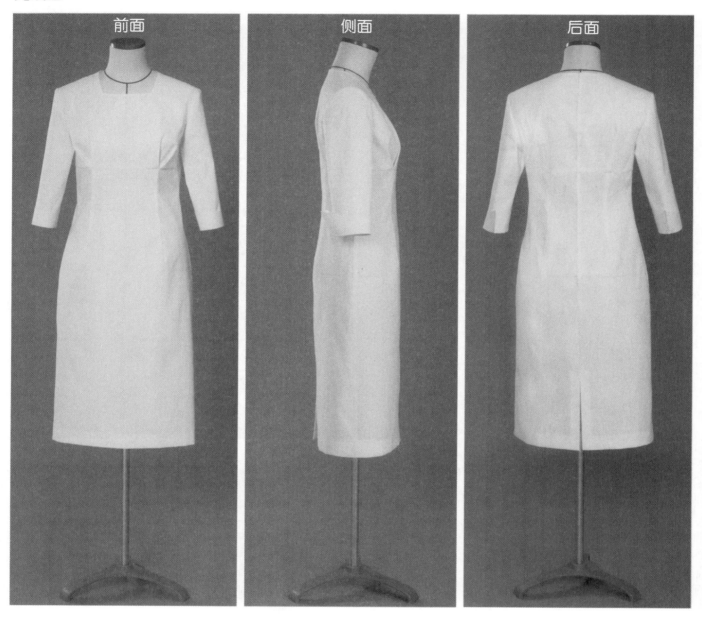

前面　　　　　　　　侧面　　　　　　　　后面

描图

强调衣身上部，体现横向分割及纵向轮廓的平衡。

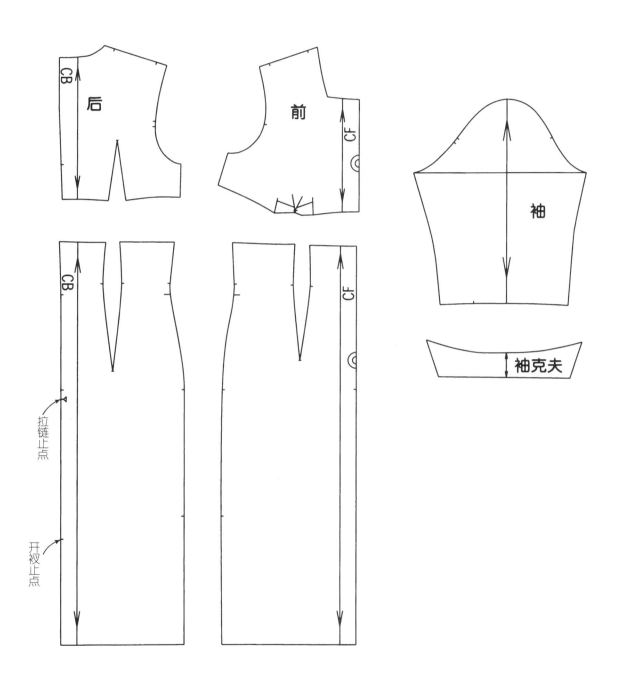

3 低腰分割连衣裙

衣身由刀背缝分割线组成，塑造合体修身轮廓，裙子可处理成直身或波浪等各种变化的有趣的低腰分割连衣裙。

因其具有假小子的特征，分割的平衡比例为4∶6或3∶7，而且分割位置的变化能使款式变化多样。领子为围脖式立领，袖窿为方形线条，所以更能表现出女性化外轮廓造型。

坯布准备

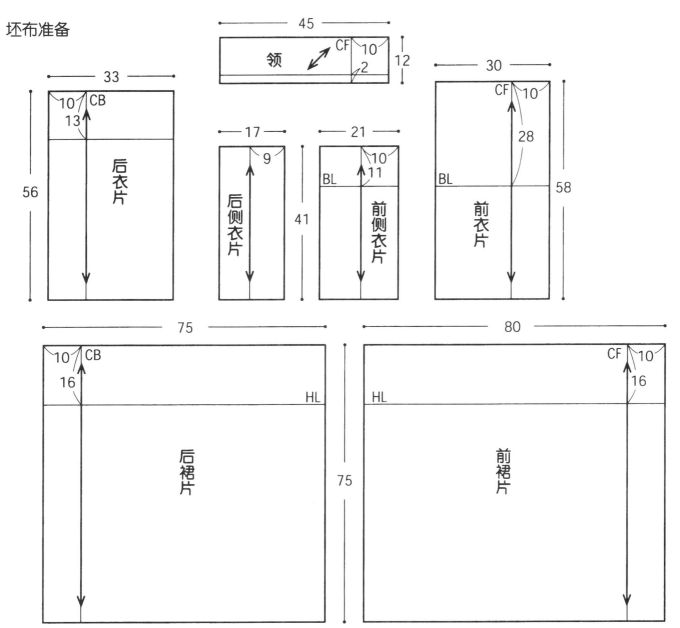

领 45 CF 10 2 12

后衣片 33 10 CB 13 56

后侧衣片 17 9 41

前侧衣片 21 10 11 BL

前衣片 30 CF 10 28 BL 58

后裙片 75 10 CB 16 HL

前裙片 80 CF 10 16 HL 75

人台准备

　　在人台上贴出造型线。

　　低腰拼接线的位置视设计的成品长度来确定。

　　刀背分割线位置在前身经过胸点附近，在后身经过肩胛骨下端部分，以便能表现出人体的立体感。

　　领窝线略低于基本领窝线。

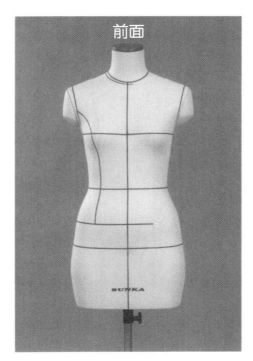

前面

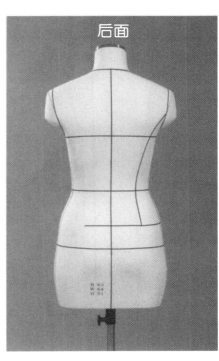

后面

别样

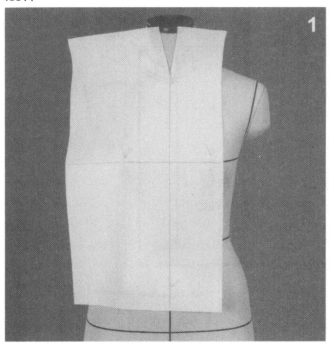

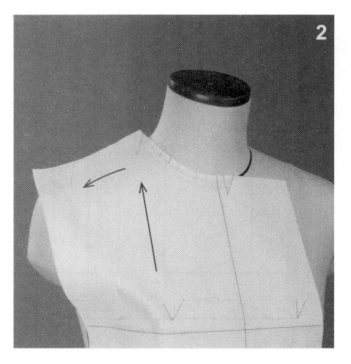

① 将前衣片丝缕横平竖直地正确放置，在中心处打剪口。

② 在胸点附近往上将布料丝缕放正，并用大头针固定，整理领窝。
把肩部布片自然捋平。

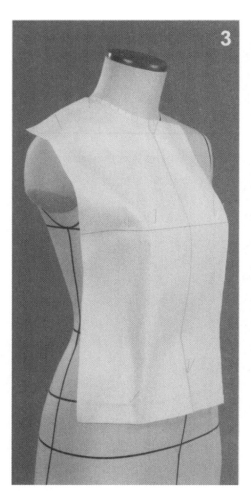

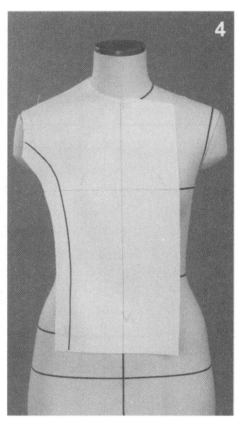

③ 在胸围线及低腰拼接处放入松量，用大头针固定。

④ 以人台上的造型线为准，注意不要让设定的松量移动，贴出刀背分割线造型。
裁去袖窿及分割线处多余的布料。

5　放上前侧片布。确保人台前侧片中间处布的丝缕线垂直于地面。

6　在人台上做出袖窿的部分，为能使侧部构成一个平面，要放入松量，用重叠针法固定分割线。

裁去袖窿处多余的布。

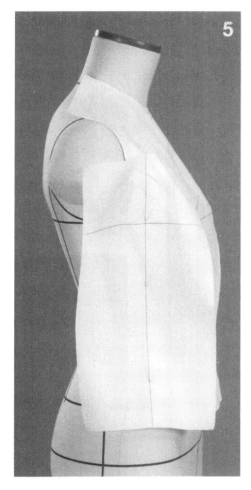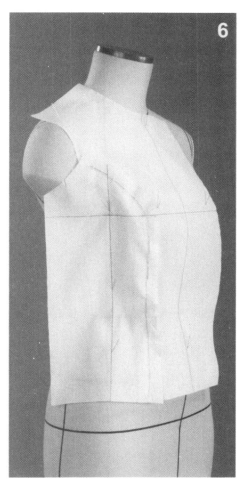

7　标出肩线，裁去多余的布。

在侧边加入松量，贴上侧缝线，但要注意若松量放得太多，会导致无袖情况下袖窿偏大。

8　后衣片。

将肩胛骨位置的导引线水平放置，将布贴合人台并轻轻往下捋，在移动后的后中心处重新贴出后中心线。

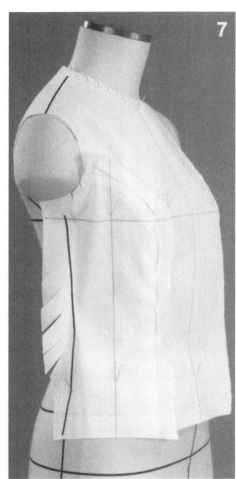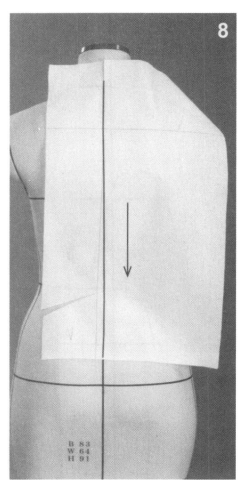

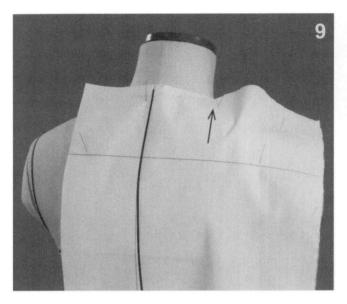

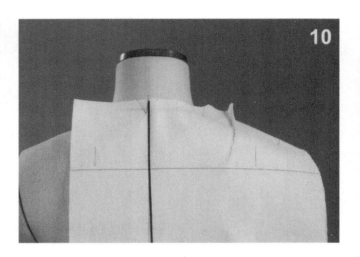

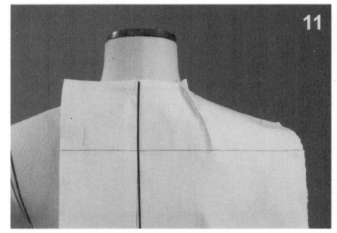

9 以颈侧点为基准，使布纹竖直向上，整理领窝。

从肩胛骨位置的导引线处到肩端点，边观察袖窿的浮起状况边将布与人台吻合，用大头针固定。肩线处多出的部分作为肩省处理。

10、11 向肩胛骨方向捏出肩省。

此外，也可以根据款式变化向领窝处移动省（照片11）。

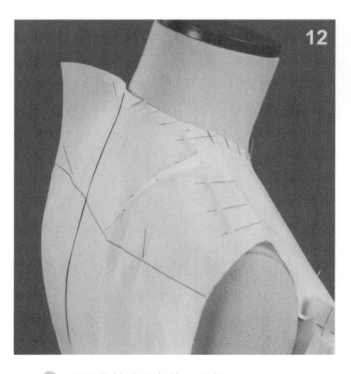

12 用重叠针法固定前、后肩。

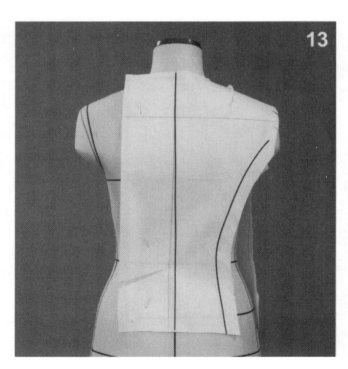

13 整理袖窿处多余的布，以人台上的造型线为基准贴出刀背分割线。腰部吸腰量大，强调收腰效果。

14 放上后侧衣片。使人台后侧片中间布纹线垂直于地面。

15 为了后衣片能形成一个面，要加入松量，用重叠针法固定拼接缝。

整理袖窿处多余的布。

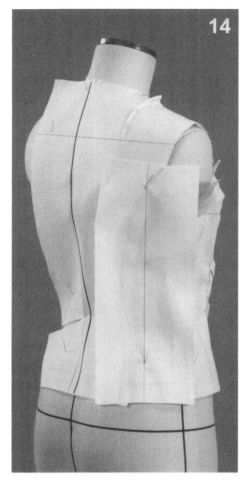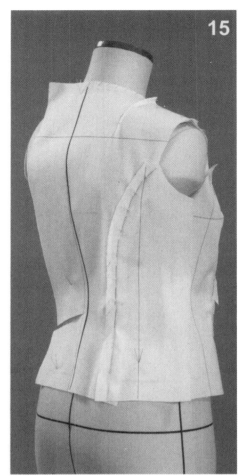

16 用重叠针法固定前、后侧衣片。

因为是无袖，所以再次检查袖窿的松量，确定袖窿处是否已无浮余量。

以人台上的造型线为准，贴出裙片的拼接线。

17、18 用粘带贴出领窝线、袖窿线。

领窝横开领略开大。

在袖窿线的分割线位置上确认一点，从该点到袖窿底为直线。在无袖情况下，为防止袖窿过深，袖窿最低处设定在胸围线往上 1.5~2cm 处。

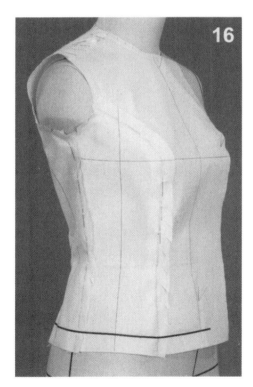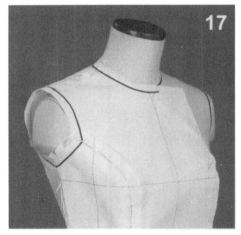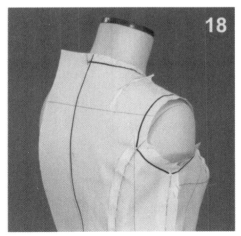

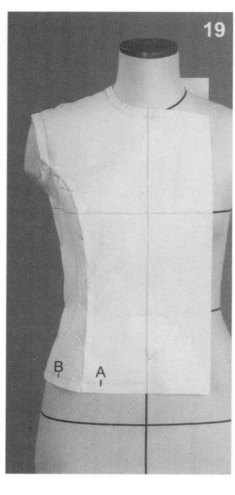

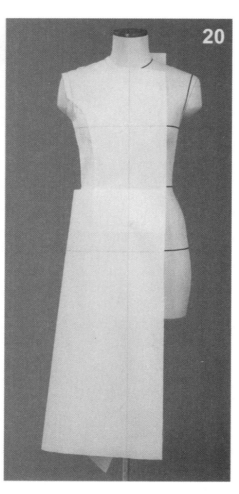

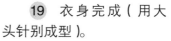

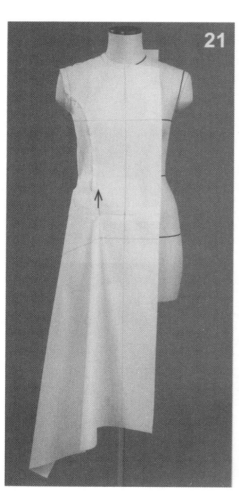

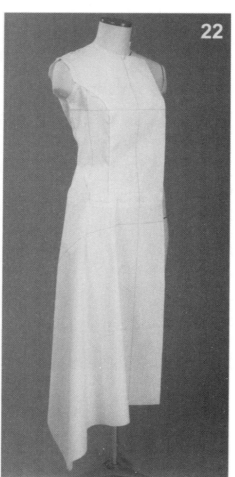

19 衣身完成（用大头针别成型）。

确认衣身覆盖于人体的立体度。

标出裙片产生波浪的位置点（A、B）。

20 放上前裙片。将中心线及臀围线与人台上的基准线对齐。在臀围处使布片与人台吻合。

21 在分割线位置上，从前中心到 A 点处将多余的布剪掉，并用大头针固定。

在 A 的位置打剪口做出波浪。

在标记点的位置把布略向上提，波浪便会立起来。

22 边整理拼接线处的布，边在波浪的 B 点标记处打剪口。与第一个波浪量相同，做出波浪。

23 在侧缝处做出波浪。注意整个裙摆要做成放射状。

在低腰拼接线处的大头针要起到支撑裙片的作用，针法很重要。

将侧缝线设定在侧缝波浪突起部分略向后的位置。注意，若将侧缝设置在浪峰上会破坏波浪的美感。

24 放上后裙片。

中心线和臀围线要与人台上的基准线对齐，在臀围处将布与人台吻合。

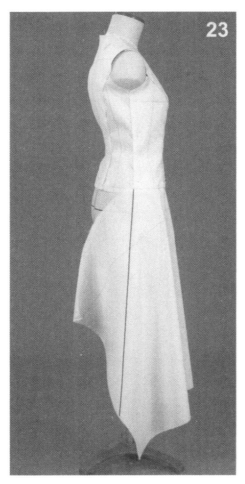
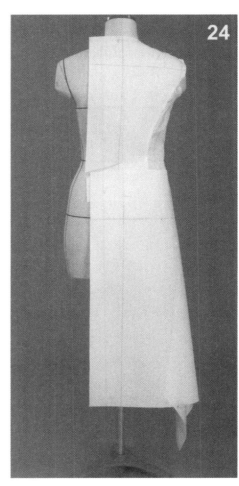

25 同前裙片一样，做两个波浪。波浪量要考虑平衡，可参照对比前裙片的波浪。

26 将前裙片侧缝与后裙片重叠，观察前后平衡，确定波浪量。

用重叠针法固定前侧缝，整理多余的布。

再次确定整个下摆的波浪是否呈理想的放射状。

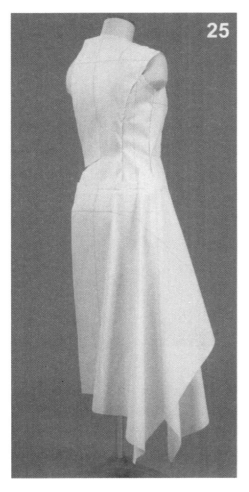

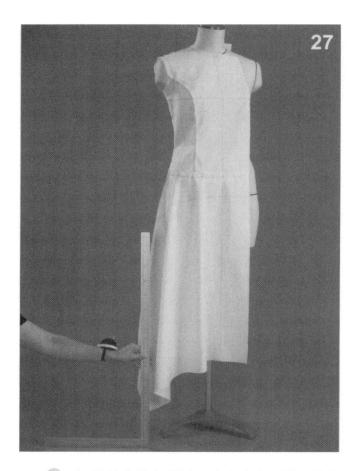

27 裙子长度用水平测量法（垂直于地面的方法）确定。

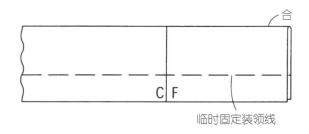

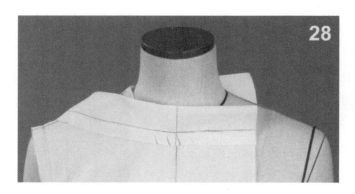

28 将斜裁的领布如图所示对折，确定领宽后临时固定领线。对折处不要留下对折痕迹。

从前中心开始用大头针固定领子。边在装领线缝份上打剪口，边固定装领线，将领布绕向后。将颈侧点附近的领布略拉伸后固定，便于领子竖起。

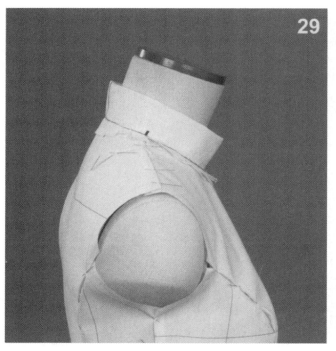

29 观察领子离开颈部的距离及其竖起部分的情况，标记出侧颈点。

30 用大头针别成型。

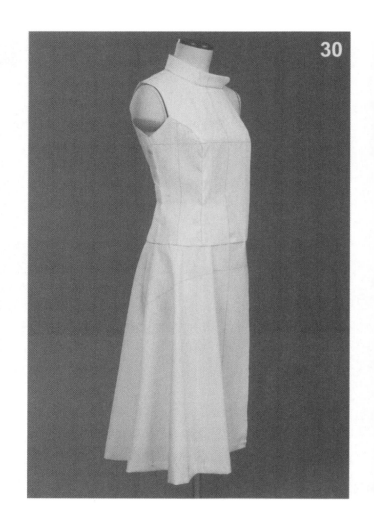

完成图

前面	侧面	后面
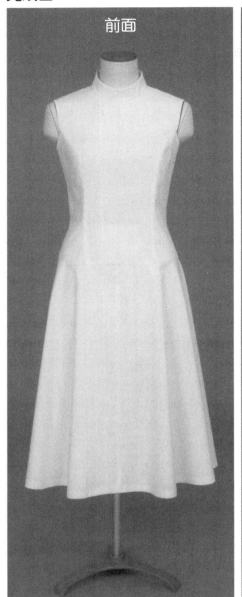		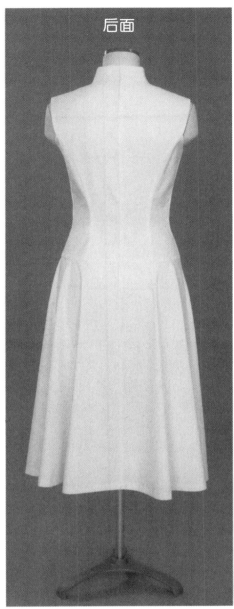

描图

衣身因有刀背分割线及肩省,所以能表现合体的立体轮廓。

低腰分割裙,分割线上波浪点位置成角形(不圆顺),使波浪立起来并稳固。

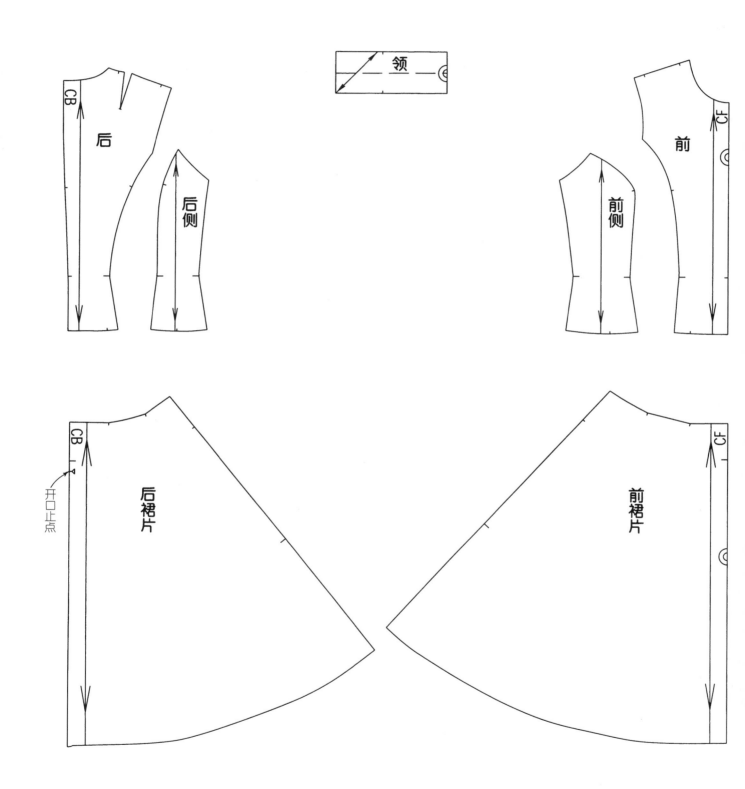

4 公主线分割连衣裙

从肩到下摆纵向分割的设计款式。

公主线因英国王妃喜爱穿用而得名。该款式轮廓造型具有高雅、年轻有活力的感觉。

因公主线的吸腰作用，胸部、背面都极有立体感，此外，从臀部到下摆会稍有波浪。前领窝中心稍做了设计，袖子为褶裥泡泡袖。在细部做一些变化，可创造出很多不同的款式。

坯布准备

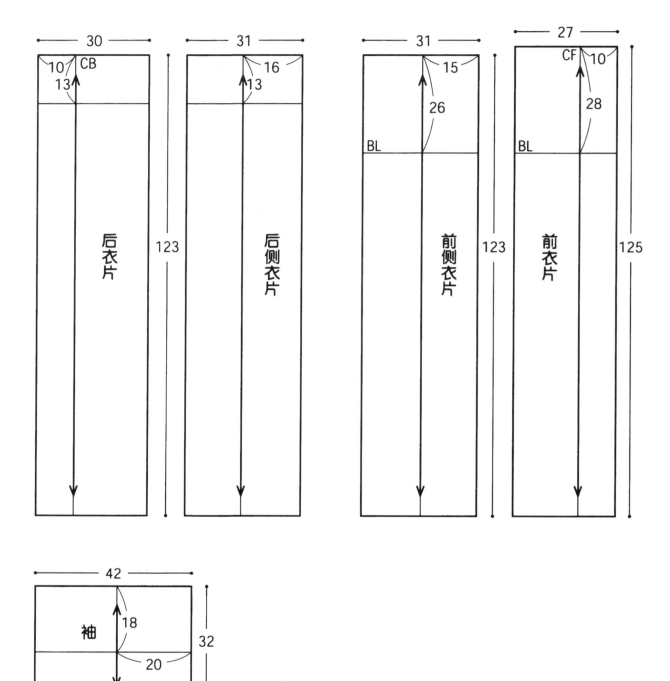

人台准备

　　在人台上贴出造型线。

　　衣身的分割线是沿人体产生凹凸感的纵向方向，从约 1/2 的小肩宽处起，过胸高点及肩胛骨，一直到腰、臀位置处，观察整体平衡，贴出分割线造型。

　　贴出领窝前中心处的设计造型。

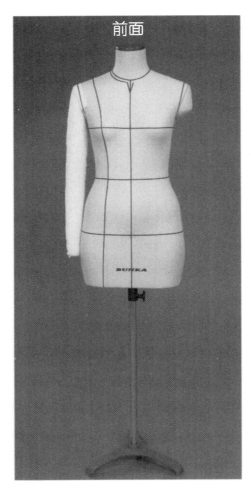

前面

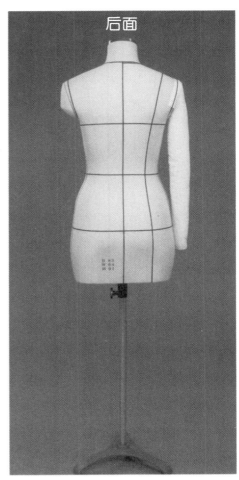

后面

别样

　　1 放上前衣片。

　　将前中心线与胸围线相应对准人台基准线，在前中心打上剪口。

　　2 在胸点位置将布径向垂直往上抚平，裁去领窝处多余的布。

　　以人台上标出的分割线为基准贴出分割线。确认腰部松量、下摆的波浪量。将肩部的布与人台吻合后粗裁。

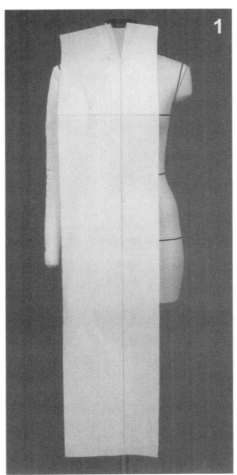

1

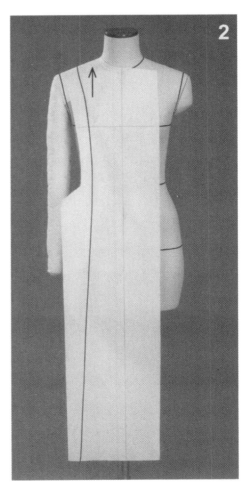

2

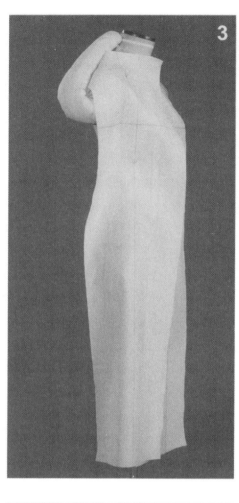

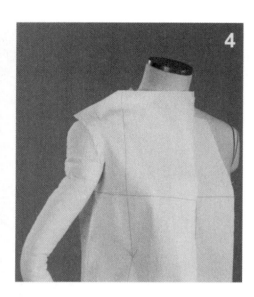

3 放上前侧布，从人台斜前方看，侧面中心处基准线要垂直于地面。

4 做出前衣片侧面造型。

在胸宽处放入松量，裁去袖窿处多余的布，再次确认布纹是否垂直于地面。

裁去肩部多余的布。

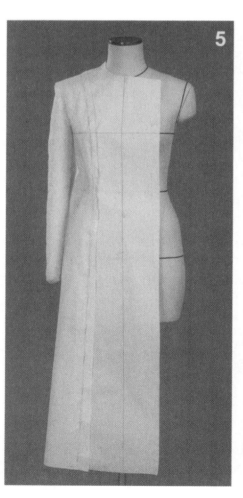

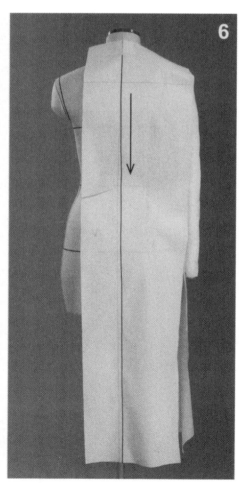

5 在胸部加入松量、腰部收掉吸腰量、臀部加入松量，用重叠针法固定分割线。

在腰部位置打剪口，确认分割线是否流畅，裁去多余的布。

6 使后衣片中心线垂直于地面，肩胛骨位置的导引线水平。将布轻放到人台上，垂直向下捋平。腰部处的移动量为吸腰量，下摆丝缕垂直于地面，用粘带贴出后中心线。

7 对应颈侧点将布丝缕垂直于地面并往上捋平。裁去领窝处多余的布，在缝份处打剪口。

与前衣片一样，以人台上的造型线为基准贴出分割线。确认分割线是否流畅平衡。

8 放上后侧片布。

从斜后方观察，在侧面中心处的导引线要垂直于地面，在肩胛骨位置的导引线要水平放置。

9 做出后衣片侧面造型。

在背宽部位放入松量，裁去袖窿处多余的布，再次确认布纹是否正确。

检查衣身的松量、腰部收腰的情况、下摆的摆量及平衡，用重叠针法固定分割线，裁去多余的布（这里为确认侧片上的基准线，把手臂挂上去）。

10 用重叠针法固定肩缝和侧缝。

在肩头肩线处放一手指的松量后固定，在侧缝处追加衣身不足部分的松量。

收腰则根据前、后分割线收腰平衡情况而定，但要确保留出满足基本活动的松量。

摆量的大小，由检查前、后摆量是否能够构成一个整体的面来确定。

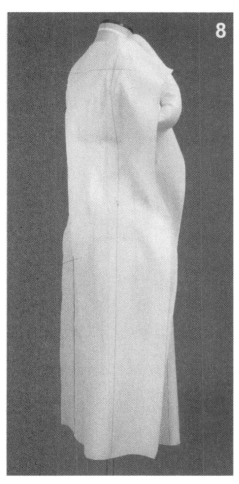
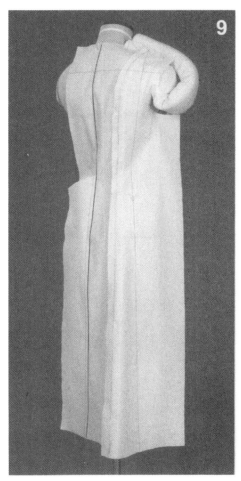

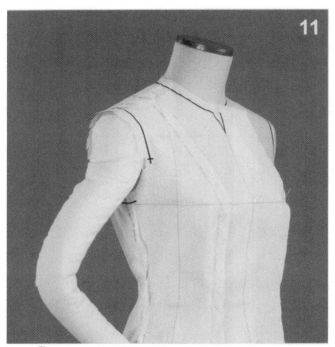

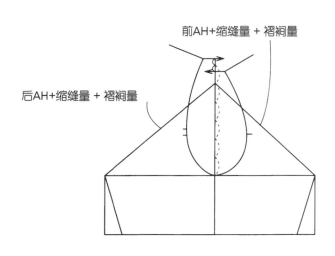

前AH+缩缝量 + 褶裥量

后AH+缩缝量 + 褶裥量

⑪ 标出领窝线、袖窿线。

在贴袖窿线的时候，为了在袖山做褶裥，肩端点要作为导引线。同时，要注意不要让前胸宽、后背宽松量跑掉。

在胸围线处标出袖窿底线。

⑫ 在袖片布上标出袖山高和袖肥。袖肥要考虑褶裥量和缝份翻折的量，并加入缩缝量。

褶裥量要观察褶裥数、量感进行判断（用大头针别成型的方法参照第 289 页、第 290 页）。

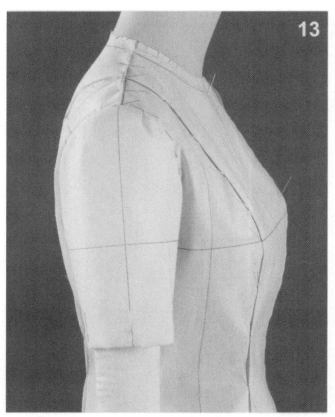

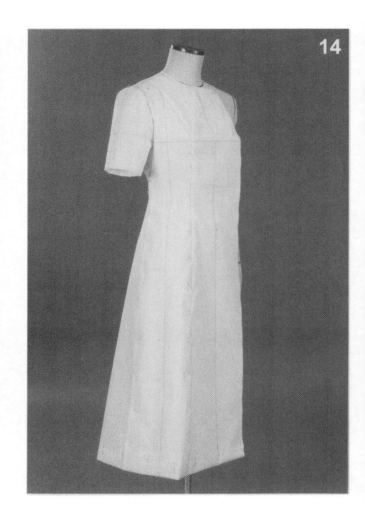

⑬ 装袖。

褶裥的方向向外（八字形），整理。

⑭ 用大头针别成型。

完成图

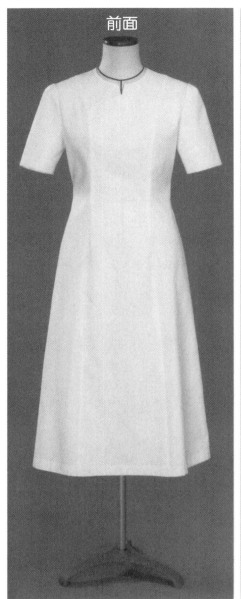

前面

侧面

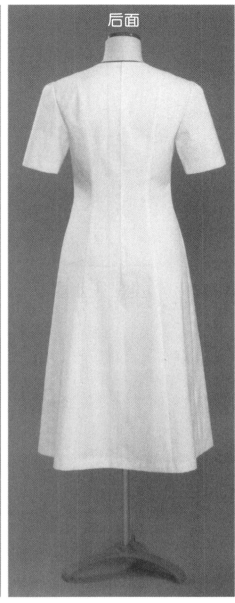

后面

描图

　　可以看出，前分割线经过胸点附近，后分割线
经过肩胛骨最高点附近，从腰到下摆各衣片差不多
呈同一角度，各个面要保持良好的整体平衡感。

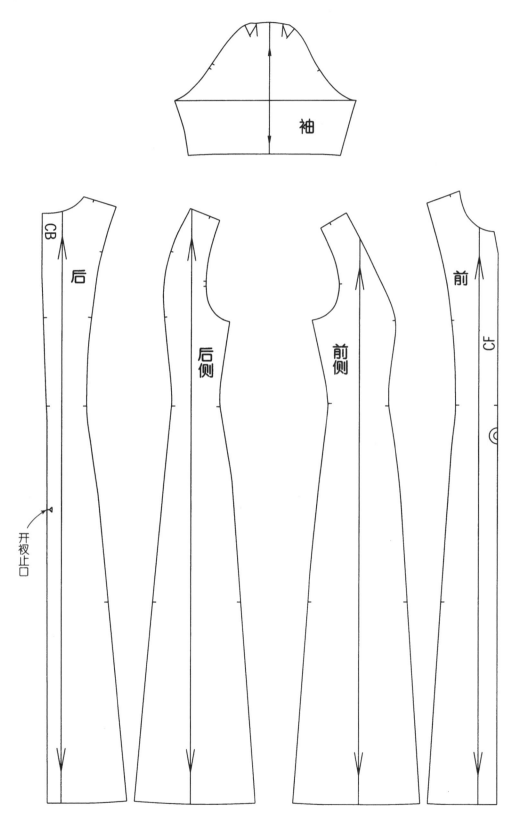

袖

后

后侧

前侧

前

CB

CF

开衩止口

四、西装

1 单排扣平驳领西装

这是一款由刀背分割线构成的、基本的单排扣西装领女外套，配有略有方向性的两片袖。刀背分割线使胸部显得丰满，腰部收紧，能实现从腰到臀再到下摆处越来越宽的效果。分割线偏向中心方向，使身体显得比较厚；与此相反，若偏向侧缝就显得比较扁平。此外，袖窿上部的分割线呈直线状，给人一种年轻有活力的感觉。

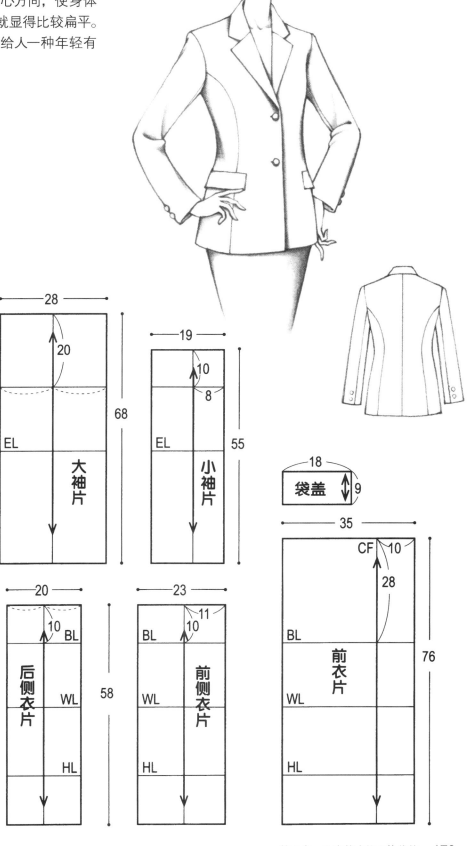

坯布准备

坯布尺寸根据季节、面料而异，这里根据选用厚衣料做外套来估算。因是外套，要考虑穿毛衣、衬衫。此外，还要考虑裙子和裤子等下装的着装，所以要加入松量。

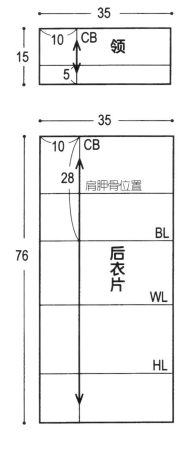

领　35　15　10　CB　5

大袖片　28　20　68　EL

小袖片　19　10　8　55　EL

袋盖　18　9

后衣片　35　10　CB　28　肩胛骨位置　76　BL　WL　HL

后侧衣片　20　10　BL　58　WL　HL

前侧衣片　23　11　10　BL　WL　HL

前衣片　35　CF　10　28　76　BL　WL　HL

人台准备

● **在人台上放上垫肩（照片 1~3）**

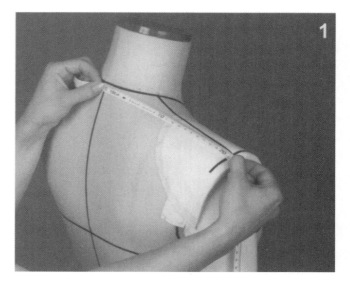

垫肩是构造美观造型不可缺少之物。垫肩有很多种，这里用厚 1cm 的基本普通圆装袖垫肩。

从后颈点（BNP）开始量，肩宽略做宽。垫肩比设定的肩宽位置大 1cm，即向手臂侧伸出 1cm，后方要宽，用大头针牢牢固定。

确定肩线位置，贴出袖窿上部造型。

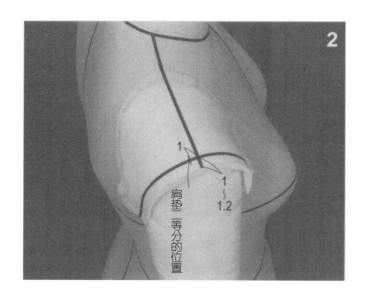

肩垫二等分的位置

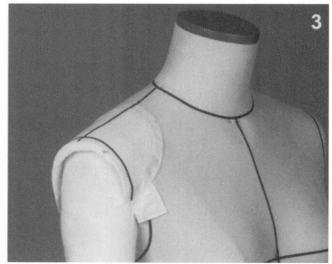

● **贴造型线（照片 4）**

考虑到厚衣料的厚度，前中心向外移动 0.5cm。确定前门襟的重叠量（叠门量）、确定驳折止点。

衣领的翻折线从后中心的领座高起，过颈侧点，到驳折止点。检查领形的平衡，贴出驳头和上领的造型线。

另外，也可以将分割线、纽扣、口袋位置等事先贴出造型。这里是在立裁过程中确定的。

贴完造型线后，略远离人台，观察并确认平衡及整体感。

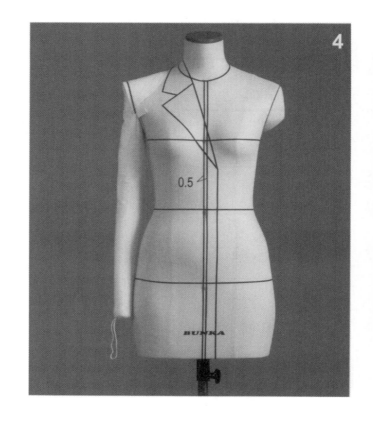

别样

1 将前衣身中心线对准人台上向外移的中心线，胸围线水平对准，用大头针固定。

在前颈点（FNP）稍上方处打剪口。

从胸高点（BP）往上一边轻轻将布覆合人台，一边使丝缕放正，用大头针固定。在领窝线留出覆盖锁骨所需的松量，对应于驳头覆盖在衣身上而产生的松量。

2 裁去领窝处多余的布，在不平处打上剪口，整理领窝与肩部。

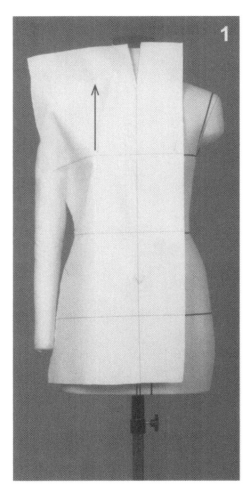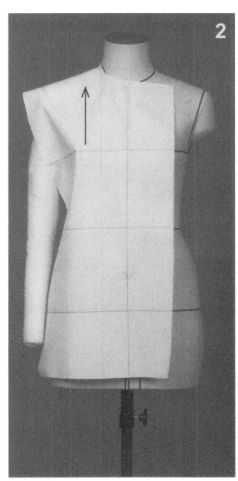

3 以人台上的驳折线为准，用粘带贴出驳折线。从布端口到驳折止点打上剪口。

4 在胸宽处加入松量，构成面，裁去肩与袖窿上部多余的布。

边设想袖窿线，边捏出腰省，检查刀背分割线位置是否合适。要充分观察构成衣服的刀背分割线位置和形状，以及廓形和总体感觉是否有变化。

沿驳折线将布翻折，用粘带贴出驳头的造型。

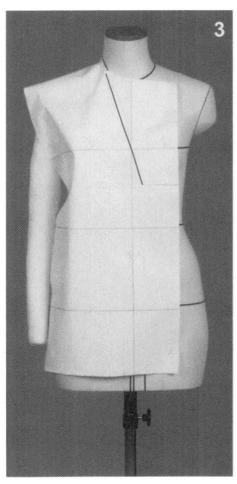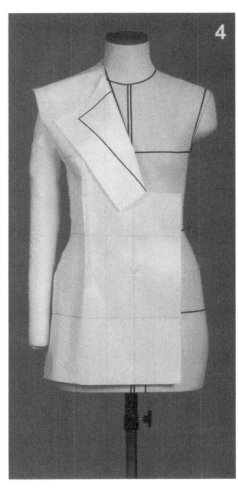

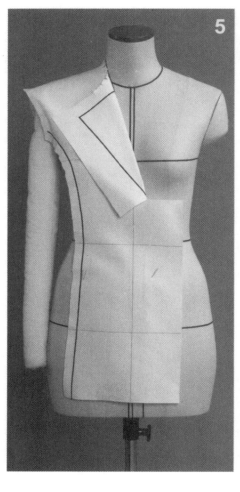

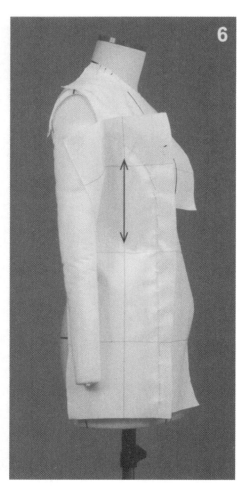

5 确定刀背分割线，经胸高点稍偏侧缝处，边将胸高点周围的余量做归拢处理，做出胸部隆起的造型，边用粘带贴出刀背分割线。

同时注意不要让胸围的松量移掉，裁去侧边多余的布。

6 放上前侧布。在侧面中央将前侧布的导引线垂直于地面放置，胸围线、腰围线和臀围线水平对准人台，并用大头针固定。检查腰围线处收身的效果，在前胸宽处重叠，加上松量，在臀围线位置边确保留出足够的松量便于运动，边用重叠针法与前衣片拼合。整理刀背分割线。

确认人台与布之间有一定的松量，布是否能构成面，并调整。

7 裁去刀背分割线处多余的布。延长领串口线到驳折线往里2cm处，用粘带贴出串口线。

8 裁去袖窿底多余的布。在侧片的腰围处打剪口，将侧片轻轻向前折。

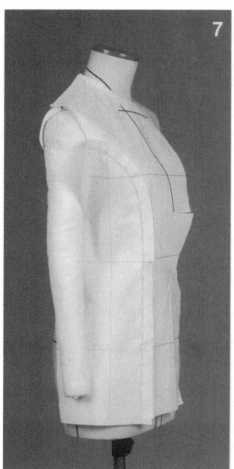

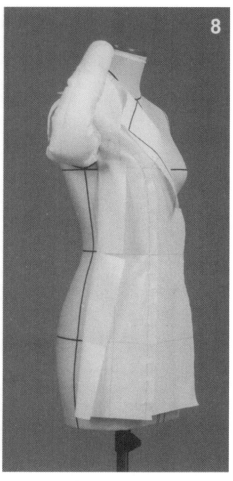

9 将后衣片的中心线与人台的中心线对齐，肩胛骨位置的导引线水平对准人台。在后颈点略上方打剪口。

对准颈侧点，确保布纹经向垂直于地面，将布往上捋平，考虑到头部的活动量，在领窝处加上松量。

按箭头方向使经向布纹垂直于地面，在人台上轻轻地将布往下捋平，后中心的导引线自然倾斜。人台的后中心线与倾斜的坯布间产生的量为腰部省道量。

10 确定后中心线。打剪口到后腰围线的省道位置为止。从后颈点开始将布垂直向下捋平，从胸围线略上些位置开始到腰围线处产生倾斜，腰部以下垂直于地面，贴出造型线。裁去领窝处多余的布。

在肩胛骨位置的导引线上放入后背宽的松量，轻轻地往上捋平。将小肩宽处的余量做缩缝处理。

设想袖窿线，捏出腰省，检查刀背分割线的位置。

11、12 裁去肩部多余的布，整理肩部，将缩缝量平均分配，与前肩相合。从肩胛骨位置到脖子的肌肉比较发达，缩缝量要分配到可以覆盖住该凸起部分的量。因后肩缝有缝缩量，用大头针抓合前、后肩缝时要从后肩缝侧抓合别住。

不要让后背宽的松量移动掉，贴出刀背分割线，裁去多余的布。

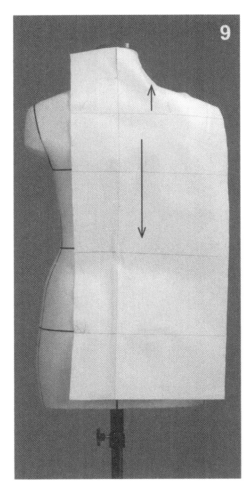

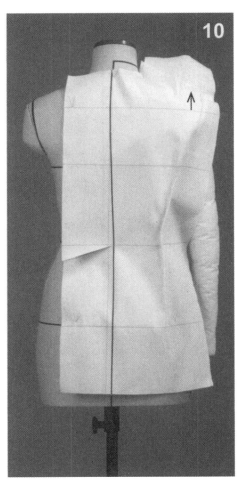

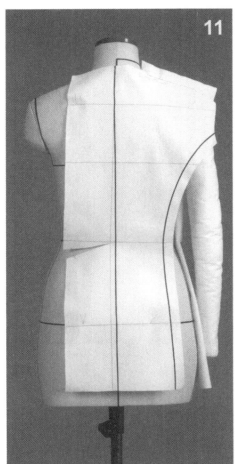

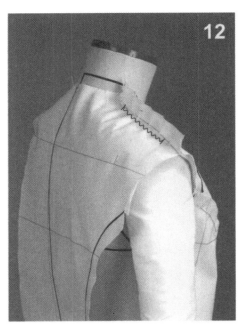

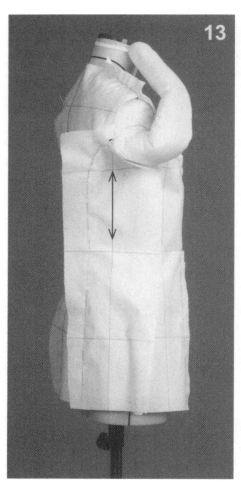

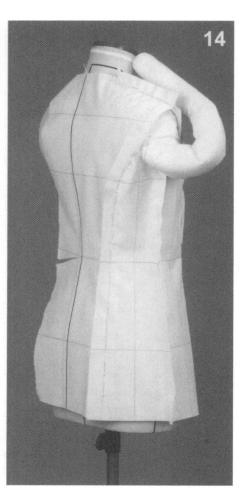

13　将后侧衣片同前侧衣片一样放到侧面中央。检查腰部收腰情况，确保后背宽松量和臀围线位置的松量，用重叠针法固定刀背分割线。确认人台与布之间有松量，且构成了面，并做调整。

14　裁去刀背分割线及袖窿底多余的布。对合前、后侧片的胸围线、腰围线和臀围线，检查胸围处放入的衣身松量、腰围处的吸腰量、臀围处放入的松量。用大头针抓合固定侧部，裁去多余的布。

作为外套，应在前、后、侧面有一定的松量并能构成面。再次观察刀背分割线位置是否合适，并做调整。

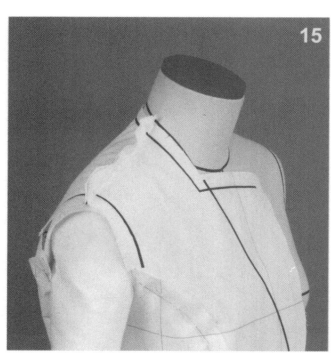

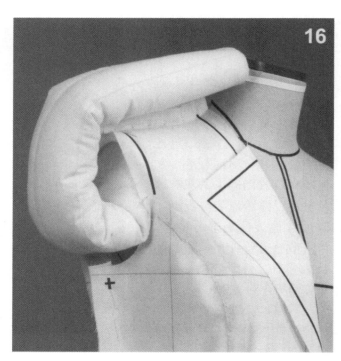

15　确定领窝，边确认领窝线的前后是否连顺，边贴出领窝线。

袖窿则以人台上的造型线为准，前后都只在袖窿上部贴出袖窿线。

16　标出袖窿最低点，注意袖窿底不要太低于胸围线。如果太低于胸围线会造成袖山增高，手臂上抬困难，丧失机能性。

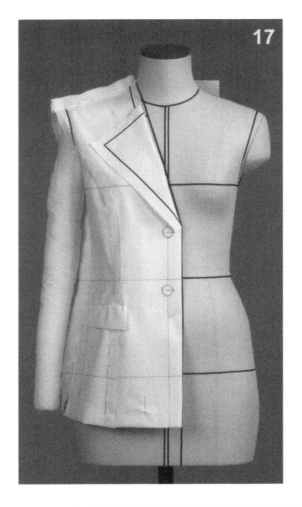

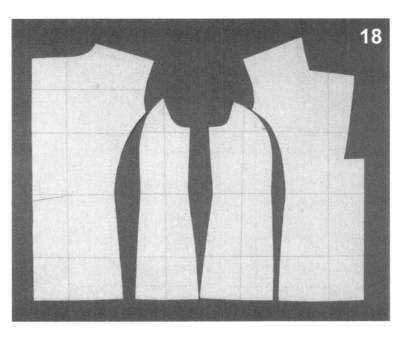

17　折好前门襟，确定纽扣位置及口袋的大小和位置。将下摆向上折好。从远处观察整体的平衡性并确认。
　　在衣身上点影，为用大头针别成型做准备。

18　将点影好的布从人台上取下，熨烫平整。确认围度与长度的平衡及松量。

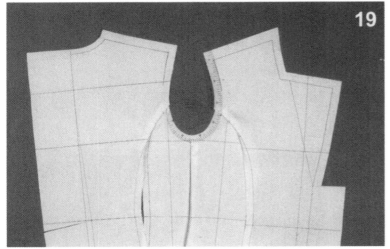

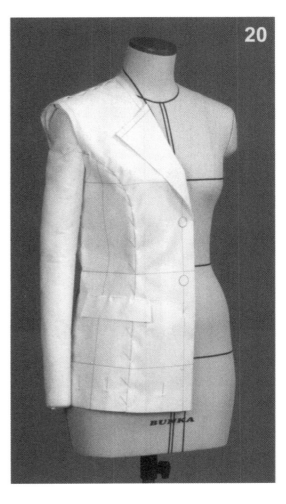

19　将点影的点连成线，整理缝份。用大头针沿净样线固定刀背分割线及侧缝上部，画出袖窿的形状。因手臂向前方运动的情况比较多，所以要本着前袖的弧度大于后袖弧度的意识，用6字尺结合上部袖窿线画出完整的袖窿弧线。

20　将衣身别成型。

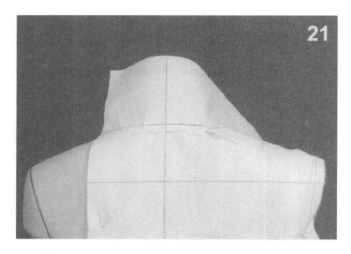

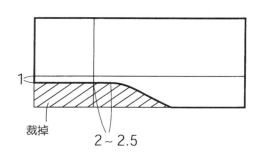

裁掉

2～2.5

21 装领。将领子的横向导引线对准装领线，如图所示从后中心线开始 2~2.5cm 处，留出 1cm 缝份，自然地裁去多余的布。在衣身的后颈点处，将衣领的后中心对准人台后中心线，用重叠针法水平地固定。另外，确保水平 2~2.5cm 处横向丝缕放正，用大头针固定。

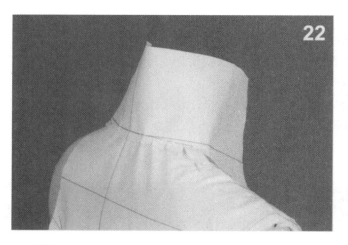

22 将衣领顺着脖子，边打剪口边用大头针固定，直到颈侧点为止。在颈侧点处略拉伸装领线，领子越顺着脖子贴合，造型越干净利落。

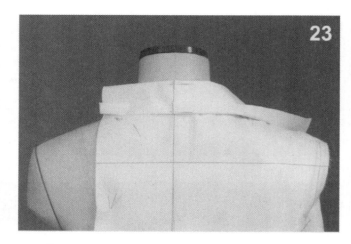

23 在后中心处确定领座后翻折好，水平腾空别上大头针。后领宽比领座高要宽 1~1.5cm，并将宽出的布向外翻折，水平腾空别上大头针。

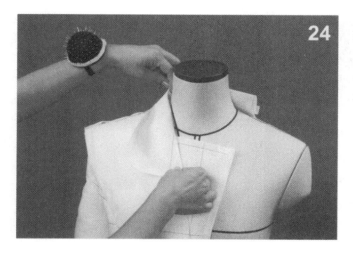

24 将领从后向前转。边检查驳头和翻折线及颈部与翻折线的间隙，边确定领子的造型。

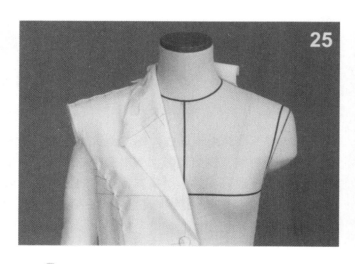

25 边在领外围的缝份上打剪口，边确定造型。将驳头翻到衣领上面，在串口线上用大头针固定。同时注意领外围尺寸是否不足或过长并做调整。

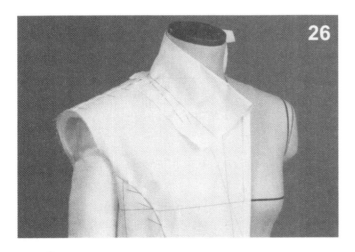

26　在领和驳头连接部分，边打剪口，边从颈侧点起到前领窝处用大头针固定。将驳折线内侧也用大头针固定。

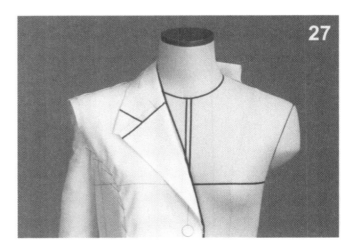

27　确定领缺嘴的位置，确认领的造型。

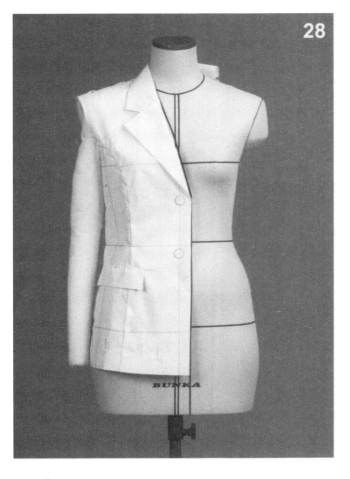

28　用大头针装领。

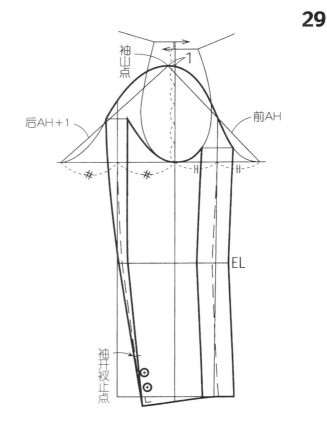

29　袖为两片袖，由平面制图后组合而成。袖山高为衣身的前后平均肩端点高到袖窿底距离的 5/6。袖长则通过观察与衣身的平衡来确定。

　　袖山点向后移 1cm，是为了表现袖子的方向性。

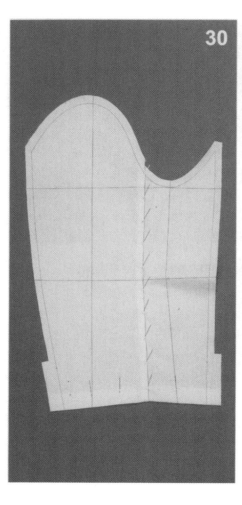

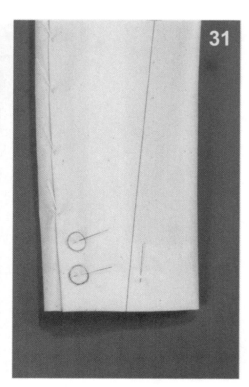

30　如照片所示，袖口开衩处缝份留多一些。将大袖片前袖缝沿净缝线压在小袖片净缝线上，对齐袖肘线，用大头针固定。将袖口贴边按净缝线朝里折烫。

31　后袖底缝和前袖底缝一样，在对位点重合后用大头针固定，一直到袖口开衩止点，钉上纽扣。因袖呈筒状，所以在中间放上长尺，这样别大头针时就不会扎到下面的布，方便操作。

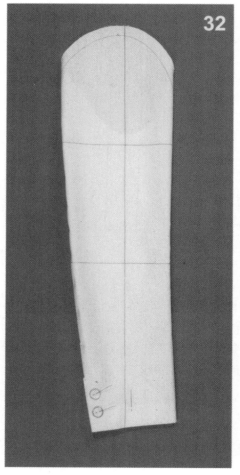

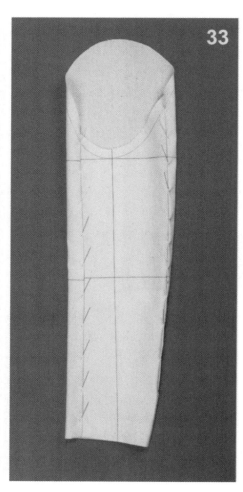

32、33　用大头针别成型的外袖侧与内袖侧。

34 装袖。与衣身上袖窿线对准,在袖底点及袖底前后2~3cm的地方用大头针固定。

35 把手臂套入衣袖中。

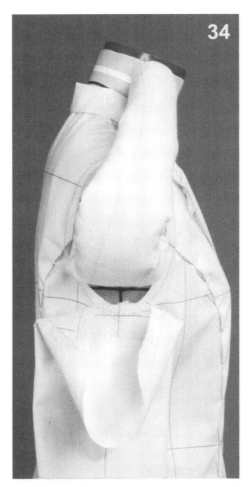

36 在袖子稳定性好的状态下装袖。将袖山缝份折好,肩点与袖山点对齐后用大头针固定(用隐藏针法)。观察袖子前、后腋点附近的稳定性,用隐藏针法固定。

37 考虑到方向性,将略前倾的手臂弯折,在能看到袖窿底的状态下,用隐藏针法固定袖窿下部的前后部分。

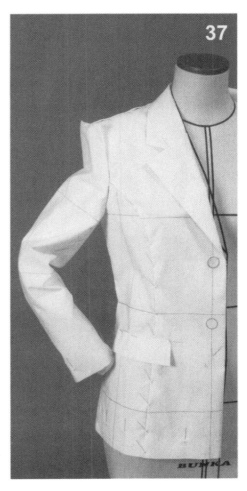

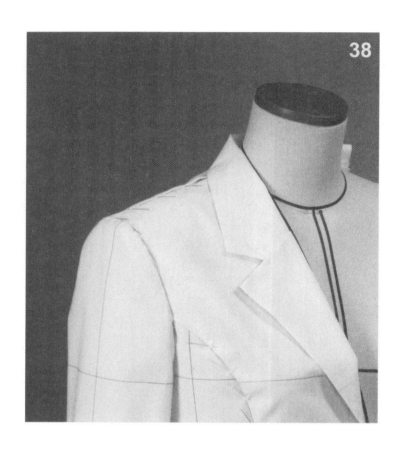

38 放下手臂，用隐藏针法固定袖窿上部的前后，参照手臂上部的形态及廓形来均匀分配缩缝量。装袖线必须按作图时的设定。袖山高及上臂部的袖肥宽度依缩缝量分配的变化来修正。

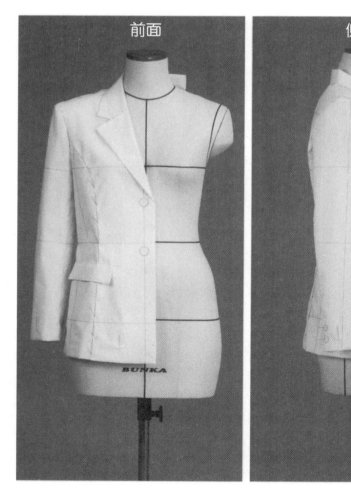
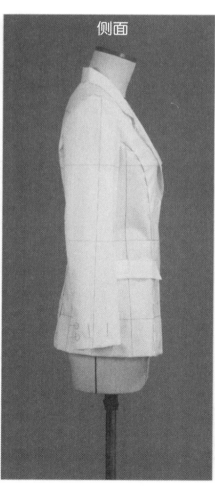
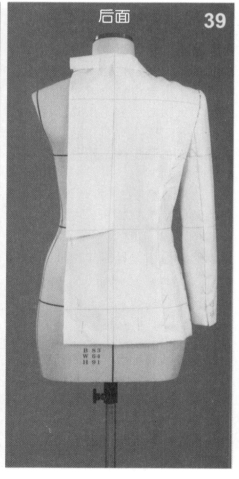

前面　　　　　　侧面　　　　　　后面　39

39 从前面、侧面、后面观察到的用大头针别成型的效果。

完成图

前面

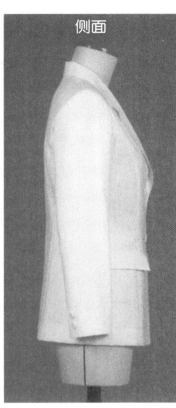

侧面

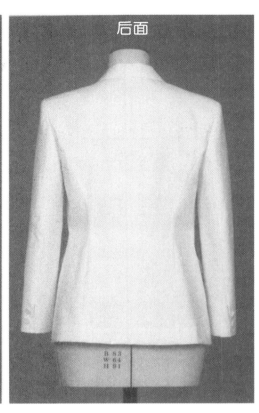

后面

描图

　　女外套因肩宽的变化而表现出各种外形轮廓的变化。这里做的是最基本的一款造型。松量从腰部到臀部，前后放了差不多的量，前部省道的量略少。这是因为人体上半身后倾，由肩胛骨到臀部的曲线感较强的人台特征的表现。

　　前刀背分割线的位置在胸点略向侧边偏，在胸点周围放入归拢量。刀背分割线若经过胸高点和向中心侧偏离过多，说明平衡性都不好。此外，各部件结构线的角度要差不多一致，这样就能方便地组合，构造出漂亮的轮廓线。

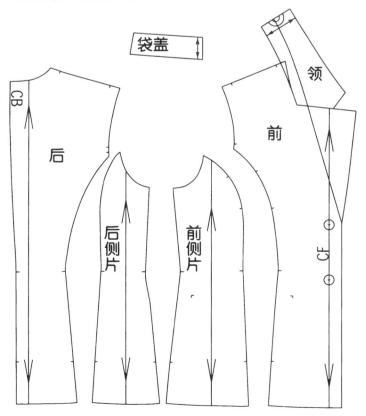

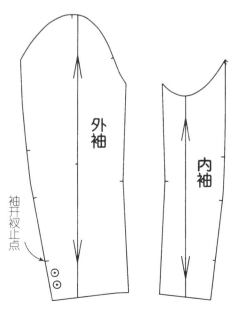

2 男性风西装

这是一款双排扣、戗驳领的男性风外套。袖子为方向性较强的两片袖，具有男性特征的宽肩，加上厚垫肩，显得肩平，此外，这件外套掩盖了女性特征的丰满胸部，收腰不多，但仍略收腰，具有男性感的廓形。

双排扣的叠门量以及驳折止点的位置、串口线的位置、戗驳领的角度、驳头形状的平衡等都是重要的设计要素。

坯布准备

因为是双排扣，所以要注意避免叠门宽的不足。侧缝向后方移了，加大了前衣片的宽度。

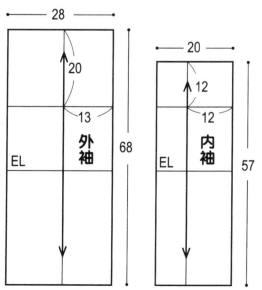

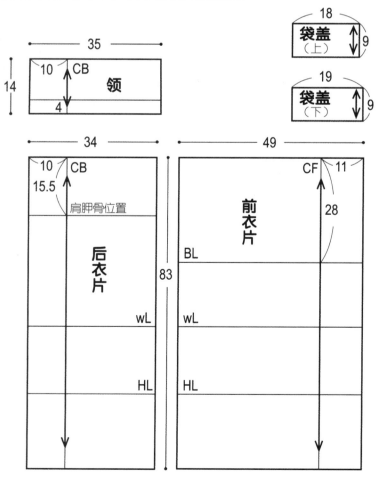

人台准备

使用 1.5cm 厚的垫肩。肩宽略加宽。

在人台前中心线旁作平行线,宽度为布料厚度。叠门量要纽扣的位置及驳止点一起考虑。双排扣的纽扣位置以中心线为对称轴,对称而成。

领的翻折线从后中心开始连顺,并与驳折止点连顺,贴出领造型。

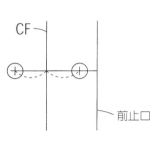

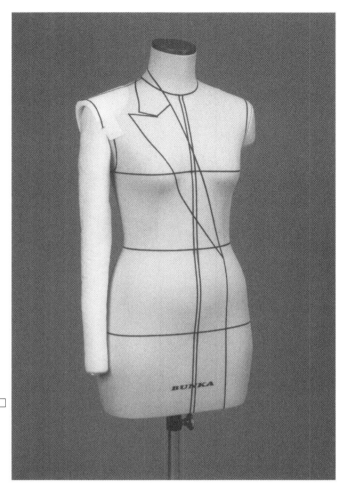

别样

1 将前衣身中心线与移动后的前中心线对齐,保持胸围线水平,用大头针固定,在前领窝中心点处打剪口。保持胸围线水平,放入胸围松量,将布向肩端点方向往上挼,做出面,确认好轮廓后用大头针固定。从肩端点到领窝处将布自然放平,领窝处产生的余量除了留出必要的松量外,其余作为领省处理。

腰省要比胸点略向侧边靠。

2 从布端口到驳折止点处打上剪口,沿人台上的造型翻折,用粘带贴出驳头的造型。

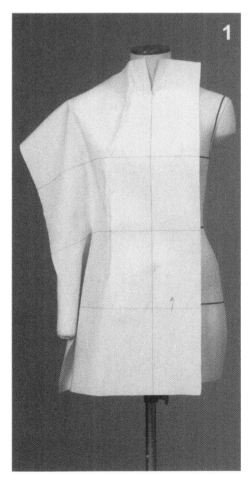

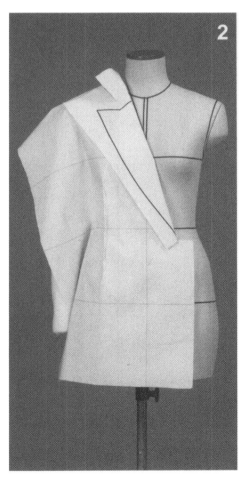

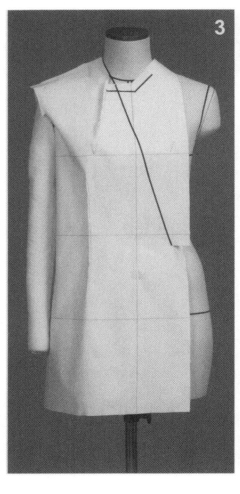

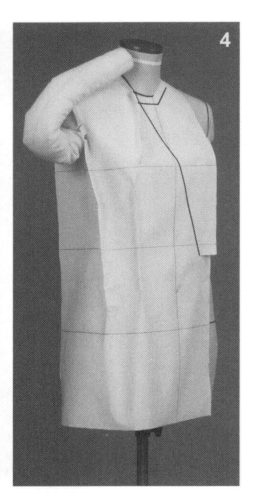

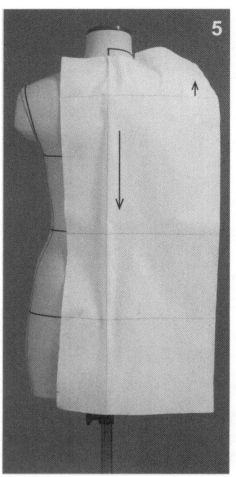

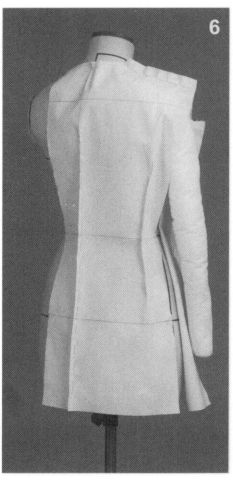

3 将驳头翻回原处，贴上驳折线。串口线向驳折线内侧延伸2cm。裁去领窝处多余的布，确保领窝和肩部稳定。领省沿驳折线向里移动2cm，到可以隐藏驳头的下方并向胸点抓合。再次确认胸围的松量，裁去肩和袖窿处多余的布，将侧边的布转向后面放置好。

4 男性化的廓形以臀围形状为轴，向胸围方向扩展。观察设计图，上提收住松量的侧身臀围线，这样在胸部就出现了臀围的多余松量。这些松量作为袖窿省处理，从袖窿起到胯骨位置捏出，用大头针固定。倾斜袖窿省，设定后侧缝的位置，作为设计线，应有方向性。后衣身放入前，将侧片布让开放置好。

5 将后衣片的中心线与人台的中心线对准。使肩胛骨位置的导引线水平，用大头针固定。在后颈点中心打上剪口。以颈侧点为目标，放正经向布纹，整理领窝线。按箭头所示，将布往腰节方向捋，把多余的部分作为后中心的省。在背宽处加入松量，向肩端点方向由下往上捋。为了做出背部曲线，将肩的部分缩缝量分散到后领窝处。在领窝处加入松量，剩余的部分作为肩部缩缝量。

6 为在后中心处塑造出背部的圆润感，捏出领省及腰围处吸进的省道。从腰部向下平行地捏出后中心。

拼合前、后肩。适当地分配缩缝量，用抓合针法固定后整理缝份。边设定袖窿线边捏出后侧面的省道，作为分割线的位置。因为是两片构成，所以要注意使布料丝缕自然放置。

7 注意不要让背宽和臀部位置的松量移掉，贴出分割线造型，裁去多余的布。

8 在前衣片的侧面胸围线上加入衣身的松量。使胸围线、腰围线和臀围线水平地与后衣片相对应重合。确认臀部的松量、胸部和臀部的整体平衡感、吸腰量等。确认构成的面并做调整。

9 裁去驳头处多余的布，折叠前止口。贴出领窝线并连顺，标出袖窿上部和袖窿底。翻折好下摆，确定出纽扣和口袋的位置及大小，从远处观察整体平衡感。

点影，为用大头针别成型做准备。

10 将衣身用大头针别成型。

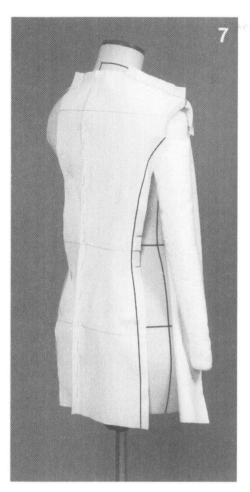
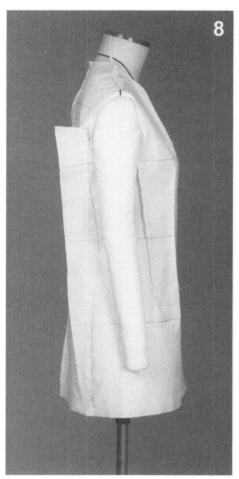

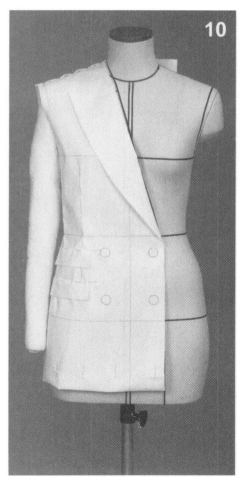

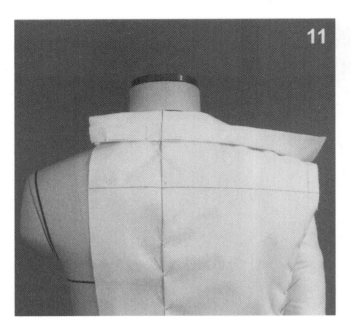

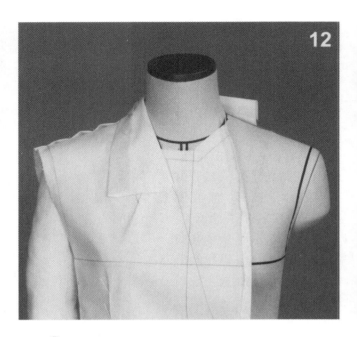

⑪ 将领的后中心与衣身后领点对准，用大头针横别固定，如图所示将衣领沿脖子边在缝份上打剪口，边用大头针固定，一直到颈侧点。在后中心的位置，确定后领座高和翻领宽。

⑫ 将领向前绕，边观察领外围及领与颈部间的空隙状况，边与人台上贴的驳折线对齐后固定。

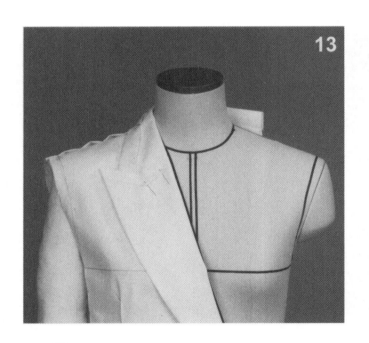

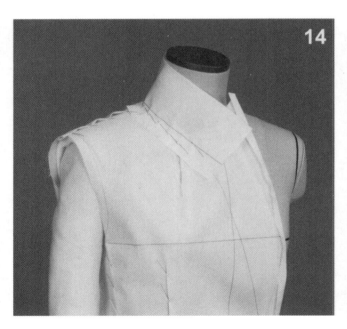

⑬ 将驳头翻到翻领上，用大头针固定串口线。

⑭ 将翻领和驳头翻起，在有褶皱而放不平处打剪口，用大头针固定从颈侧点到前领处，驳折线里侧也用大头针固定。

15 将翻领和驳头沿驳折线翻折成型，确定领缺嘴。因领缺嘴完成时容易偏大，所以设计时应稍小一些。

衣身上装上了衣领的别成型状态。

16 两片袖在平面上作图并组合。袖山高为衣身前后平均肩点到袖窿底距离的 5/6，袖长需观察衣身的整体平衡性确定。袖山点后移 1.5cm 后能显出方向性。

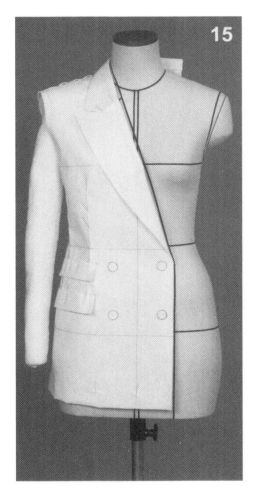

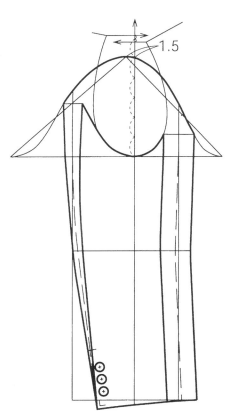

17、18 用大头针别成型的外袖侧和内袖侧效果。

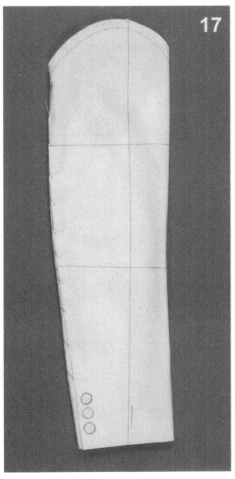

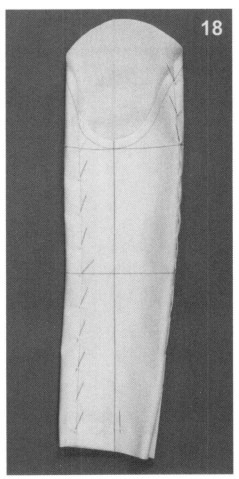

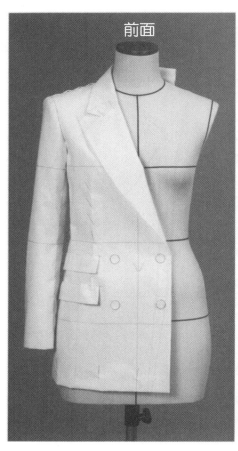
前面

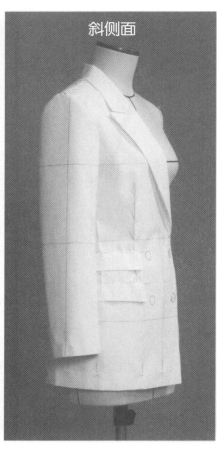
斜侧面

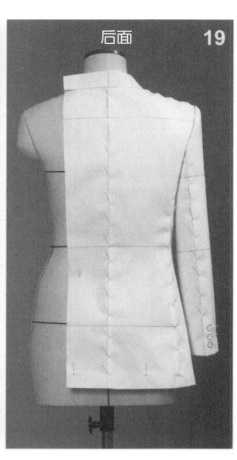
后面 **19**

19 用大头针别成型的效果。装袖方法参照第 189 页和第 190 页的平驳领西装。

完成图

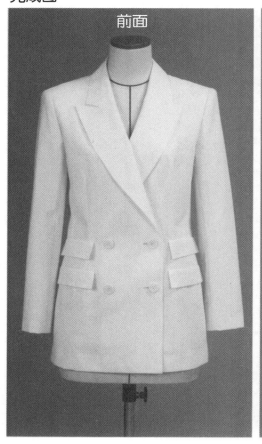
前面

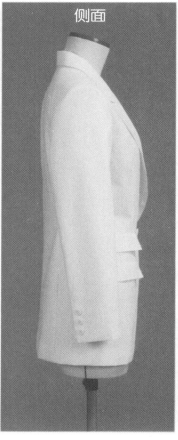
侧面

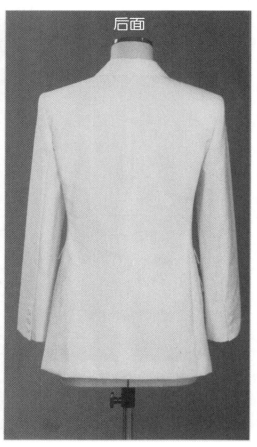
后面

198

描图

肩宽宽，胸省量小，背部圆滑的省道，以及以臀部为基准构成的廓形、前袖窿较弯和袖的方向性强等，每一处都能体现出浓烈的男性风。

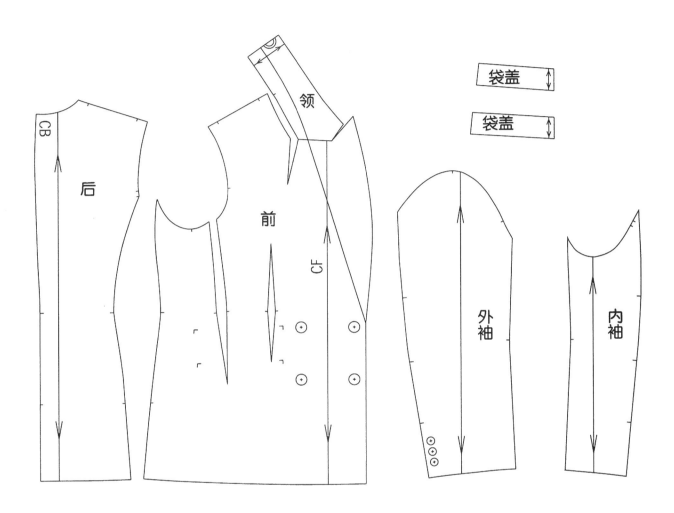

3 公主线分割上衣

这是一款公主线分割，青果领，在袖口收省的女外套。

从肩部到下摆纵向分割的公主线能很好地表现出女性优美的身体曲线。从突出胸部、收紧腰身，到臀围轮廓线以及与青果领的组合，充满了女性感及知性美。随着穿着方法的改变，能塑造出有趣的造型。

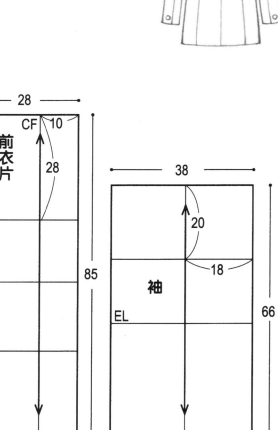

坯布准备

考虑到内衣等的穿着，估算时要加上松量。因是四开身衣身，前后衣身在小肩宽等分处开始分割，估算时面料的量要预留充足。侧面衣片要考虑松量，估算为前、后宽 23cm。

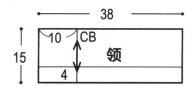

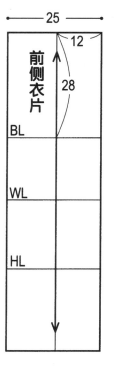

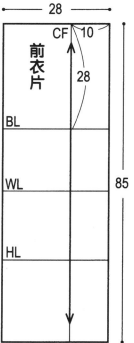

别样

1 在人台上放1cm厚的垫肩。在腰围线上方1cm处设置新的腰围线。

将前衣片的中心线与人台上加入衣料厚度的中心线对齐,使胸围线水平,并用大头针固定。在领窝处加入供脖子活动的松量,裁去领窝处多余的布。

2 确定驳折止点,打上剪口,将前门襟止口翻折成型。边设定后领座的高度,边与驳折线连顺,以此来确定驳折线。

有意识地设想肩宽,在肩线上找出分割位置,经过胸点附近、腰部、臀部处设置纵向分割的公主线,检查其流畅感,用粘带贴出公主线。整理缝份并标出腰围位置。

3 将侧衣身衣片与人台侧部中央导引线对准,垂直于地面,使胸围线、腰围线、臀围线水平,对准人台上的基准线,并用大头针固定。检查腰部的吸腰情况,在胸围线处加入松量。臀围线要考虑下摆,观察从腰部到下摆的平衡并加入松量。在胸宽侧做出面,侧衣片覆合于前衣身上,以前衣身上的公主缝为基准,用重叠针法固定。

4 裁去公主线处多余的布,标出腰围位置。贴出肩线,整理肩、袖窿上部的缝份,侧身衣片向前翻折并放好。

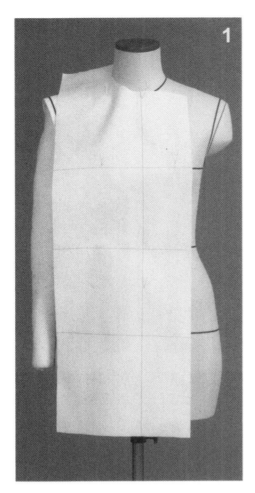

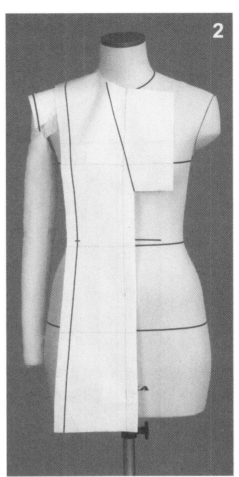

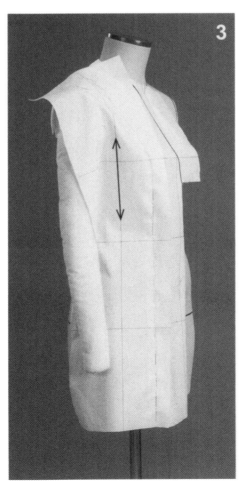

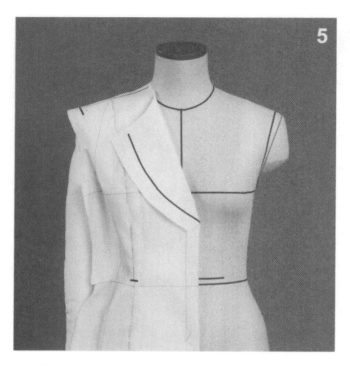

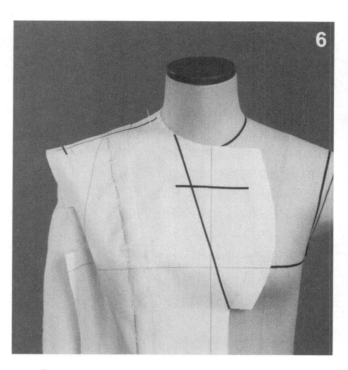

5　沿驳折线将驳头翻折好并观察与公主线的平衡，确定驳头形状，标出肩点。

6　确定领串口线的位置，延长串口线到驳折线并收进去 2cm。完成青果领后，须看不到领串口线，其位置在哪里都行，但要考虑与翻领缝合的情况及方便缝制。

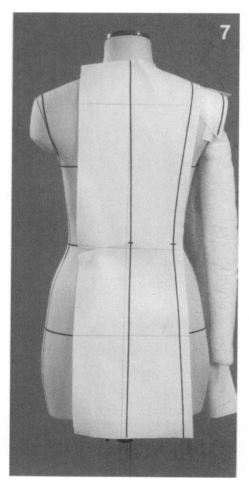

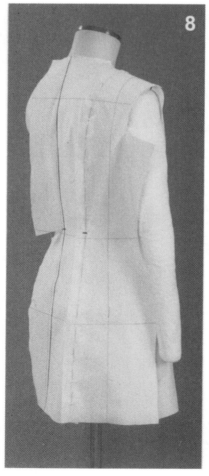

7　将后衣身的中心线与人台的中心线对准，与肩胛骨位置的基准线水平对准。在领窝处放入便于脖子运动的松量，整理领窝。向腰部方向将布向下捋，多余的量作为后中心的省道处理。在腰部作标记，在省道的位置打剪口。在腰部以下平行地画出后中心线。公主线从前肩分割线的位置开始，经肩胛骨附近到腰围、臀部，检查线条的纵向流畅感，贴出公主线。整理缝份后在腰部位置作记号。

8　和前面一样整理后侧衣片。分割线在腰部的位置吸腰，确保背宽和臀围处的松量，在后衣片上覆盖侧衣片，用重叠针法固定，整理缝份后标记出腰部位置。用重叠针法固定肩。整理肩、袖窿线上部的缝份。

9 拼合侧缝。上抬手臂，检查腰围处的吸腰量，在侧缝追加胸围的松量。在臀围线处放入松量，观察衣身的整体平衡，用抓合针法固定侧缝。

贴出领窝线，裁去多余的布。

10 标记出袖窿上部和袖窿底部。翻折下摆，做出下摆前端的弧形。

确定纽扣的位置和大小，口袋的位置视整体平衡而定。

点影，为用大头针别成型做准备。

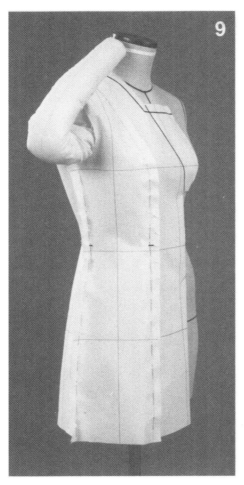

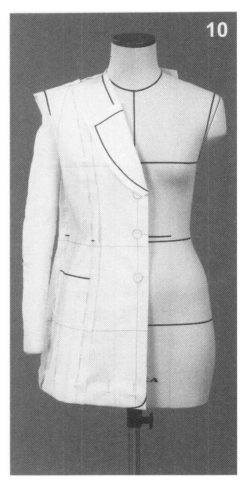

11、12 将衣身用大头针别成型。在用粘带标出的口袋位置处，用大头针如照片所示分段别出分割线，并在袋上口加入松量后组合好。

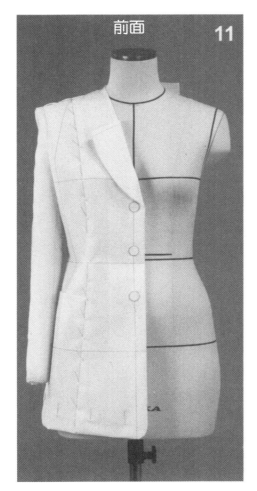

前面

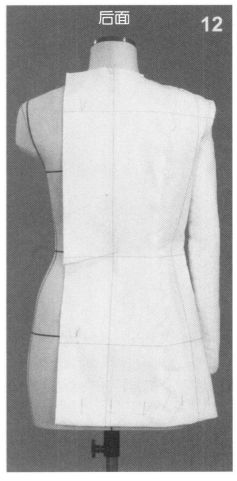

后面

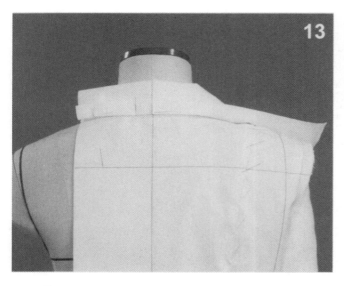

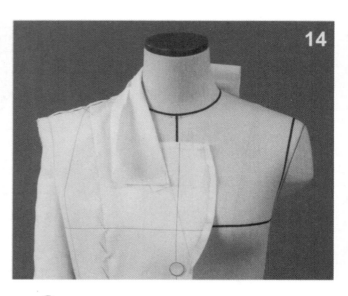

⑬ 将领的后中心线与衣片的后中心线对准，用大头针水平地按装领方法别装领导引线。边在到颈侧点为止的缝份上打剪口，边观察与脖子的吻合状况，边用大头针固定，在后中心确定领座和领宽。

⑭ 将领布转向前面。连顺翻折线与前面的驳折线，检查与脖子间的空隙和领外围尺寸是否合适。

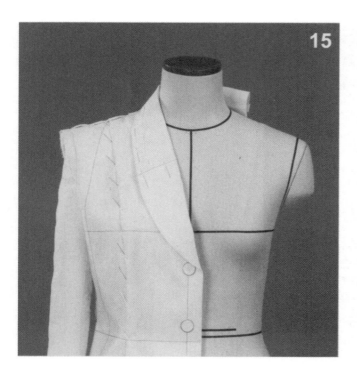

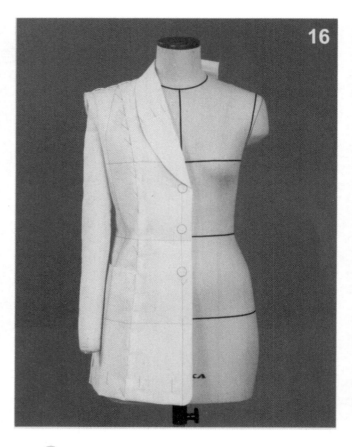

⑮ 沿驳折线将驳头翻过来，用大头针固定串口线。将驳头翻起，从颈侧点到串口线用大头针固定装领。再次翻好驳头，用大头针整理领外围，确定领的形状。⑭、⑮反复进行，以调整和确定领的最终形态。

⑯ 装上衣领后的大头针别成型的状态。

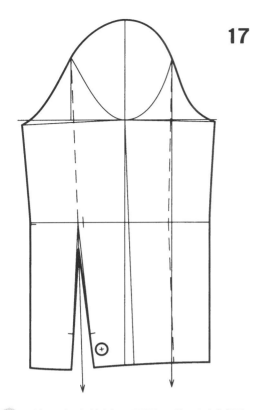

17

17 袖口有省的袖，用平面作图法制图并组装成型。袖山高为衣身前后平均肩点高到袖窿底距离的5/6，袖长参照衣身的整体平衡确定。

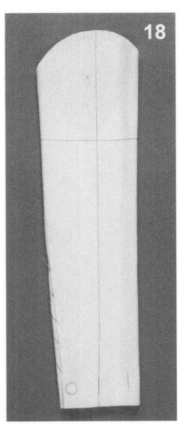

18

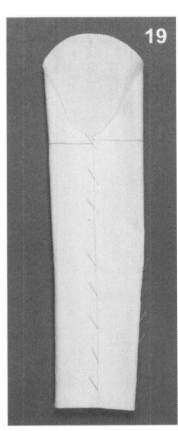

19

18、19 用大头针别成型的外袖侧与内袖侧效果。

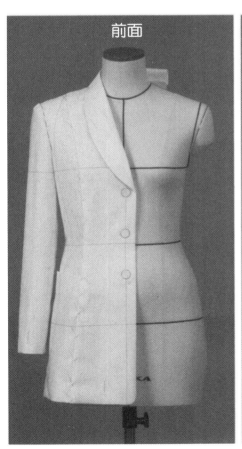

前面

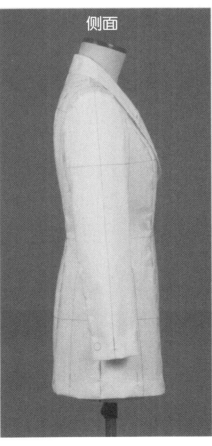

侧面

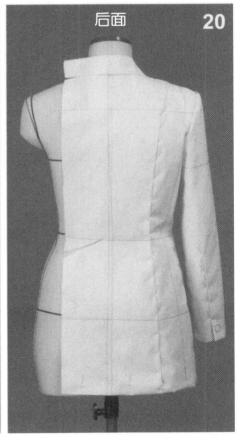

后面 **20**

20 用大头针别成型的成品。装袖方法参照第189页、第190页的平驳领西装。

完成图

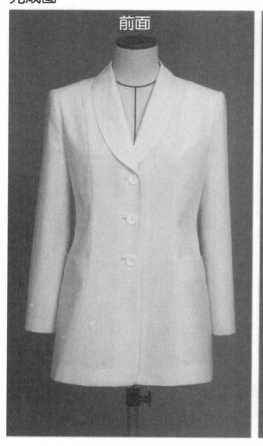

前面

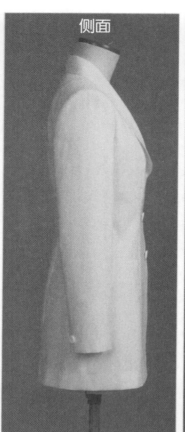

侧面

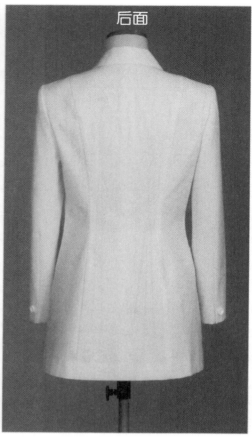

后面

描图

　　要领会分割线位置所突出的人体曲线感，以及流畅的线条和造型。

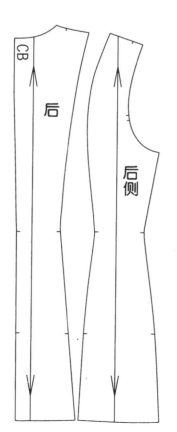

CB
后
后侧

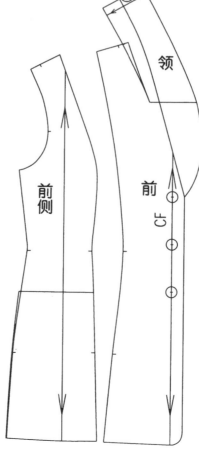

前侧
前
领
CF

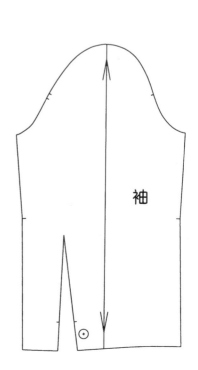

袖

立裁做袖的方法

1 将袖布基准线的交叉位置与手臂中心线和衣身胸围线的交叉位置相重合，做到垂直、水平，用大头针固定。分别在袖山中央和肘线处用大头针固定。

2 观察衣身的平衡，检查袖肥和袖长。在水平基准线位置（臂根位置）和肘线位置的前、后侧面，以前侧1.5cm、后侧2cm为准捏出松量。从肘部到袖口沿手臂的形状进行操作。跟前面步骤一样，在前、后袖口侧面也捏出松量，在后袖的侧面从袖口起做省道，做出手臂的方向性，省做到肘线位置。

前、后腋点（稳定的位置）处用大头针固定，将袖山的缩缝量用褶裥方式分配，检查袖山的形状。

3 裁去袖山处多余的布，再次分配缩缝量并调整袖山的形状。从前、后腋点起到袖山顶点处点影，标记出装袖线。前袖底和后袖底用重叠针法固定。整理缝份，标出肘线。

贴出省道和袖口线，标出纽扣位置。

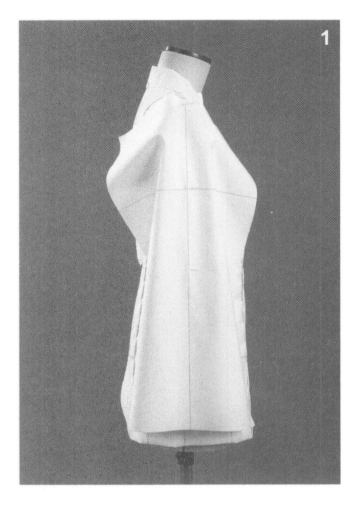

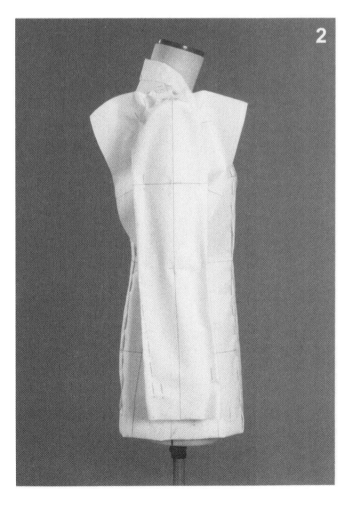

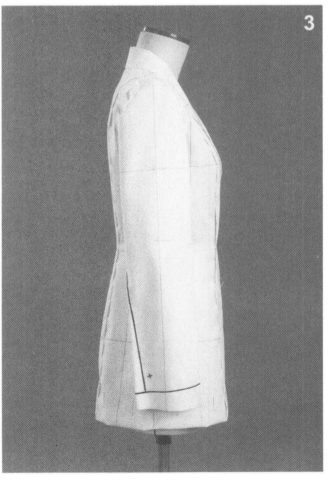

4　手臂稍向前并弯曲约35°，标记出袖底，作衣身与衣袖前后肢点的对位记号。

5　将袖子从手臂上取下，点影。

6　取下大头针，将袖子展平。前后衣身袖窿底位置处各离开2.5cm左右拷贝袖窿线。剩下部分用六字尺连顺，画顺袖山上部，检查袖山形状。整理袖底缝、省道、袖口线、对位记号及缝份。

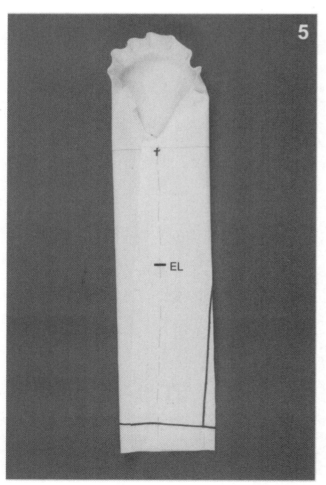

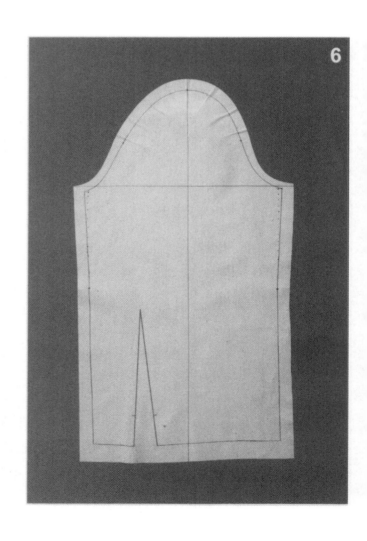

4 箱形上衣

不太强调身体曲线而以两面构成的箱形女外套。
胸部省量加在腰省处，正好作为设计线，采用衬衫
领和一片袖。

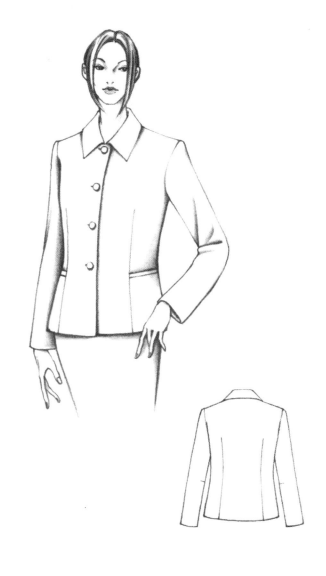

坯布准备

衣身用料量以做上衣穿着的
衣身宽松量进行估算。前衣片因
将胸部浮余量转到腰省处理，要
充分估算转移的量。

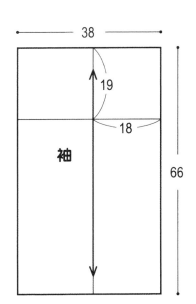

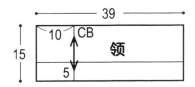

领

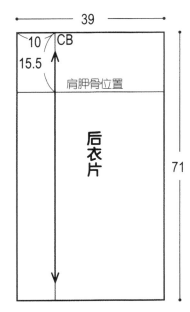

后衣片

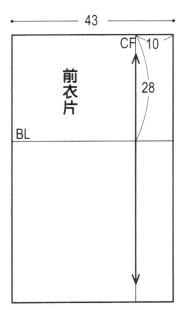

前衣片

BL

袖

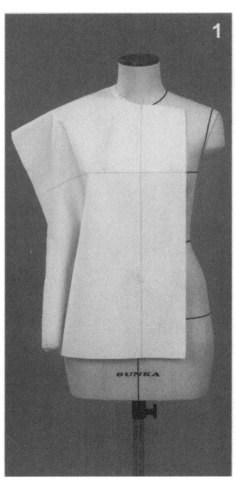

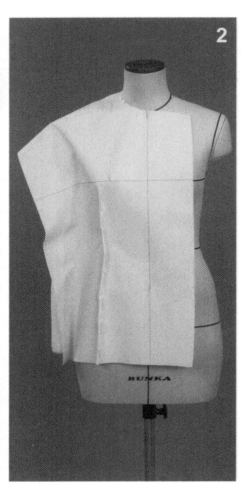

别样

① 用0.7cm厚的薄型垫肩。

将前衣片的中心线与人台的外移止口厚度的中心线对准，将胸围线水平放置，考虑脖子的运动量，在领窝处加入松量，裁去多余的布。

② 放平肩部，在胸围处放入松量，让布自然下垂。将胸围向下转，使之略低于人台的胸围线，向下摆转移胸部的浮余量。该余量在臀围处作为松量及省道，确定省量、方向和腰围的位置。

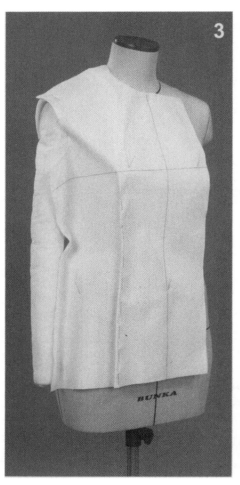

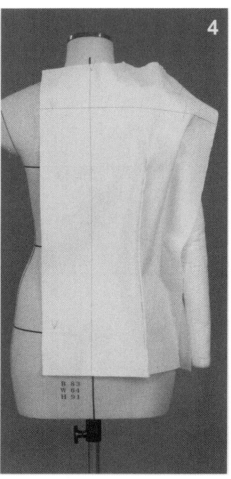

③ 裁去肩与袖窿上部多余的布。整理胸宽与胸围的松量并做成面。在做后衣片前，将前侧片轻轻往前翻折。

④ 将后衣片的中心线与人台中心线对准，水平放置肩胛骨位置的基准线。考虑到脖子的运动量，在领窝处加入松量，裁去多余的布。在背宽处加入松量后将布轻轻往上挣，多余的量做肩部缝缩处理。确认后中心无背缝，确定臀部的松量后，多余的量转为腰省，确定腰省的位置、量和方向。

5 裁去肩部多余的布，观察整体平衡性，分配缩缝量，用抓合针法拼合肩部，裁去袖窿上多余的布。检查从后背宽侧面到臀部是否构成了一个面。

在人台胸围线处的侧缝追加胸围的松量，并用大头针固定，裁去多余的布。

6 用粘带贴出前门襟止口、领窝、袖窿上部和底部。向上折叠下摆贴边，检查纽扣和口袋的位置并确定。

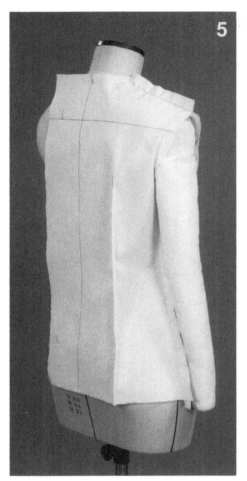

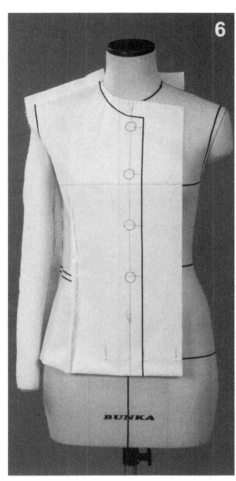

7 用大头针把领子别成型。领子安装方法请参照第 79 页至第 81 页内容。

8 根据平面作图法制作袖子。袖山高为衣身前后平均肩端点高到袖窿底距离的 5/6。袖长配合衣身的整体平衡来确定。因袖肘省量较大且袖侧面凸出，需稍加注意做出袖子的方向性。

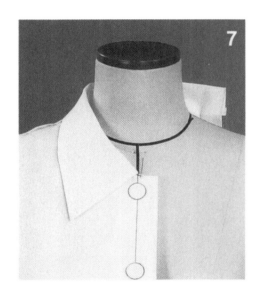

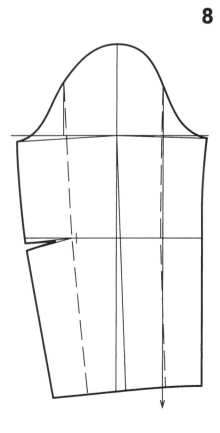

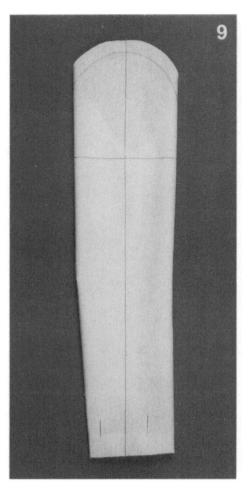

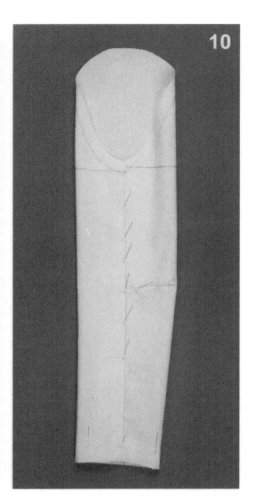

9、10 用大头针别成型的外袖侧与内袖侧效果。

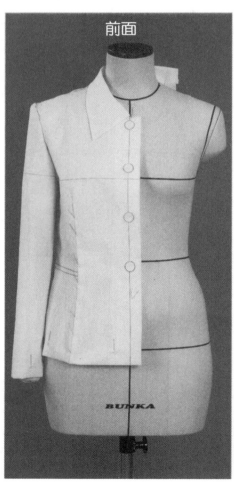

前面

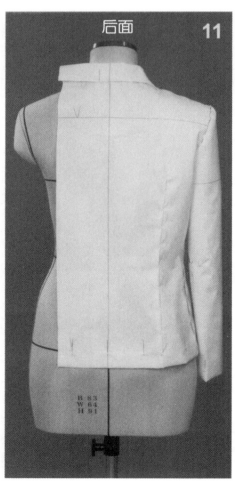

后面

11 用大头针别成型的衣身效果。装袖的方法参照第 189 页和第 190 页中的平驳领西装。

完成图

前面

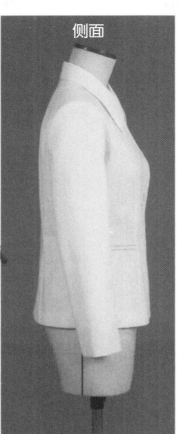

侧面

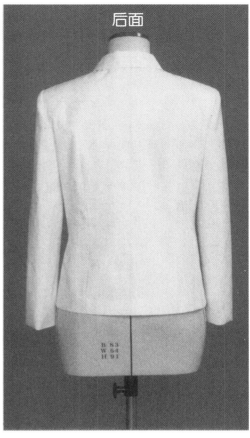

后面

描图

　　为了处理胸部浮余量，前侧部分的布倾斜了。腰省和侧缝处的吸腰量较小，构成了箱形外轮廓。

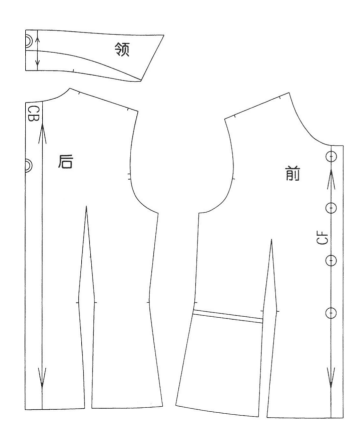

领

后

CB

前

CF

袖

五、大衣

1 双排扣骑装式大衣

骑装原为男子骑马时所穿的外套，外形自然，腰部稍收进，后中心处开衩，是修身的直线形外套的总称。

该款外套为6粒纽扣组成的双排扣。从背肩部观察，略显高腰并有基本省道，并自然形成下摆较大的外形轮廓。驳折止点在下胸围处，戗驳领、手巾袋、带袖开衩的两片袖等，是一种很有男性风的款式。

后中心处有开衩，虽然是修身设计，但作为外套也需要必要的松量，这是立裁时的要点。

214

坯布准备

领

37
18
10 CB
领
4

15
胸袋 8

20
□袋 10

后衣片

50
10 CB
15.5
后衣片
130

前衣片

52
CF 11
28
BL
前衣片

袖片

22
12
小袖片
59

30
20
大袖片
67

人台准备

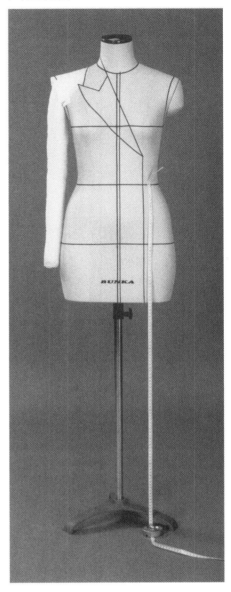

　　在人台上装上垫肩。为了使肩线成型，做出与廓形相吻合的肩斜度，要装上一定厚度的垫肩（这里用1cm厚的），考虑肩宽的平衡，用大头针固定。

　　在人台的前中心线向外0.7cm处贴出一条平行线，作为外套前中心线的松量。由这条线开始确定前门襟叠门量。

　　从颈侧点起观察领座的高低，到驳折止点贴出驳折线。作为立裁时的参考线，可贴出领子的造型线，熟练者也可不贴。

　　此外，确定衣长时，用软尺或与之配套的裙子长度来确定。

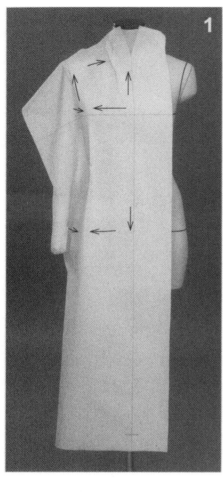

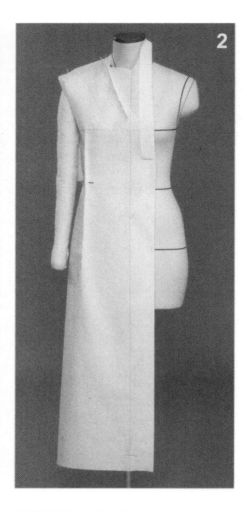

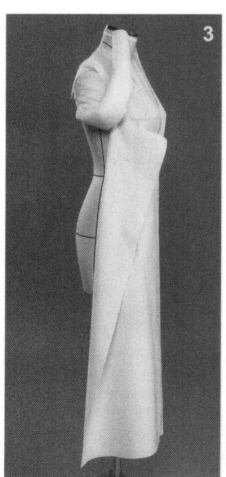

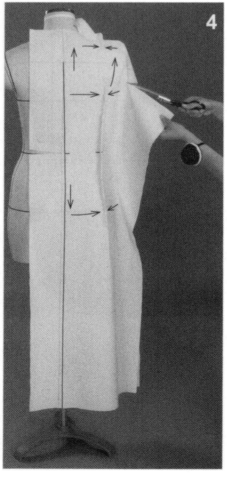

别样

1 将前衣片的布的基准线与人台的胸围线和中心线相重合，固定左、右的胸点，确认胸围线处于水平且中心线垂直于地面。将胸部的浮余量转为颈部省道量并轻轻捏出。固定颈侧点和肩端点。

从袖窿起到侧边、下摆，为了产生立体感而放入松量，并照此大致裁出外轮廓。确认驳头和串口线的位置后，在领中心处打剪口。

确定前中心处的下摆位置后用大头针固定。

2 从颈侧点起，一边看驳头的驳折线，一边注意领省隐藏在驳头中的位置和长度，捏出领省，整理领窝的缝份。在驳折止点处打剪口，翻折好前门襟止口。粗裁出肩、袖窿的缝份，边观察造型，边在稍高腰处捏出省道。注意省道处于侧面轮廓线内侧，省道长度及量要适当。

3 确定松量。造型确定后，在侧缝处轻轻将布往前放，用大头针固定。

4 将后衣片的布的基准线与人台中心线和肩胛骨的位置相重合。确认是否水平、垂直于地面。在箭头位置用手指轻轻与人台覆合，在布纹正的状态下做合身处理。腰部后片略下移，作标记并打上剪口。领窝线处放些松量，裁去领窝的缝份，固定颈侧点。在保持基准线水平的情况下，像要包住背部一样做出肩部的缩缝量，固定肩端点，确认背和侧部的松量后裁去袖窿多余的缝份。从侧面观察省道，以求立体效果。

5 缝合前、后肩，裁去多余缝份。

观察与前片的平衡后缝合侧缝。在没裁去布的情况下确认前、后下摆宽度是否有异。

6 整理侧缝缝份，检查腰围线位置。

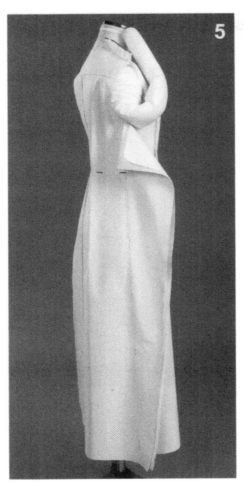
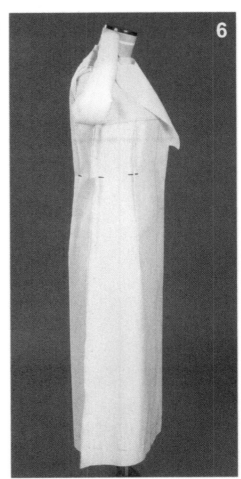

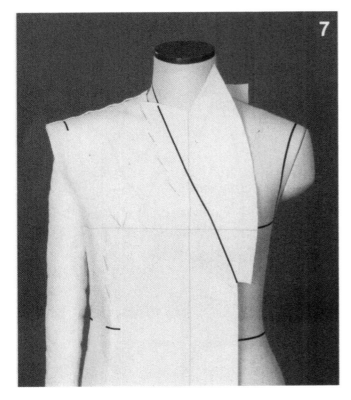
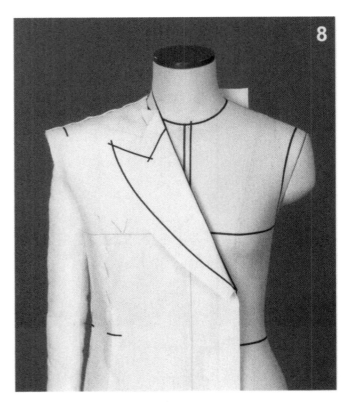

7 肩、侧缝、领省用折叠针法固定整理。标记出驳折线和肩端点。

8 翻折好驳头，贴出驳头的造型和串口线。

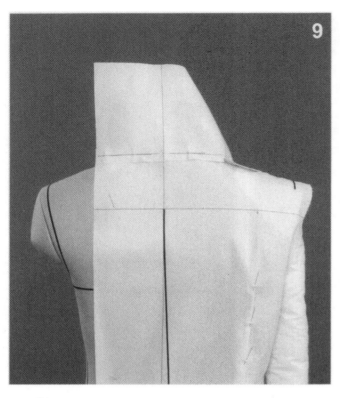

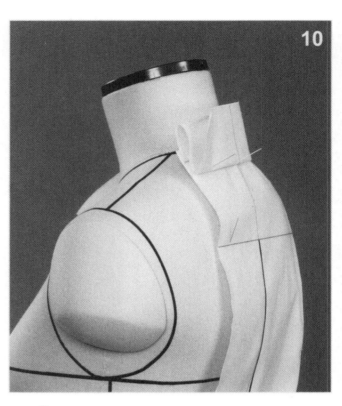

⑨ 使领子的后中心稳定，保持中心垂直吻合，用大头针沿水平方向固定。

⑩ 估算后中心的领座高、翻领宽。

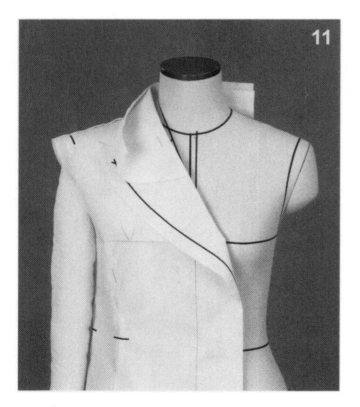

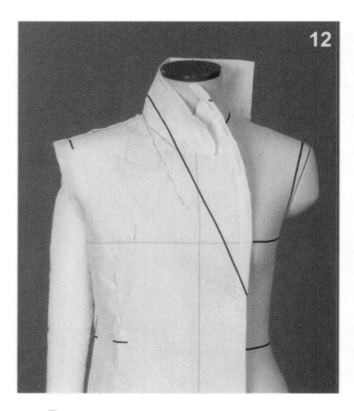

⑪ 边将平装领线，边检查翻领宽与领外弧线的状况，并与驳头相组合，检查驳折线与翻折线是否连顺。同时，确认颈部与领座间的松量。

⑫ 在缝份上边打剪口边装领。确认驳折线和领省位置，翻折好领外弧线，用大头针固定。

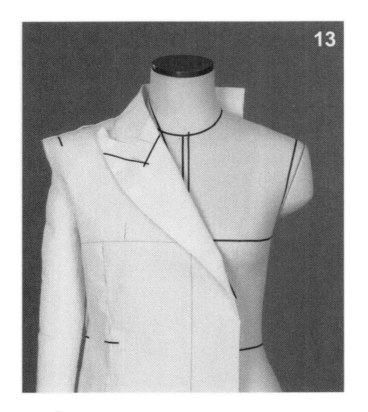

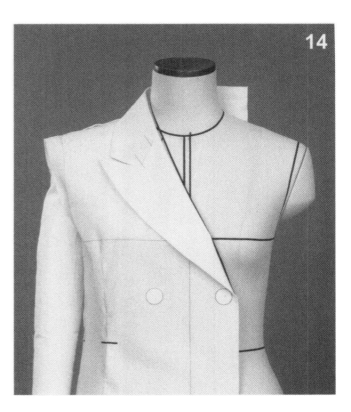

13 确认领与驳头的造型。

14 完成领子。在驳折止点处装上第一粒纽扣。标记出袖窿的位置。作为外衣，确保袖窿底部要低于胸围线。

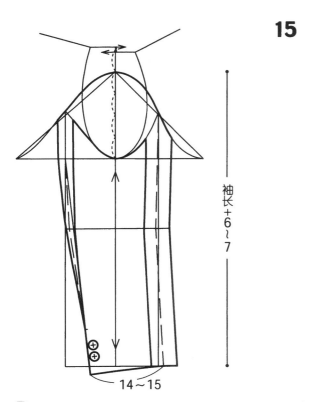

15 在衣身的袖窿弧线上作袖子平面图。因袖窿深较深，袖山高取衣身前后肩点平均高度的4/5。

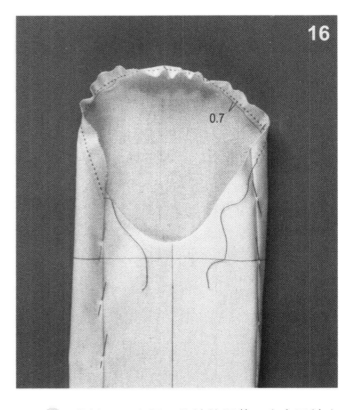

16 做袖子。为便于装袖的调整，在离开袖山弧线净样线约0.7cm处纳缝，在袖子正面留出线头。

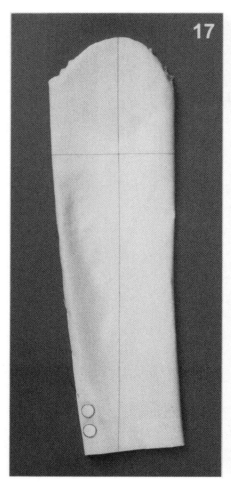

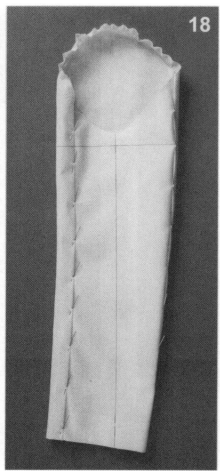

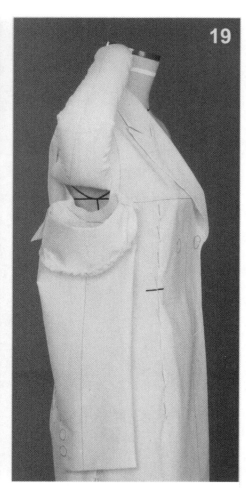

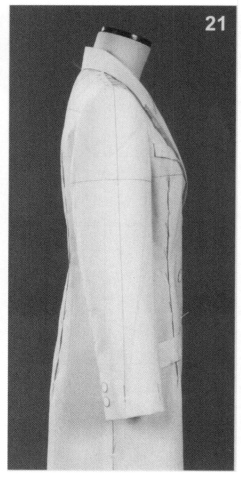

17、18 用大头针别成型的外袖侧和内袖侧效果。

19 对准对位记号点，在袖窿底用大头针固定。

20 以制图得到的袖子为基础，根据所用的面料，观察缩缝量并整理袖山造型。将肘部弯曲以检查袖底缝处的量是否能保证一定的运动量。如果袖宽、袖山高和缩缝量发生了变化的话，就加以修正。

21 装袖完成。

再次检查袖子大小、前后松量的平衡、方向性、袖山等的情况。

22 将下摆贴边往上折。标出开衩的位置。

观察整体平衡，确定第二粒、第三粒扣子的位置。

考虑与大衣尺寸相匹配、手方便插入的位置，确定胸袋及腰袋的位置。

23 从斜后方观察，并用大头针别成型。

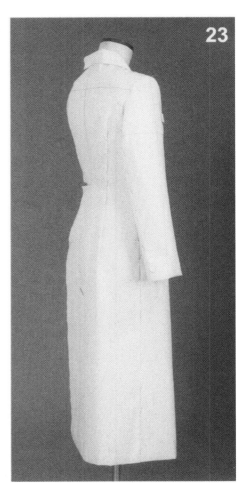

完成图

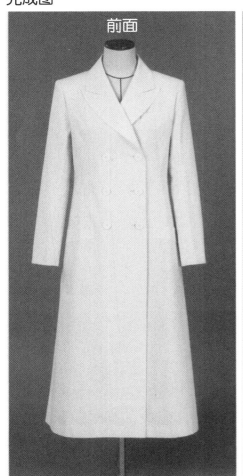

前面

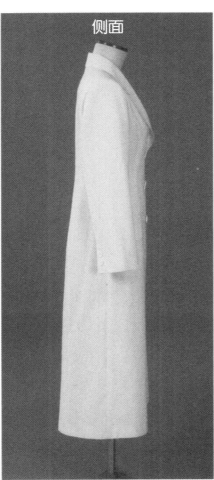

侧面

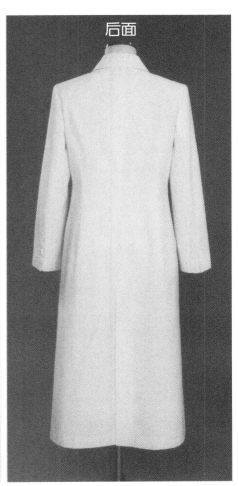

后面

描图

　　比前衣片合体的后衣片，其省量较前片大，侧边下摆量也较大。以前、后省的位置为轴心，构造出立体的面，领会做大衣时上手臂处的袖肥与袖口宽的关系，可以明白袖子也有方向性。

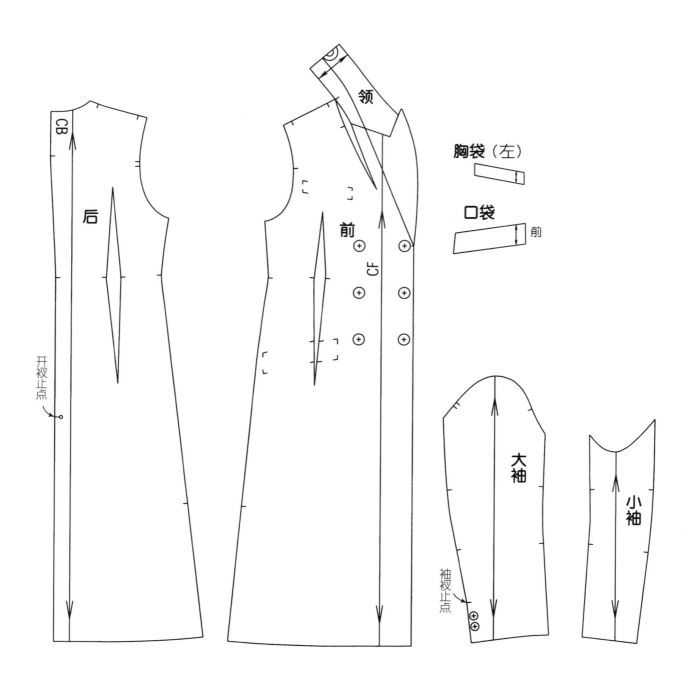

2　直身廓形大衣

　　直线形大衣，在腰部几乎不收，下摆也不怎么宽大，呈直线形的一款修身大衣。这款大衣有便于轻松穿着的宽松轮廓。袖窿省和后袖窿分割线构成的衣身，从前、后观察都能看出呈直线形，侧部立体往里收紧，下摆加入了运动量而增宽。

　　领座低而领面宽的驳折领，带袋盖的贴袋，中心为整洁的暗门襟。后中心开衩。袖子袖口有省，有袖衩。

　　像构成箱形廓形一样，立裁时注意要在人台上留出足够松量。

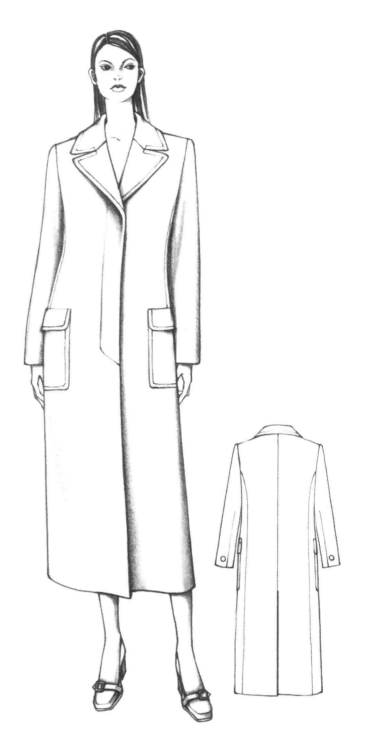

坯布准备

人台准备

38
10 CB
领
20
8

25
袋盖 12

25
口袋 25

37
10 CB
15.5
后衣片

63
CF 10
28
BL
前衣片

130

46
20
22
袖
68

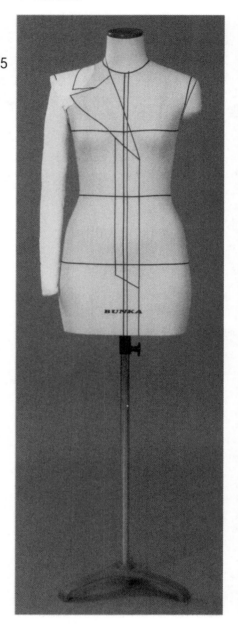

在人台上装上垫肩。准备好从低的坡度小的衣领延续到肩线处厚度的垫肩（这里用1cm厚的垫肩），确认肩宽后用大头针固定。

作为前中心线的松量，在人台前中心线处作1cm宽的平行线，贴出前门襟的叠门量。

从颈侧点处确定领座的高度，到驳折止点为止画出驳折线。领形的设计尽可能地在立裁时确定。

画暗门襟，比叠门宽一倍，对称贴出。

别样

1 将前衣片的基准线分别与人台中心线、胸围线对齐，固定左、右胸点。确认水平、垂直于地面。为了不突出胸部，将胸部浮余量少量转到颈部，固定颈侧点、肩端点。剪口不要打太深，确认驳头翻折位置，粗裁出领窝。

在驳折止点打上剪口，将前门襟止口翻折成型。

在前袖窿（从肩点起向下10cm的位置）处打剪口，整理前衣身廓形，侧缝往后绕，固定。

确定前中心的下摆长度后别上大头针。

2 边保持前衣身的直线廓形，边在外轮廓线处捏出袖窿省。在侧缝处捏出1cm左右的松量，边做出侧面，边将布往后绕，整理袖窿缝份。

3 将侧面抓合出的松量用大头针别出，确认前面和侧面的造型。侧面衣片折向前侧放置。

4 将后衣片的基准线分别与人台的中心线、肩胛骨线对齐，确认水平、垂直于地面。边观察后背宽松量，边沿箭头方向用手指轻抚布片并将平。在后中心的腰部位置略收腰，打上剪口，轻轻地使其贴合人台，贴出造型线。

前后肩拼合，整理缝份。

边有意识地观察刀背线，边贴出分割线。

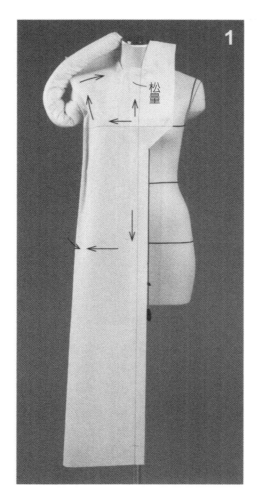

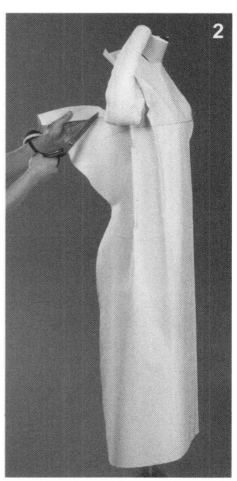

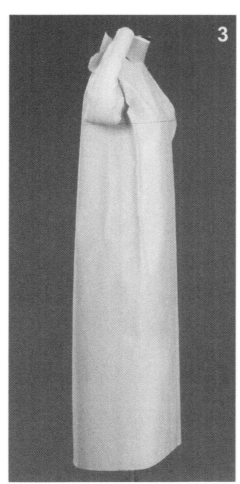

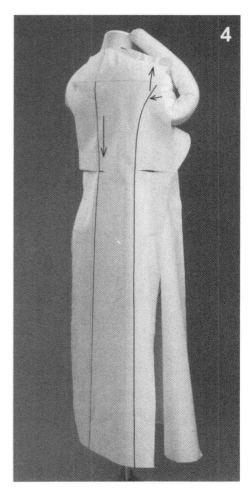

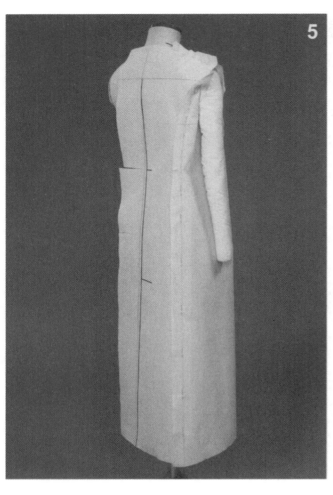

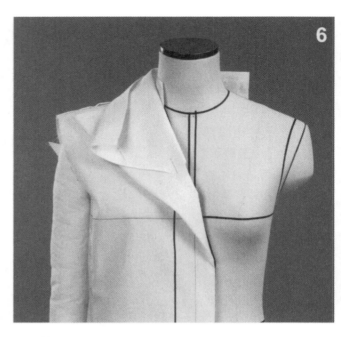

5 裁去后分割线处多余的布，将侧片覆盖其上，用重叠针法固定，整理缝份。观察平衡情况，确定开衩位置。

6 用重叠针法修正别合肩缝。贴出暗门襟线。在后中心处将衣领布对准衣身后中心，检查领座高和领面宽的大小，边将领子向前绕，与驳头连接，注意驳折线是否连接流畅。

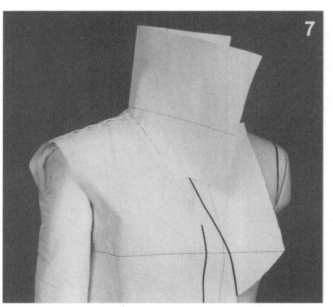

7 用大头针装领。从颈侧点起的装领线，近乎平行于驳折线。领要做到无皱、能竖立，且翻折后衣领也美观。

8 确认领与颈的空隙、领座高度、串口线及领缺嘴等，还有领形与驳头的形状，贴出领造型线。如果在人台准备时，没有贴出衣领设计线，可以在这时确定造型。确认肩宽后标记出肩端点。

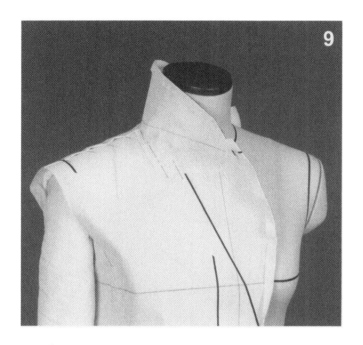

9 整理缝份后用大头针固定。

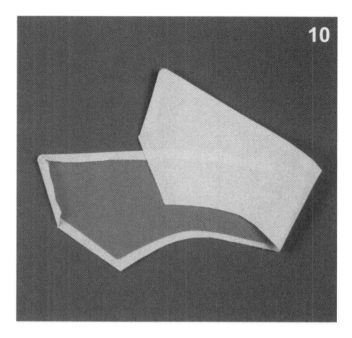

10 因在大衣款式中圆角处理较多，可以先用厚纸做出定型样板。如照片所示用小锥子密密地在边沿处边打点边用熨斗尖整理，固定外形。这样就能做得很漂亮。

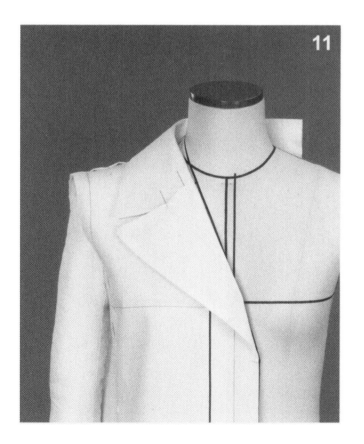

11 用大头针将领子别成型。贴出袖窿线。估算大衣的袖窿尺寸，定出袖窿底的位置。

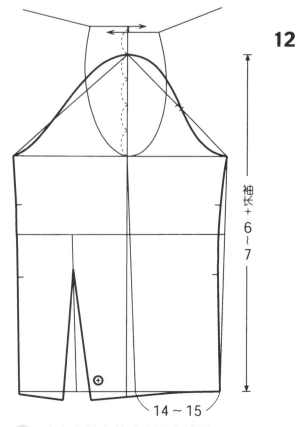

12 在衣身袖窿基础上画出袖子。

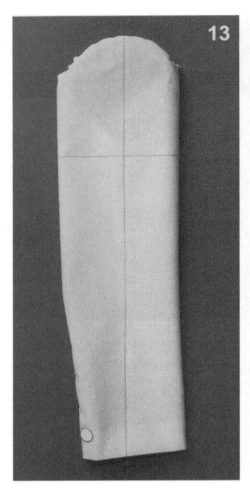

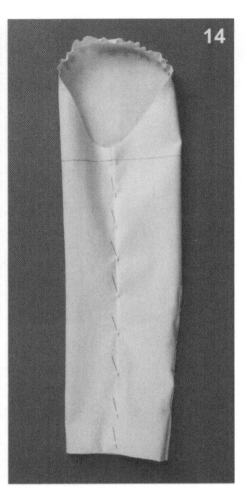

13、14　用大头针别成型的外袖侧及内袖侧效果。

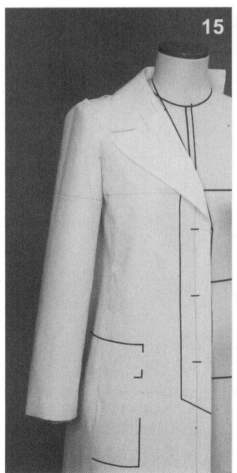

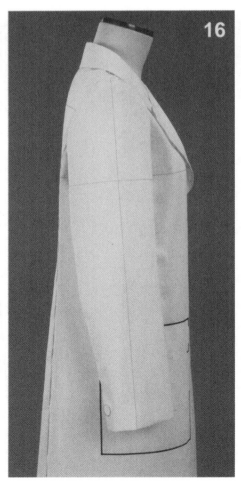

15　装袖（参照第200页），边观察平衡，边标出贴袋和袋盖的位置。

暗门襟内侧要钉暗纽扣，在方便处定下纽扣数量及位置，并在衣片上标出。

16　装袖完成，袖山的缩缝量根据所用面料的不同而改变。

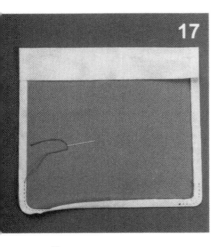

17 关于口袋角的处理可以用和领子一样的方法，在大圆角的部位，先抽缩缝，然后放上厚纸对准，用熨斗尖整理成型。

18 将下摆贴边翻折成型，整理大衣的长度，再次检查暗门襟及口袋的平衡。

19 从斜后方看到的用大头针别成型的效果。

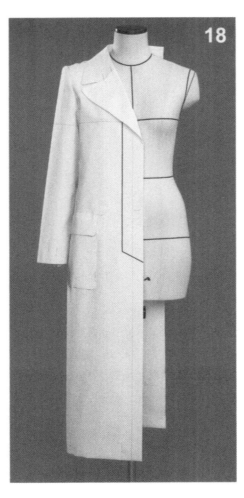

完成图

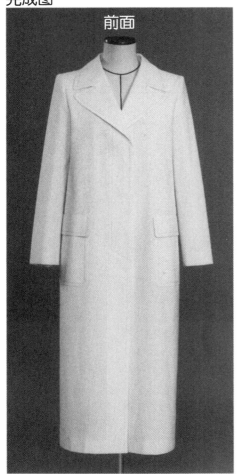

前面

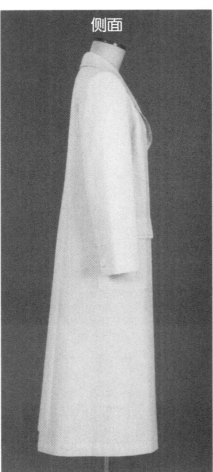

侧面

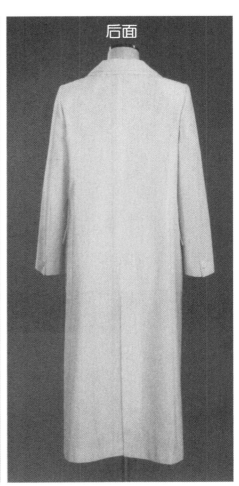

后面

描图

前、后轮廓呈直身形，侧面构成梯形，可以看出往里的趋势。领子的弧度较大，可见领子领座较低、较平坦。

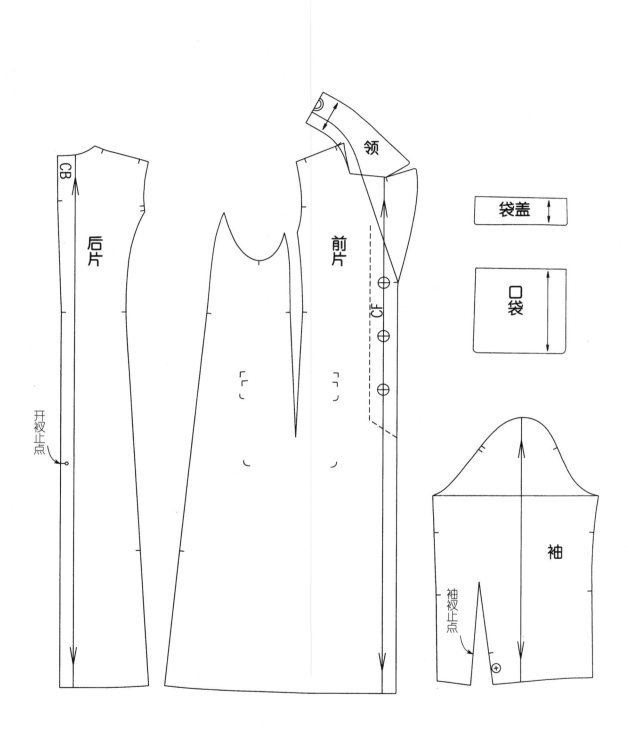

3 斗篷式大衣

斗篷式大衣有如同三角形帐篷一样的外形，是从肩到下摆逐渐变宽的大衣。

这款大衣有嵌入衣身的袖窿线，背、胸显得较窄，下摆显得较宽，下摆形成如同帐篷一样的廓形。

袖山上有很大的省，袖口克夫连裁，翻折较宽。带有可拆卸兜帽的翻折领。

高肩位置和帐篷外形下摆摆量的分配和方向等，要根据布的方向进行立裁。

坯布准备

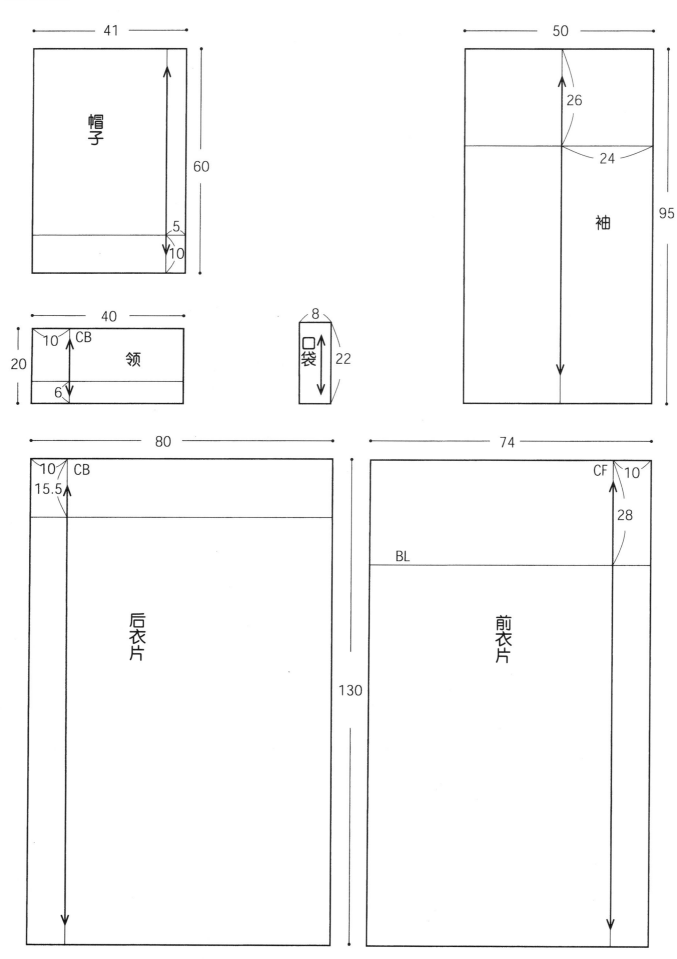

帽子
41
60
5
10

袖
50
26
24
95

领
40
10 CB
20
6

口袋
8
22

后衣片
80
10 CB
15.5
130

前衣片
74
CF 10
28
BL

人台准备

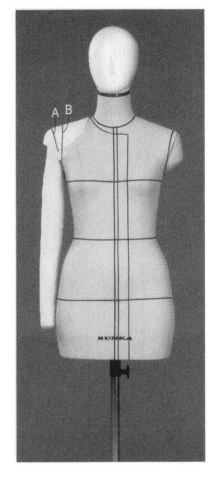

别样

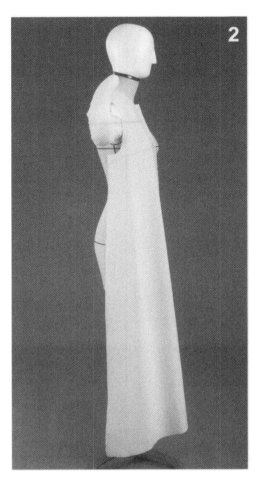

为了做帽子，先要测量头部。这里参考了市场上常用的规格。因尺寸较小、整体平衡感差，脖子会显得长。

在人台上装上垫肩。与肩端点处的造型及厚度相符，准备好能让肩头稳定的垫肩。确认肩宽后用大头针固定。

作为前中心线处的松量，作距人台的前中心线1cm的平行线，贴出叠门宽。领窝要以确保高圆领毛衣的松量来进行设定，贴出领窝线。

袖窿线为基本的圆装袖线（A）及设计好的半插肩袖线（B），两者都贴出放着。

① 将前衣身的基准线分别与人台上的中心线、胸围线对齐，确认是否垂直于地面及水平放置，用大头针固定。在领的前中心线处打上剪口，在领窝处加入松量并整理。

对从肩到胸将布料向下转动产生的摆量及胸点和胸宽侧扩展的量，根据外轮廓进行整理。

在前中心处量好长度后，用大头针别出下摆。

② 粗裁出肩、侧缝的缝份，贴出肩线。

③ 将后衣片的基准线分别与人台上的中心线及肩胛骨的位置线对齐后用大头针固定。给从左边起到肩胛骨位置的基准线打上剪口，使下摆产生波浪，让后中心线处的下摆适量地产生波浪。为使波浪固定，在臀部位置将波浪量固定。在领窝处放入松量，用大头针固定颈侧点处。

将从肩向下产生的波浪量分为肩胛骨下方及背宽侧面的波浪量，整理好造型。

4 确认前后的轮廓造型，将后侧的布盖在前侧布上，用大头针固定。

5 用折叠针法固定肩缝。

从袖窿底开始，让粘带卷利用其重量自然下垂，定出侧缝，整理多余的缝份。

6、7 翻折好前门襟止口。

用折叠针法固定侧缝。

整理领窝和袖窿的缝份，用粘带贴出。

袖窿线 A、B 两条都要贴出。

确定纽扣的位置。

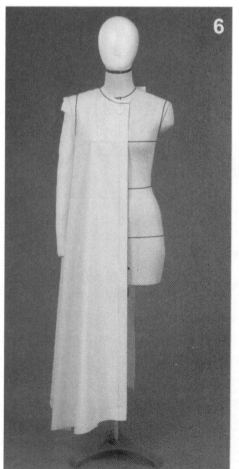

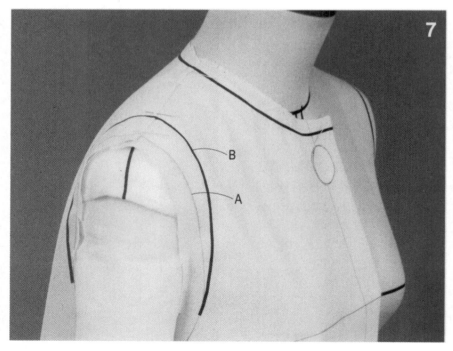

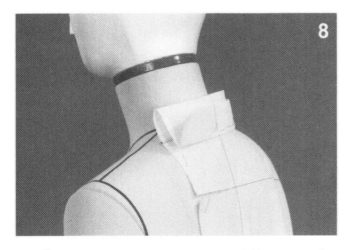

8 将领的后中心与后衣片对准。估算领座和领宽。

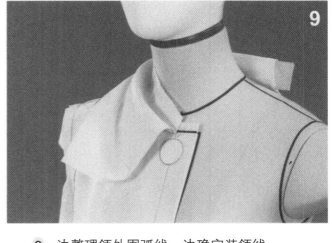

9 边整理领外围弧线，边确定装领线。

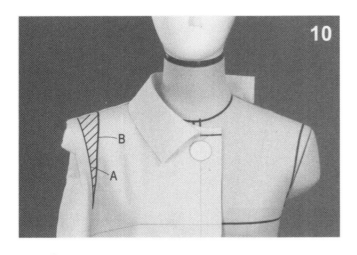

10 装上领子。图示的袖窿线 A 和袖窿线 B 间的阴影部分在袖子平面作图时需要。

11 衣袖制图。

① 以基本袖窿尺寸制图。前后都以袖窿尺寸的中间点作为袖子的对位记号。

② 对位记号对准后将①的斜线部分加在袖山上，画出袖的纸样。袖山和阴影部分间的空隙为松量。画出袖山的省道。以袖山线为基准，前侧比后侧的省道量要多，成为有方向性的袖（图③）。这里是理解了衣身与袖子的角度关系后作图的。

③ 完成袖的纸样。

重要的地方作出对位记号。因袖口的袖克夫是连裁出的，袖身几乎是直身的，呈筒状。

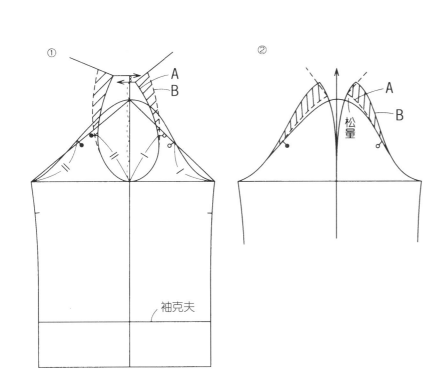

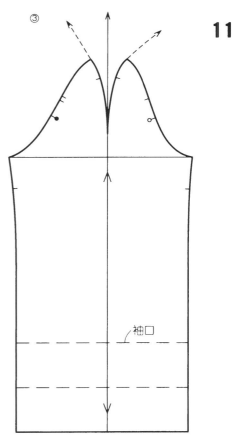

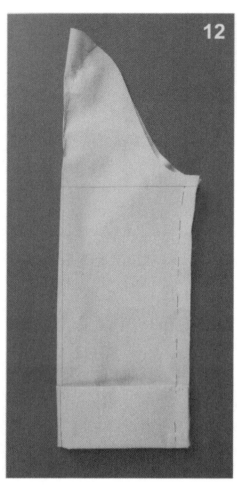

12 为了补正方便，如图将袖克夫折叠。用大头针固定袖底缝和袖山的省道。

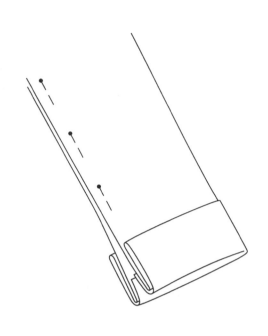

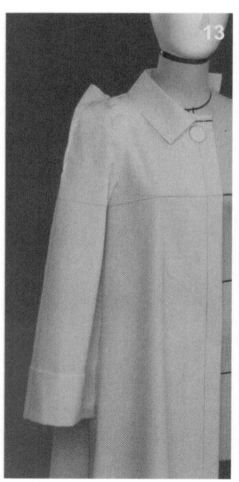

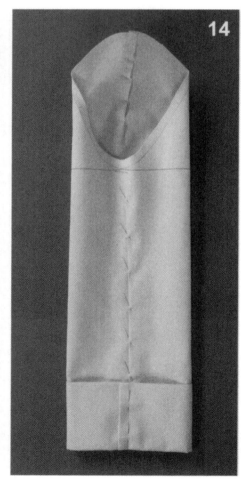

13 将袖山的缝份重叠放在衣身上，用大头针临时固定。袖山的缝缩量小些。检查从肩线到袖省是否连顺以及袖肥的平衡性。

14 确定好袖子造型后，再次将袖子从手臂上取下。将袖底缝和省道用大头针别成型。因为袖克夫部分较厚，所以在里面打剪口，用重叠针法固定。

15 用大头针将袖子装在衣身上别成型。

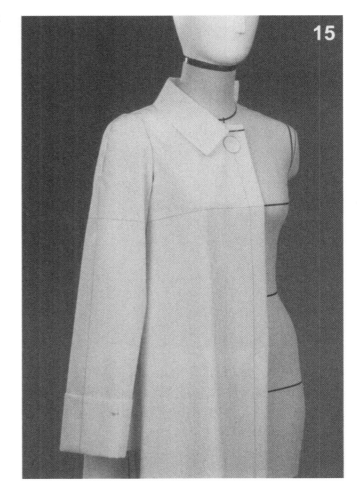

16 帽子的尺寸涉及头部的高和宽，因此要测量必要部分的尺寸。

头部尺寸是从额头开始到耳朵上水平一圈的尺寸（图1）。

帽子的长度是从头顶点过耳朵上方到颈侧点的尺寸（图2）。

帽子前帽口的止口长是从头顶点过耳朵上方到正前颈点的尺寸（图3）。因为头部要做倾斜运动，所以要加入4~5cm的运动量。

图1

图2

图3

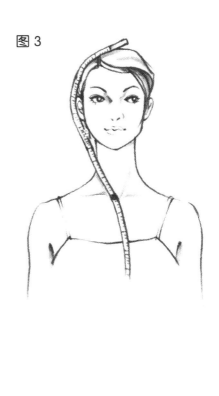

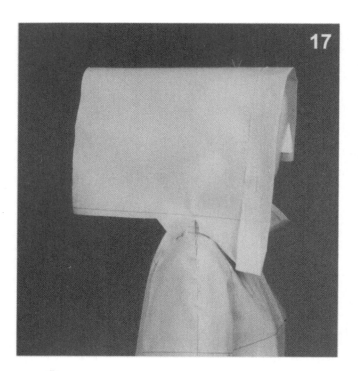

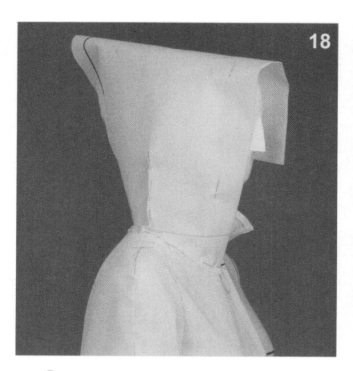

17　竖起领。把帽子前止口处轻折，从侧面观察总体平衡感，保持基准线水平，对准颈侧点处，用大头针固定，打上剪口。粗裁出缝份。

18　在侧颈点位置捏出省，要有立体感。与领窝线对齐后用大头针别住，整理缝份。

整理前门襟，确定帽子的宽度后在后中心处作出标记。

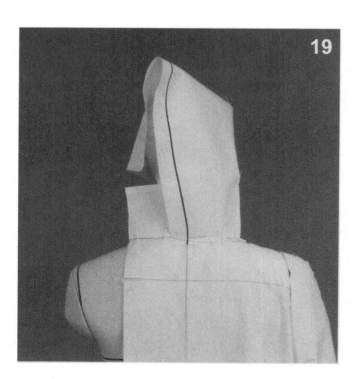

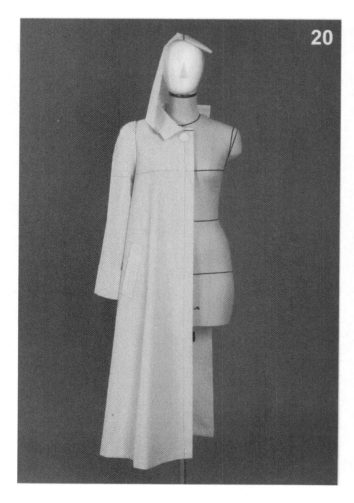

19　贴出后中心线，整理缝份。

20　领子按成型形状翻折好。调整好帽子戴好状态下的尺寸。在后中心处，边确定帽子的形状，边在头顶用大头针作记号。

在前衣身无波浪处考虑口袋的位置，用大头针将下摆别好。

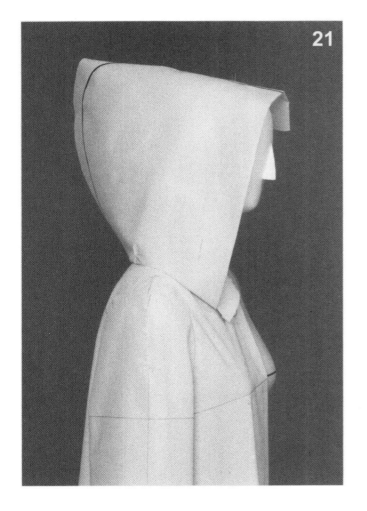

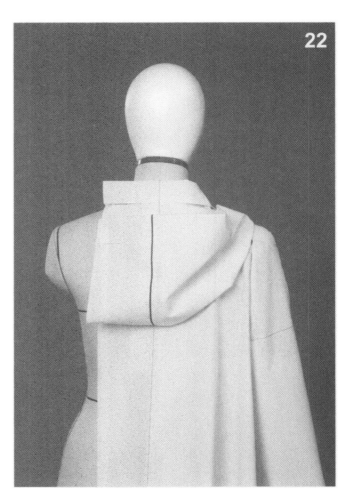

21、22　帽子的侧面和后面效果。帽子放下来后的造型也是设计要素。

23　用斜向横别针法别成型。

完成图

前面

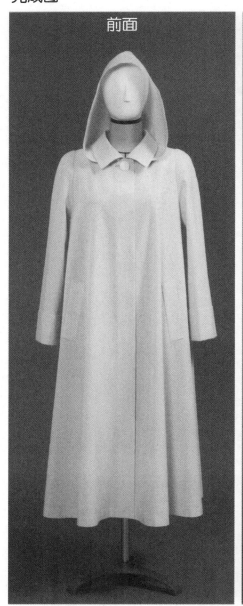

侧面

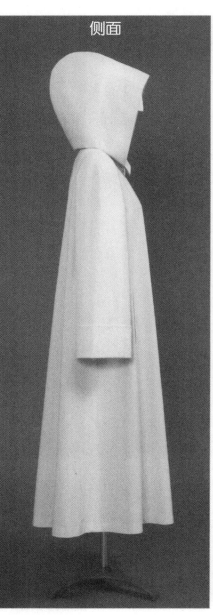

后面

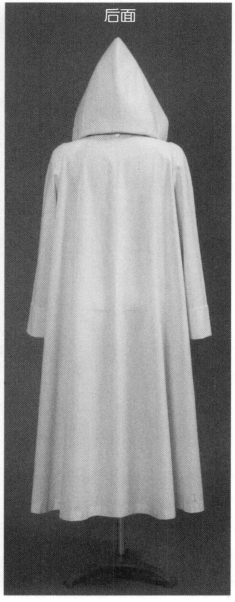

描图

　　从波浪量的平衡来看，
后衣片波浪量要大一些。

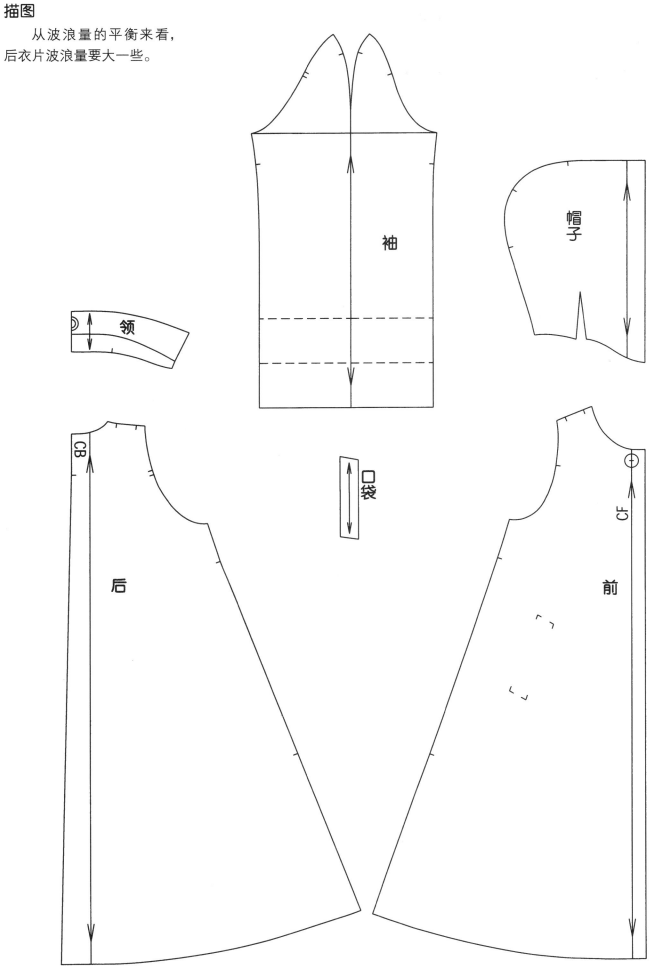

4　战壕大衣

　　战壕大衣由原先军事作战时的防水大衣演变成如今的流行时装，各部件都有功能性。有双排扣的前门襟，带前、后覆势，领和驳头能在暴风雨中完全覆盖人体，肩章和带 D 形腰带扣的腰带具有机能性特征，这些是该款服装的细部设计。

　　这款大衣衣身宽松，有插肩袖、覆势和肩章，既具有基本的军用防水大衣风格，又便于穿着。

坯布准备

前、后衣片带有插肩袖，为了保证操作方便以及理解其构成，估算时肩部的部分也加上去了。

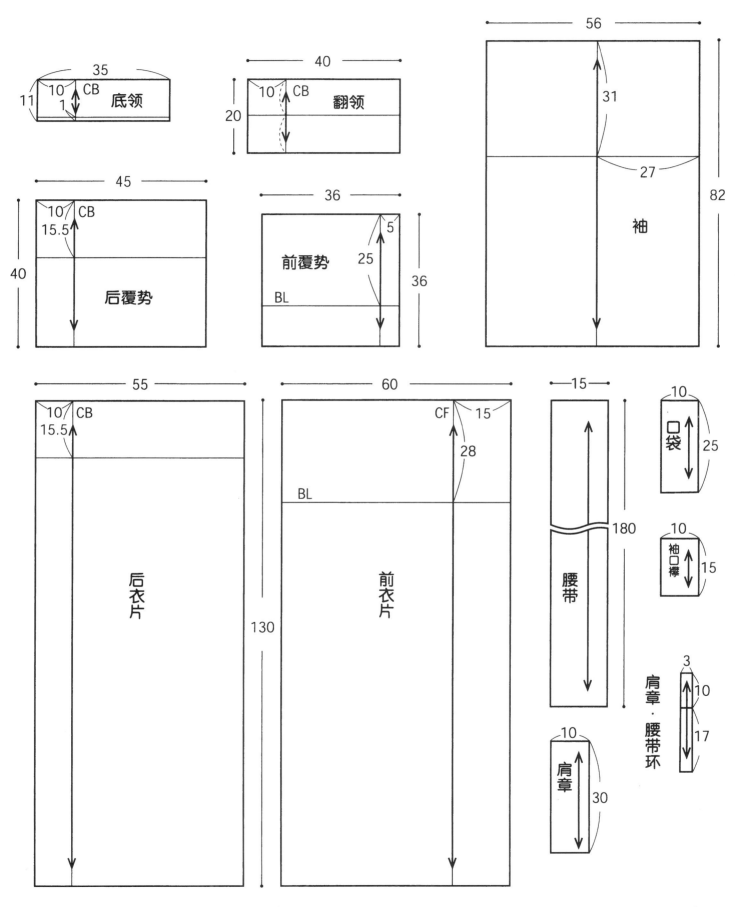

人台准备

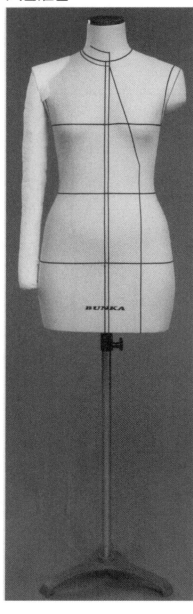

别样

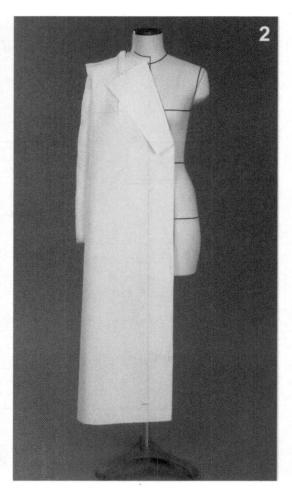

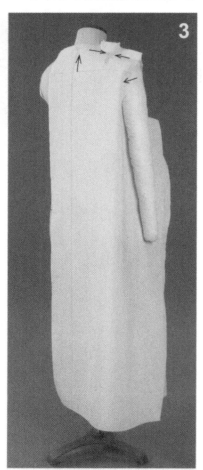

在人台上安放厚 0.5cm 的垫肩。实际成衣不加垫肩，这样做只是为在立裁时便于加入松量。沿人台前中心线，加入 1cm 宽的松量画平行线为新的中心线，并画出前门襟止口线和驳折线。在人台的领窝处加入松量后贴出领窝线，标注底领的位置。

① 将前衣片的基准线和人台的中心线及胸围线对齐。确认是否垂直于地面、水平放置。在前中心打上剪口，观察左右的平衡。在领窝处放入松量，用大头针轻轻地固定颈侧点。

将胸围线侧面的布往上将平，整理肩部，胸部的松量转换成肩省的量。

前中心线下摆处用大头针标记出长度。

② 捏出肩省。整理领窝线、肩以及袖窿的缝份，下摆做出宽梯形的轮廓。在驳折止点处打上剪口，将前门襟翻折好。将侧缝处的布往前折。

③ 将后衣片的基准线分别和人台的中心线及肩胛骨位置对齐，确认是否水平、竖直放置。在领窝处放入松量，整理缝份。在背宽处加入松量，做出梯形的轮廓，将平肩端点处，将余量作为肩省处理。用抓合针法固定肩部，粗裁出肩和袖窿的缝份。

4 将前、后衣片在侧缝位置的布垂直于地面拼合,用大头针固定。因后衣身下摆较大,前后拼合时有一个落差。

5 整理侧缝的缝份。

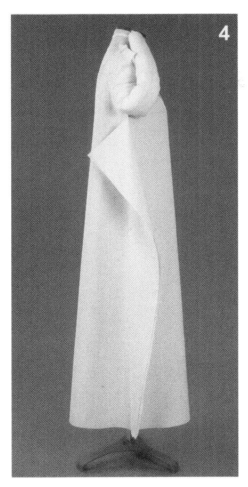

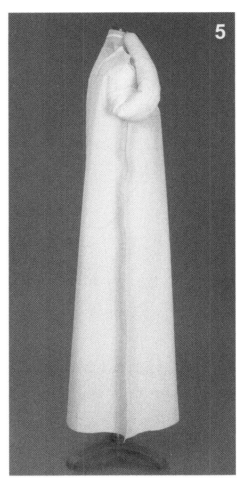

6、7 将省道、肩缝、侧缝用大头针别成型。侧缝与省道用折叠针法斜插固定,为防止太厚,肩缝处用重叠针法固定。这里用横插、斜插法固定都可以。

贴出领窝线、插肩袖分割线、肩宽线。考虑到装覆势,也将驳折线贴出。

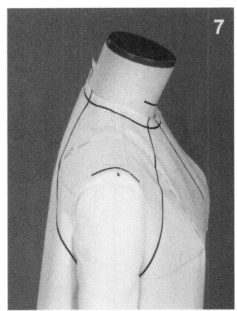

8

确定插肩袖分割线的方法

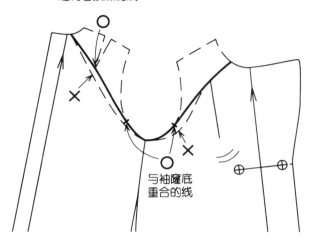

过肩省顶点的线

与袖窿底
重合的线

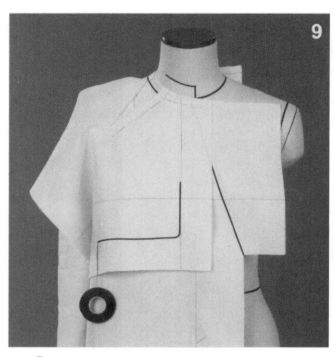

⑧ 如图所示，将插肩袖分割线在袖窿底处连顺，分割线要通过后肩省省尖，衣身和袖窿要自然接合，肩的稳定性也要好。

⑨ 装上前覆势。为了不和驳折线重合，观察松量和整体平衡性，在插肩袖分割线处用大头针固定，贴出覆势造型线。

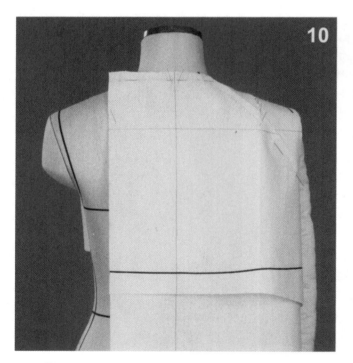

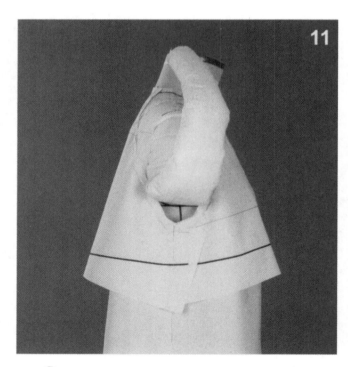

⑩ 装上后覆势。因肩胛骨外凸产生波浪量，形成立体感。用大头针固定插肩袖分割线。观察前后的平衡，确定后片的长度。

⑪ 从侧面观察覆势的前后造型。衣身与覆势的袖窿线相重合，确认侧部重合情况，用重叠针法固定。

12 装袖。使手臂略向前并上抬至与水平方向呈30°，用立裁法制作（在手腕处装上带子并打结）。

将袖子上的横向基准线与衣身上的胸围线对准，纵向袖山线在手臂方向与手臂中心线对准，在肩端点及袖口处用大头针固定。

13、14 估算袖肥，到袖口为止平行留出前后袖肥松量（前约1.5cm，后约2cm），到手臂根自然消失。

从前肩到插肩袖分割线处将布捋平，将前肩处多余的量作为省道量处理。从后肩开始，有意识地考虑肩胛骨的隆起，将布捋平，一直到领窝处，将多余的量作为省道量处理。

对准肩线上前、后省道，并用大头针抓合固定。将前插肩袖分割线到袖窿底线连顺，用大头针固定并整理缝份。也用大头针固定后插肩袖分割线到中点附近，整理缝份。

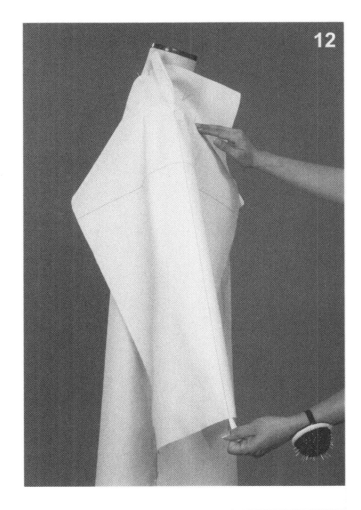

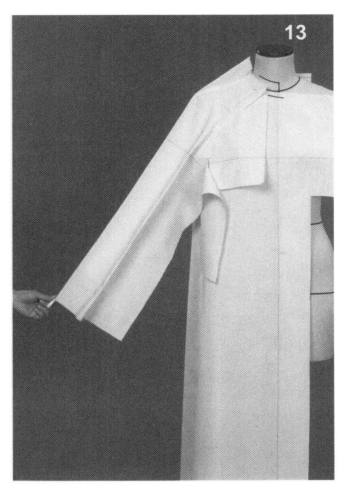

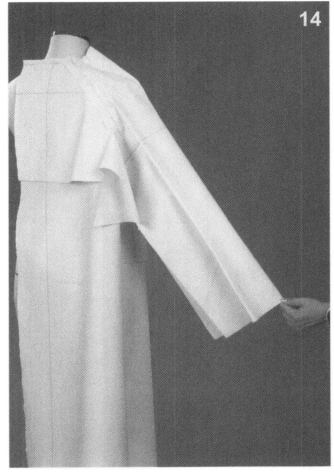

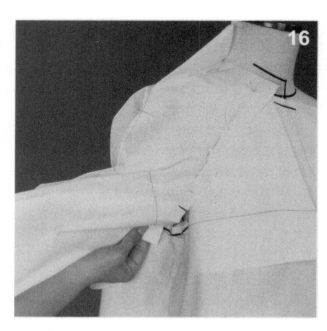

15　从侧面观察衣袖，确认肩的稳定程度、袖肥和方向性（肩的前部省道的量要多一些）。

16　拼合前、后袖底。以胸围线和袖子的基准线为基准，在袖底估算前袖窿底的弧线形状，并粗裁。同样地估算后袖窿底弧线，并粗裁，在袖底的缝份上打剪口，与袖窿底的尺寸相吻合。用大头针拼合前、后袖底线，直到袖口。

17、18　取下别样完成的袖。图为装上襻的外袖侧和内袖侧。

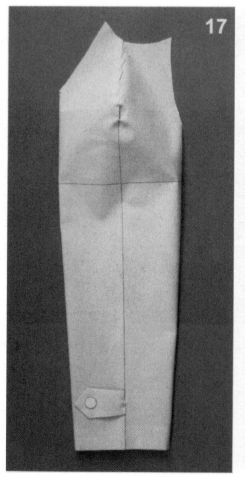

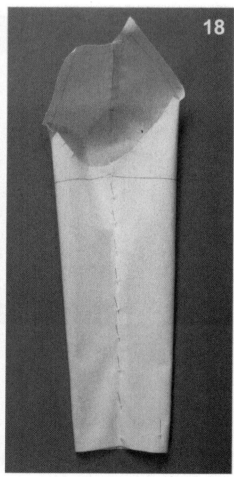

19 装袖。将衣身的袖窿底与袖底对齐，确认方向性后，从内侧用大头针固定。

20 将人台与袖的肩端点对齐，用大头针固定颈侧点，观察前后袖肥量，用大头针固定插肩袖分割线。

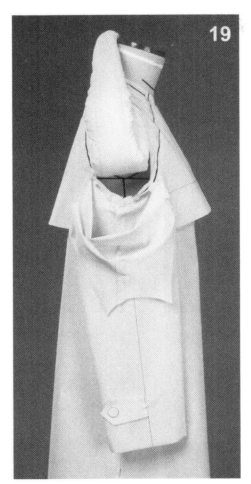

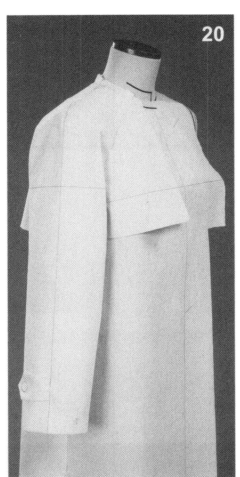

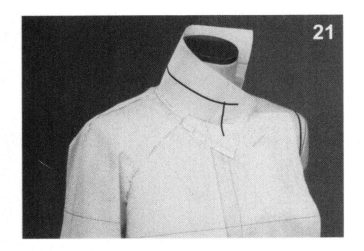

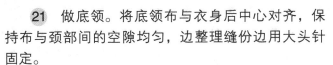

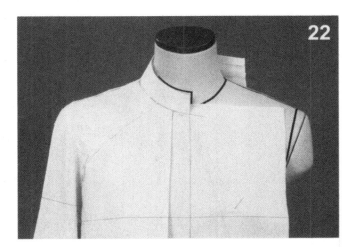

21 做底领。将底领布与衣身后中心对齐，保持布与颈部间的空隙均匀，边整理缝份边用大头针固定。

22 用大头针别成型的底领。

23 与底领后中心对齐后装上翻领。

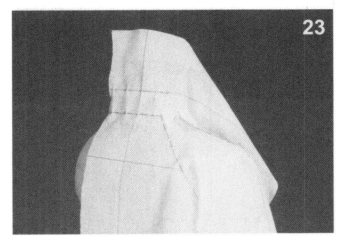

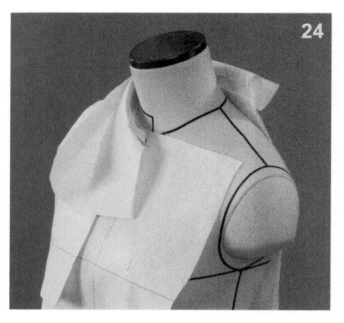 

24 观察翻领宽和领外围的状态，初步得到翻领造型。

25 竖起翻领，确保底领和翻领要自然、伏贴。

 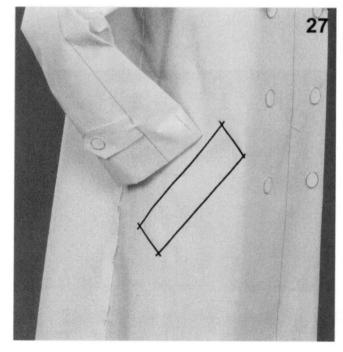

26 用大头针将领子别成型，观察整体平衡，钉上纽扣。

27 标上口袋位置。确认手伸入的方向，从机能性上考虑并以此确定口袋的倾斜角度。上部比下部角度倾斜度要大。

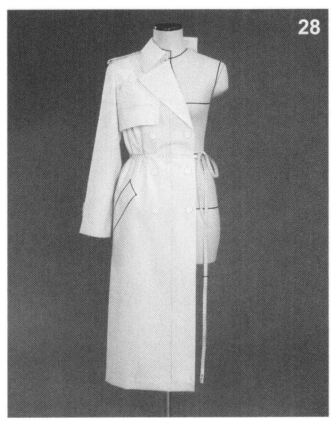

28　将下摆折叠后别上大头针，观察整体感，装上肩章，用软尺确定腰带长度。

29　用大头针别成型的腰带。

前面

侧面

后面

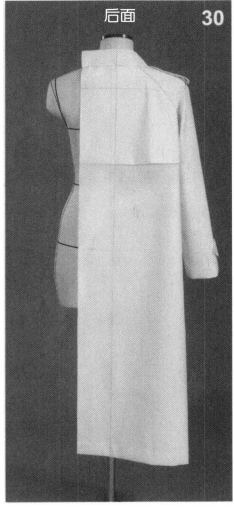

30　用大头针别成型。图为无腰带的效果。

完成图

前面	侧面	后面
	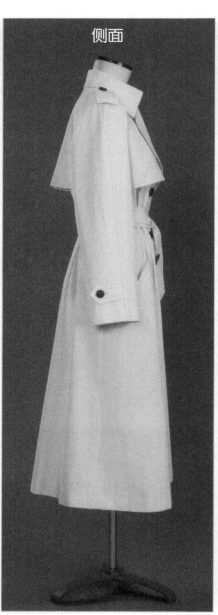	

衣身与衣袖的关系

　　肩省与袖倾斜的差表现了袖的方向性。同时可以看出插肩袖分割线与衣片袖窿线的交叉点。

描图

　　将前、后衣身的肩部（虚线部分）省道闭合，观察插肩袖分割线的圆顺度。将立体裁剪转为平面制图就能理解衣身和衣袖间关系的理论。

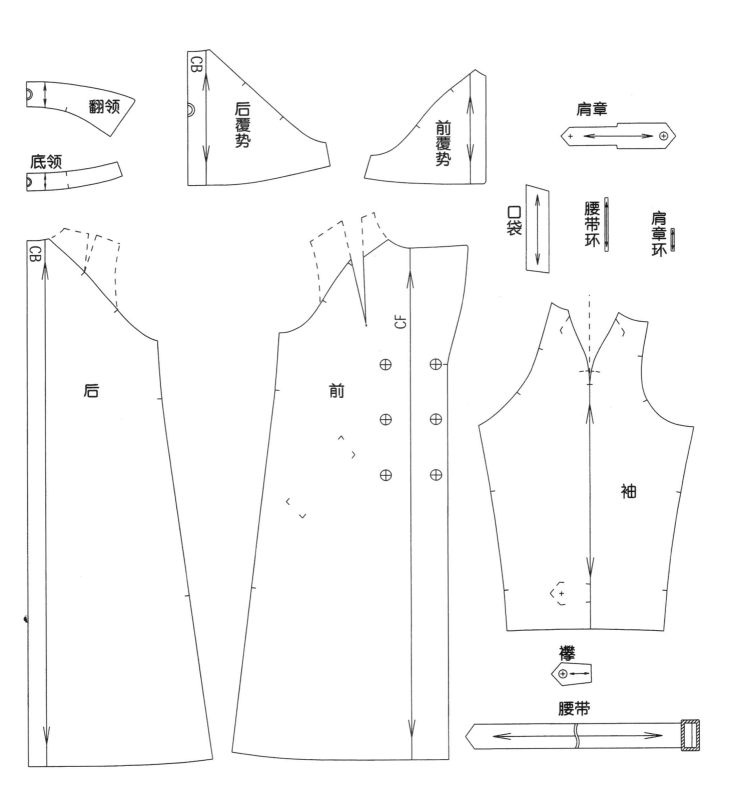

翻领

底领

CB 后覆势

前覆势

肩章

口袋

腰带环

肩章环

CB 后

前 CF

袖

襻

腰带

六、背心

1 V形领背心

这是一款腰部合体的衣长较短的 V 形领基本款背心。该背心常穿在衬衣或毛衣外,随搭配变化而会产生很多变化。

坯布准备

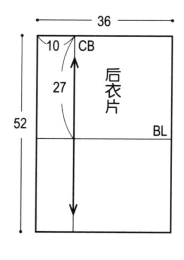

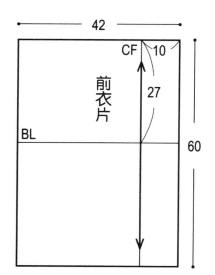

别样

1　对准前衣片中心线与人台中心线，将胸围基准线放水平后在领中心打剪口，裁去领窝处多余的布。同时，为了保持稳定而保留做 V 形领的布，贴出领窝造型线。

2　贴出前门襟止口线。从颈侧点到肩端点间将布捋平，用大头针固定，让臂根处的布自然垂落，在胸围侧面放入松量。

下摆因胸部松量位移而产生浮余量。在腰部抓合，检查省道量、位置、方向及省尖位，用大头针固定。裁去肩、袖窿处多余的布，在侧部放入松量。

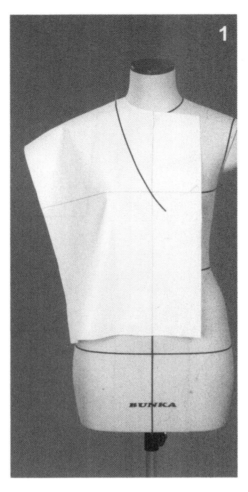

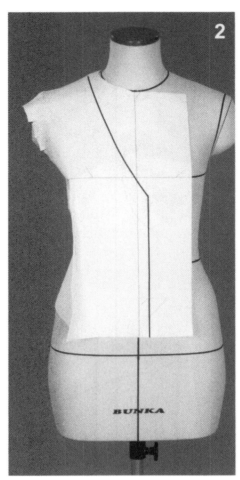

3　将后衣片中心线与人台后中心对齐并垂直于地面，胸围线对齐人台上胸围并保证水平。在领中心处打剪口，以颈侧点为准，将布丝缕放正，与人台覆合，整理领窝。

在肩胛骨处留出松量，保持该松量一直将布捋平到侧面。轻轻地将布往上捋，在肩端点处放入松量，肩线处浮余量作为缩缝量处理。

合肩缝。为了覆盖肩胛骨，在后肩缝处设有缩缝量。将后肩缝压在前肩缝上，用重叠针法固定。剪去多余的布。

加入背宽的松量，布纹丝缕竖直做成一个面。边观察与合身造型的前衣身的平衡，边捏出后腰省，并检查省量、方向、省尖点，用大头针固定。

剪去袖窿处多余的布，在侧缝处加入松量。

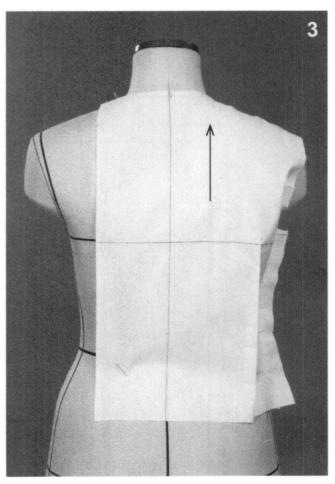

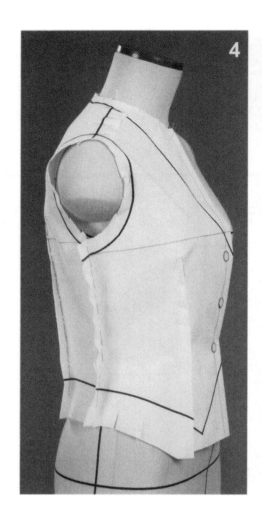

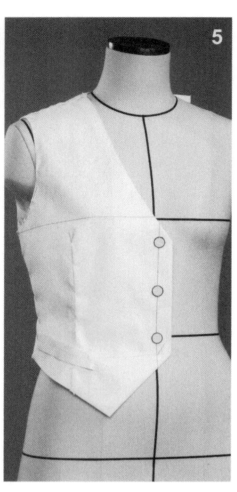

④ 拼合前、后侧缝，用抓合针法固定。贴出后领窝、肩缝、袖窿线以及下摆缝线。设定袖窿深时要考虑不会露出内衣。

在下摆处打上剪口，确认考虑了下摆活动量的松量。

定纽扣位置时，要考虑到腰围线处的稳定，同时根据整体造型来确定。

⑤ 别成型。

整理缝份，用大头针别成型。

口袋位置根据设计风格及整体平衡来确定。

完成图

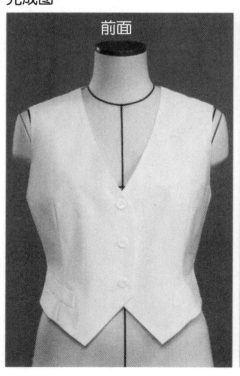
前面

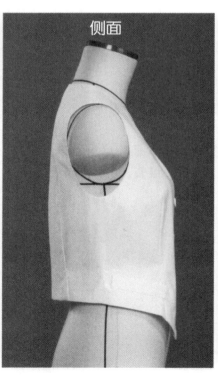
侧面

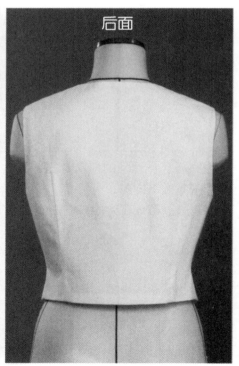
后面

描图

能在男式衬衫领的女衬衫外面穿着，具有一定的机能性松量，V 字形前领口及尖下摆，表现了良好的整体平衡性的合体优雅造型。

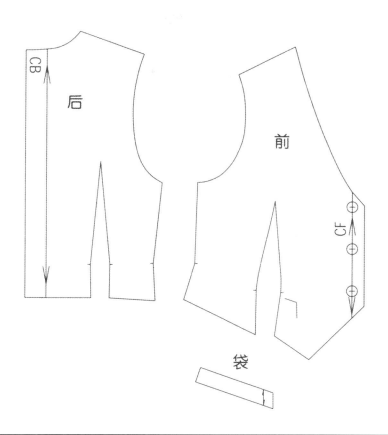

2 吊颈式背心

吊颈背心是布从前衣身一直延续到脖子处支撑的稍合体的短背心。其后衣身没有上部，背部是敞开着的。

坯布准备

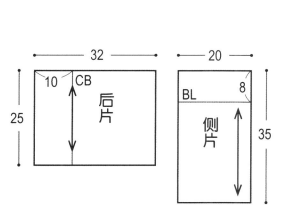

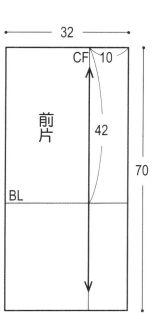

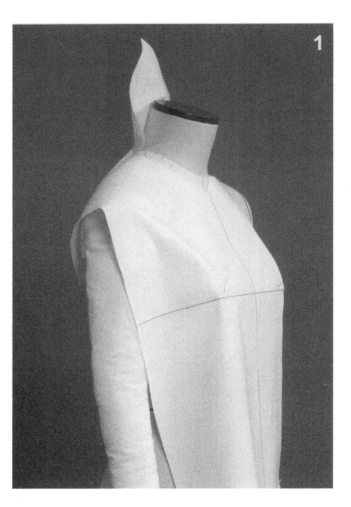

别样

1 将前衣片的中心线和人台的中心线对齐，使胸围基准线水平，与人台上的胸围线对齐。在领窝中心处打剪口。裁去领窝处多余的布，一直到颈侧点。在缝份处打好剪口后把布往后绕。

2 确定叠门宽后翻折好门襟。留下前中心的 V 形领布。使胸围线水平对齐，在胸宽侧别上大头针。边裁去袖窿处多余的布，边从肩开始向后中心围上布，贴出前领窝线。

检查刀背分割线的位置是否在胸点略靠侧边位置上。这里要考虑将袖窿省和腰省合成一个省，从侧边观察确定一个合适的位置。贴出刀背分割线和袖窿线，裁去多余的布。确认刀背分割线上胸部附近的浮余量并将其作为缩缝量。

3 使前侧布的胸围线水平地重叠在刀背分割线上，用大头针固定。确定胸部周围的缩缝量的位置，均匀分配后用重叠针法固定。在下摆打上剪口并捋平，在侧缝处放入松量。

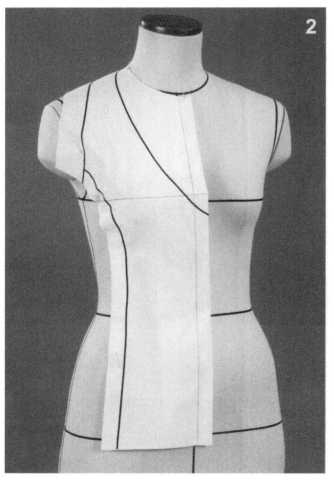

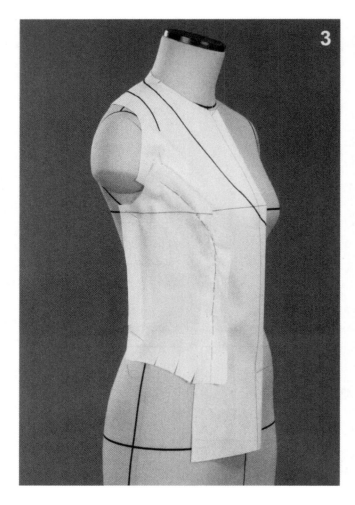

4 将后衣片的中心线和人台的中心线对齐，在人台上将布水平地捋平，做出面并放入松量。

在侧部放入松量，将前、后衣片侧缝用抓合针法固定。

5、6 粗裁出领窝、袖窿及下摆的缝份。边观察前后平衡，边在衣片上贴出领窝线、袖窿线及下摆线。

确定纽扣位置时，考虑到要使腰围稳定，可在腰围线处设一粒纽扣，其余纽扣根据整体平衡来确定。

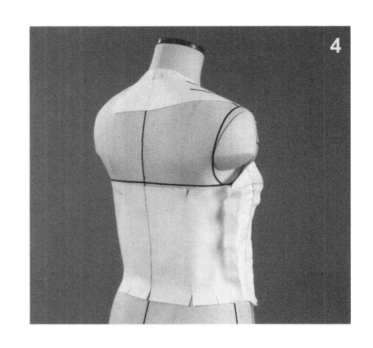

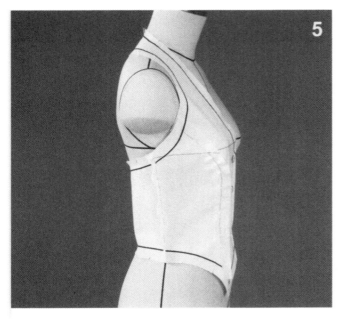

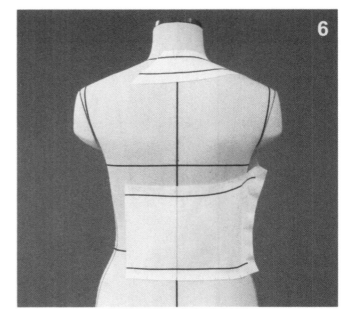

7 用大头针别成型。

整理好缝份，用大头针别成型。刀背分割线为前压侧，侧缝线为前压后，都用折叠针法固定。口袋位置要根据设计风格及平衡感来确定。

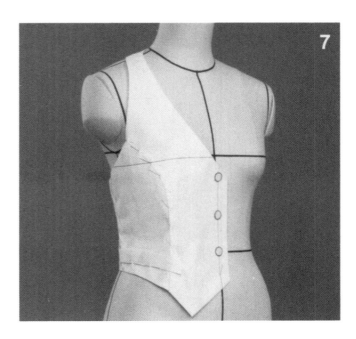

完成图

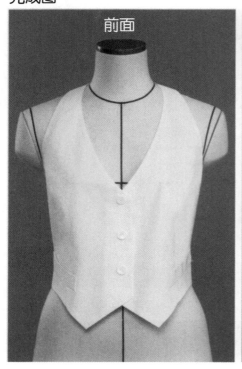
前面

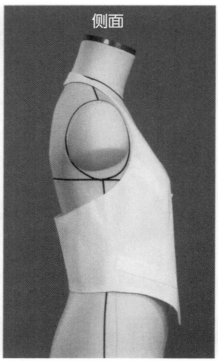
侧面

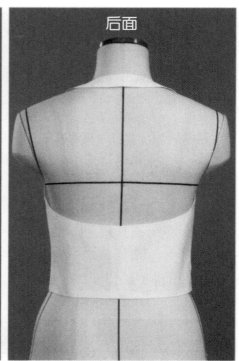
后面

描图

　　该纸样上前衣片延伸出来的带状的布是环绕在脖子上的造型形成的纸样。

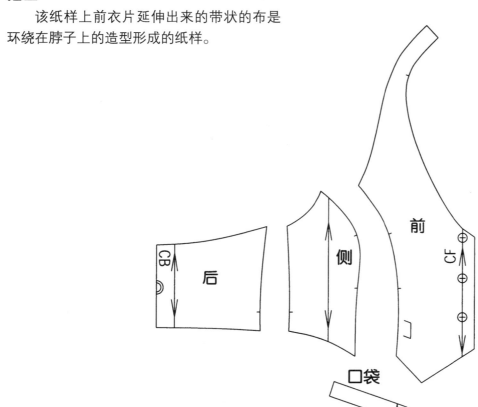

第 5 章

部件设计

一、领、领窝领

衣领用于服装装饰目的的场合非常多，因此，衣领在服装设计中起着重要的作用。设计时要考虑穿着者的脸形，脖子形态，肩周围的平衡以及个人喜好等因素。

做出漂亮的领的条件是：与衣身的领窝线相对应，领座的高度、领宽、领外围的尺寸合适，造型线条流畅。脖子的运动范围有限，若能放入一手指的松量就能适应一般的头部运动。

贴颈领

衣领的构造原理

衣身的领窝线和衣领的装领线尺寸差不多，有贴近脖子的，也有远离脖子的。这里以立领为例做说明（参考第 263 页）。

A 是最基本的长方领（图 1），上部与脖子不紧贴。按图 2 所示，不改变 A 领装领的尺寸，但在上部重叠，就成了贴合脖子的 B 领。打板时，装领线向上翘并呈弧线形，领外围的尺寸缩短（图 3）。与 B 相反，像图 4 那样在上部打开，就成了远离脖子的 C 领。在纸样上，下口装领线变成弧线，领外围的尺寸就变长。

就这样，随着领外围尺寸的加长，就形成了离开脖子的领子。

此外，随领窝线位置的变化，领与脖子的间距也会改变（图 6）。

在基本领窝（图 7、图 8）上装衬衫领（D）与在比基础领窝更宽的领窝（图 9、图 10）上装的衬衫领（E）相比，颈侧点处翻折的情况不同，即颈侧点处领子与脖子的距离不同。

非贴颈领

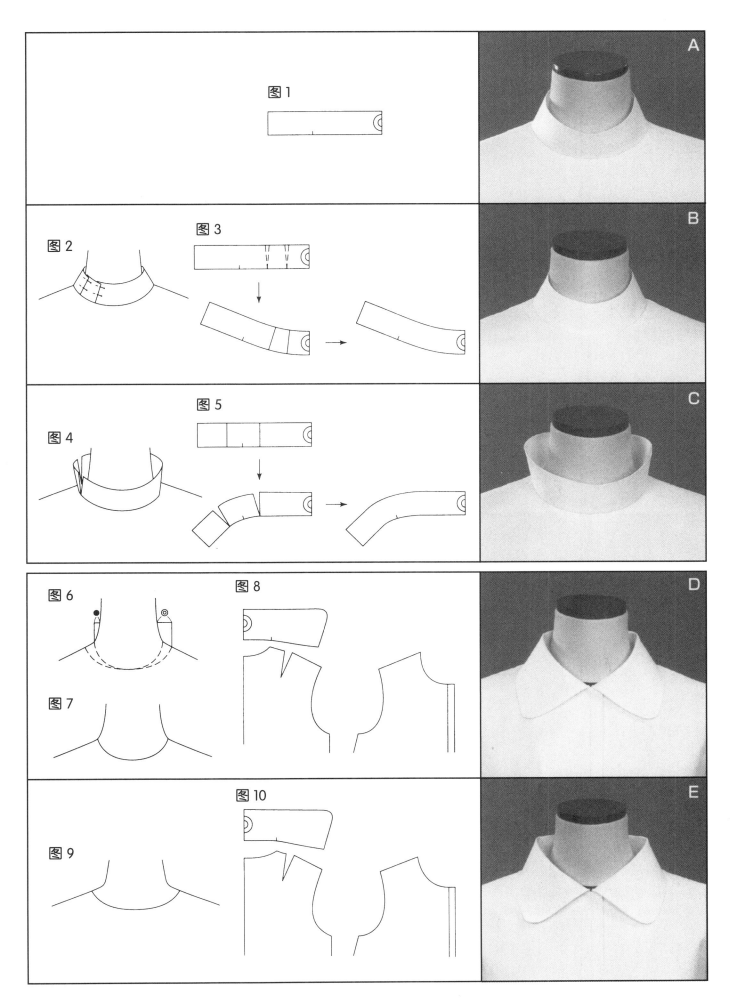

图 1

图 2
图 3

图 4
图 5

图 6
图 8
图 7

图 9
图 10

1 立领

立着的领子的总称。与脖子形状相符，不左右偏移的基本领，也被称为中式领、官服领、竖领。

坯布准备

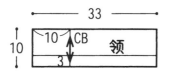

别样

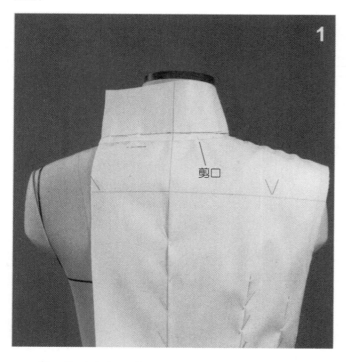

① 将后中心对齐后水平地别上大头针，然后在往右 2~2.5cm 的位置水平地别大头针。将左侧衣身片也水平别上大头针，使布片稳定。

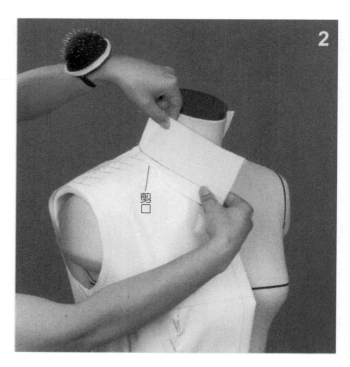

② 边沿颈部将布保持与颈部有一定空隙，边用大头针固定，并将布往前绕。

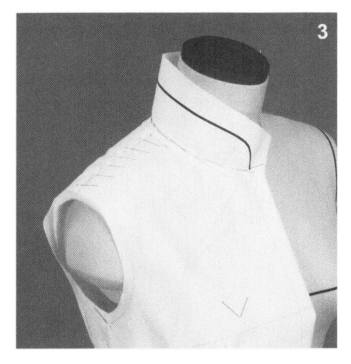 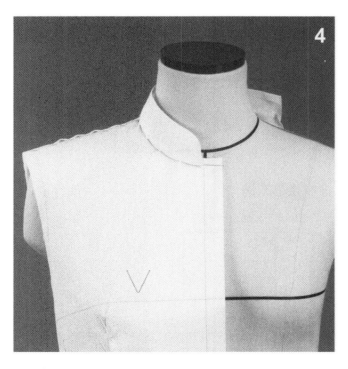

3 确认与颈部的空隙状况，并以此确定领的形状。 　　4 整理领外围后，用大头针别成型。

完成

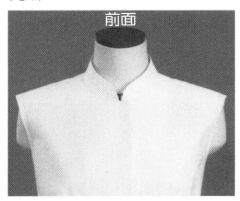

前面

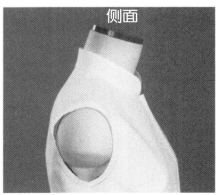

侧面

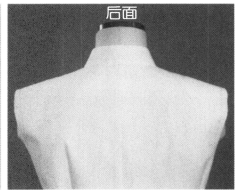

后面

描图

　　为了使颈侧点附近领与颈部间隙统一，装领线前部向上呈弧线形。

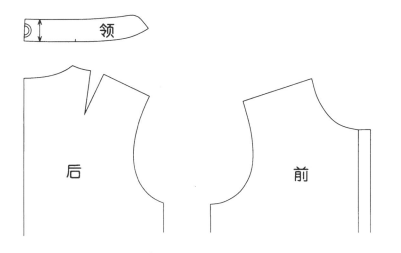

2 敞领

敞领即敞开式衣领，不是单独的衣领，而是与衣身上的驳头连成一体的领子。

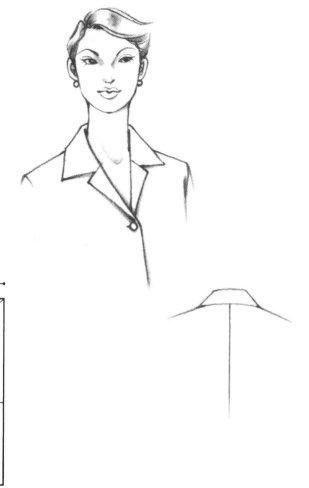

坏布准备

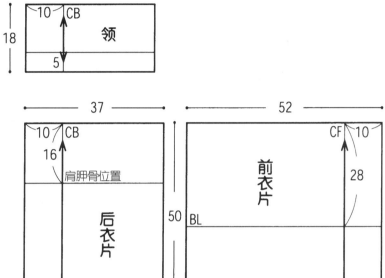

别样

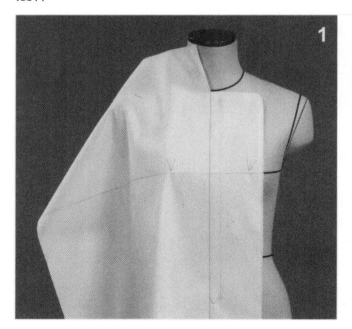

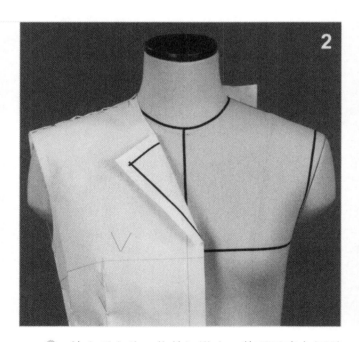

1 将前衣片中心线和胸围线分别与人台上的前中心线和胸围线对齐，前中心打剪口到前颈点为止，裁去多余的布。

2 放上后衣片，将前门襟止口整理后确定领驳头的翻折线和驳头形状。

3　对齐后中心，放上领布，用大头针水平地别上固定。将领布沿脖子竖起，别上大头针直到颈侧点位置。在颈侧点周围轻拉装领线，用大头针固定。

4　确定领座和领宽。

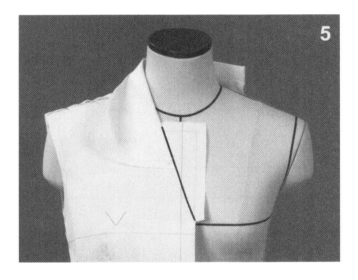

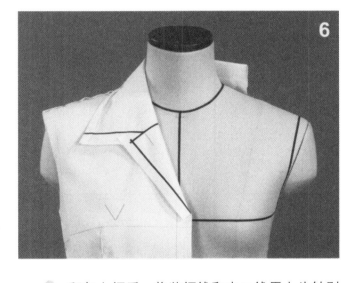

5　将领往前绕，使衣领的翻折线与驳头的驳折线呈直线状连顺，确认颈侧点周围与脖子的间距。当领宽较大时，颈侧点附近的领外弧线需很长，用手指稍拉伸为好。

6　翻起上领后，将装领线和串口线用大头针别好，翻折成型后，观察整体平衡，确定领尖形状。

7　整理缝份后用大头针别成型。

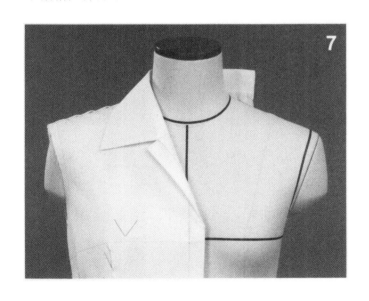

完成图

前面

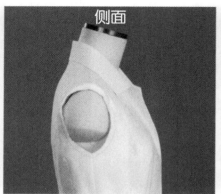
侧面

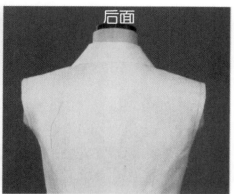
后面

描图

翻领要不浮起，做到平整，翻领、驳头和衣身间的关系接近西装领。

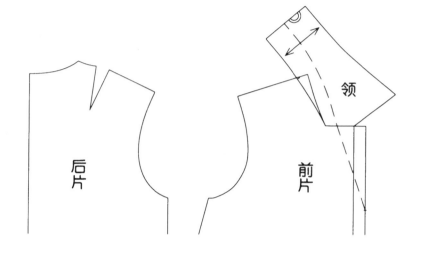

后片

前片

领

---

3 平贴领

坦领的总称，基本的平贴领是前后均无领座，直接贴在衣身上的，但后面稍做出领座后能遮去装领线，非常美观。领前部呈圆形的称为彼得潘领。

坯布准备

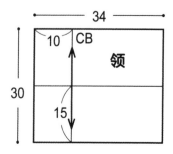

别样

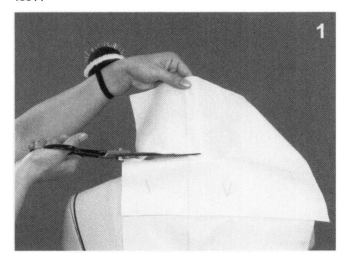

1 将领布按领外弧线形状侧向下放置，与衣片的后中心对齐。确定领座和领宽后，捏出领座的量，留出缝份，将剩下的布剪去。

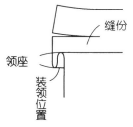

领座

缝份

装领位置

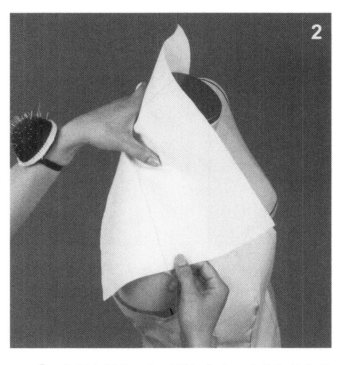

2 像用力抓住颈部那样捏住布，在装领的位置处用大头针固定。

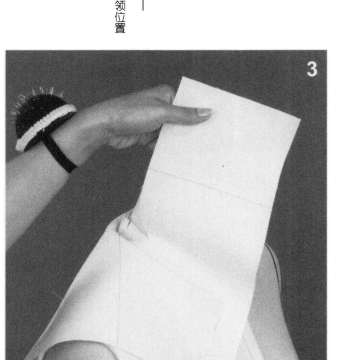

3 裁去到颈侧点处多余的布，并继续往前。

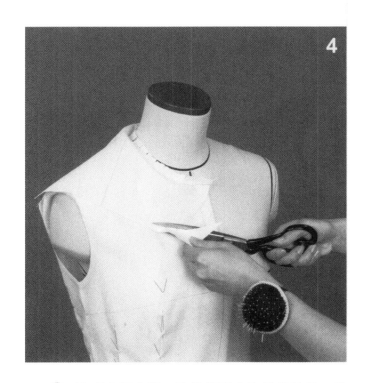

4 边观察领窝线，边估算领座和缝份的量，裁去领子多余的布。想象领外弧线的完成形态，裁去多余的布。

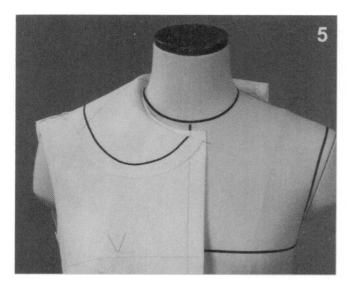 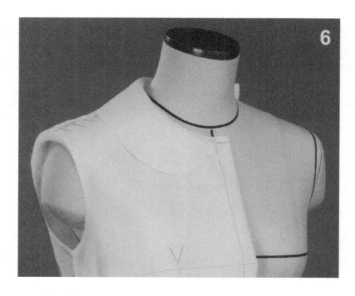

5　在翻领向上翻折的状态下，将整理好的缝份拉到外面，用大头针固定装领线（参照第272页中4）。确认领子翻折的状况后，确定领外弧线的形状。

6　整理领外弧线的缝份，用大头针别成型。

完成图

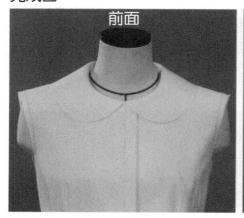 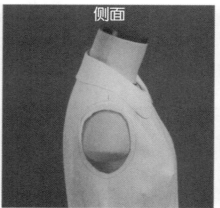 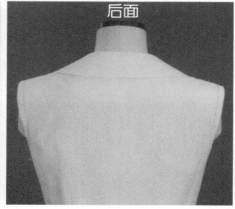

前面　　　　侧面　　　　后面

描图

颈侧点附近的领外弧线处布纹呈斜向丝缕。

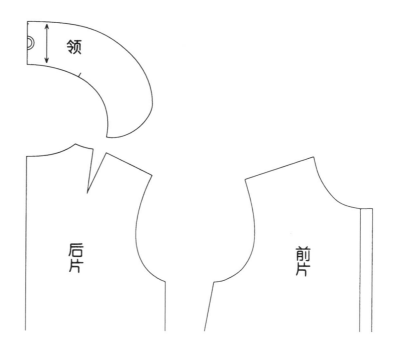

领

后片　　　前片

4 水手领

水手领是像海军服上的领，前领口 V 字形敞开，如果要在胸围线以下做大开口的话，要注意做胸垫。稍许做些领座会使领子更稳定，视觉效果更美观。它也称为海军领。

坯布准备

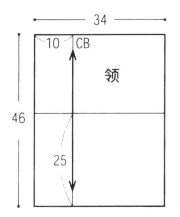

别样

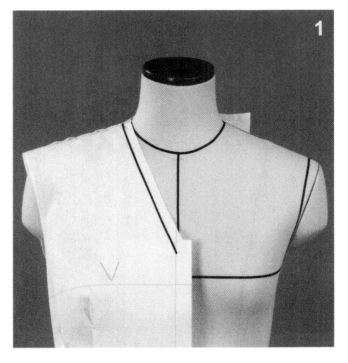

① 后领窝线比人台的领窝线设定得略高，确定好前领窝线后，裁去多余的布。

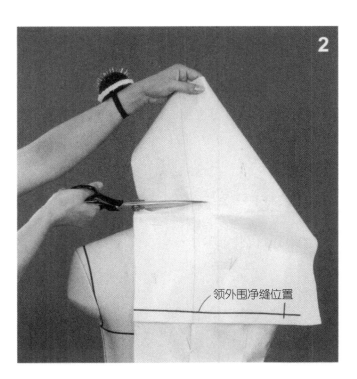

② 将领布中心线与衣身中心线重合，想象领外弧线的位置后贴上造型线。捏出领座量（参照第 269 页中①中的图），在装领位置用大头针别住，粗裁多余的布。

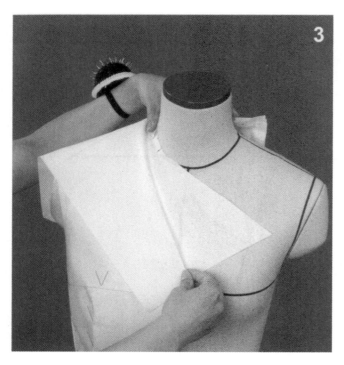

③ 将布从后方披挂到肩上并捋平，一直到装领止点为止，观察领座形状。在确定后的领座位置处轻折。

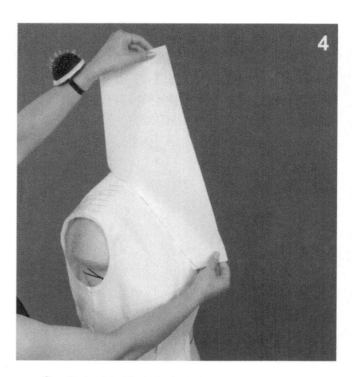

④ 裁去装领线处多余的布，将领子翻起，将缝份拉向外侧，用大头针固定。

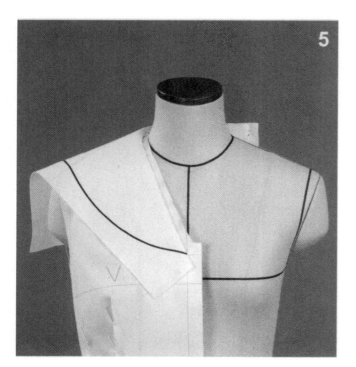

⑤ 将领布翻折成型，观察整体平衡。确定领外弧线造型。

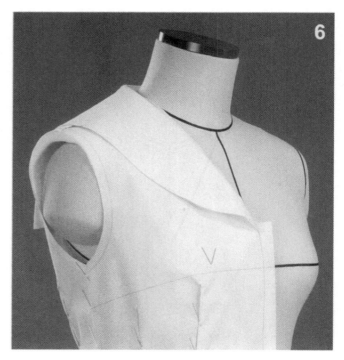

⑥ 整理领外弧线的缝份，用大头针别成型。

完成图

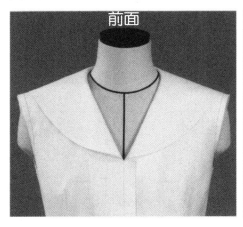 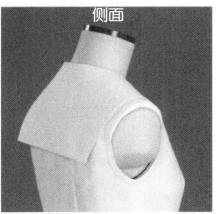 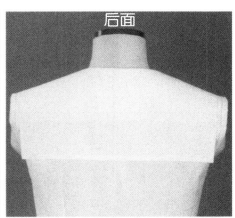

完成图

　　前衣片的领窝线从颈侧点到领止口处略有弧度。这微妙的弧度，能使领翻折线显得更柔和。

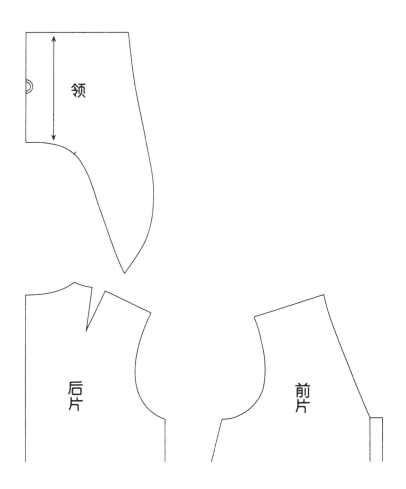

5 领窝领（无领）

不装领的领窝领，可以用粘带自由设计和立裁。前领口为开口型的时候，注意不要让前领口处浮起，要紧贴人台，余量作省道处理后能形成立体感较强的廓形。常应用在女士衬衫和连衣裙上。

下面是设计案例和对应的样板。

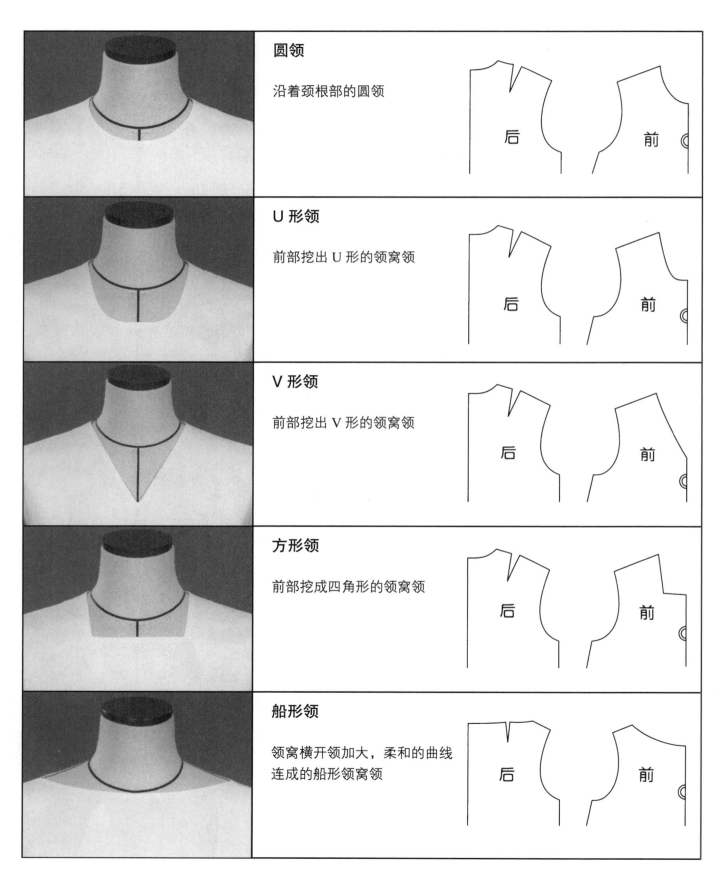

	圆领 沿着颈根部的圆领	
	U 形领 前部挖出 U 形的领窝领	
	V 形领 前部挖出 V 形的领窝领	
	方形领 前部挖成四角形的领窝领	
	船形领 领窝横开领加大，柔和的曲线 连成的船形领窝领	

二、袖

衣袖的构造原理

● 关于上肢

手臂的专业术语为上肢。上肢靠肩锁关节连接胸廓上部的锁骨和胸廓后上部的肩胛骨及上腕骨，这个关节是人体中运动量最多的部位，因此，它也是在服装构成时问题最多、最复杂的部位。

此外，手臂具有方向性。手臂自然下垂时，从肩和肘开始分成两段向前倾。手向体侧外翻时、向前上方伸举或放于腰部时，都会发生扭斜（图1、图2）。

● 构造的要素

衣袖是包裹上肢衣服中活动最多的部分，静止下垂的时候完全无皱褶，极为美观，但无机能性。可是，如果把机能性放在首位就容易产生皱褶，破坏美感。因此要综合考虑机能性和美观性。

袖山高与袖肥的关系

人体中活动最多的肩关节能在前后、左右、上下做动态运动（图3、图4）。

考虑符合手臂活动的代表袖，有适合手臂完全上举的蝙蝠袖（图5，第276页）、下部活动较多的衬衫袖（图6）、手臂40°前后活动的套装袖等（图7）。

将这些袖按图9所示重合起来看：袖山高越高，袖肥就越窄，衣身的松量越少；相反，袖山高越低，袖肥就越大，衣身的松量越多。

一般来讲，袖山、袖肥与衣身松量相互关联，随着它们的变化，袖的机能性也产生变化。但在某些特殊的场合下，就不存在以上关联性（图8）。

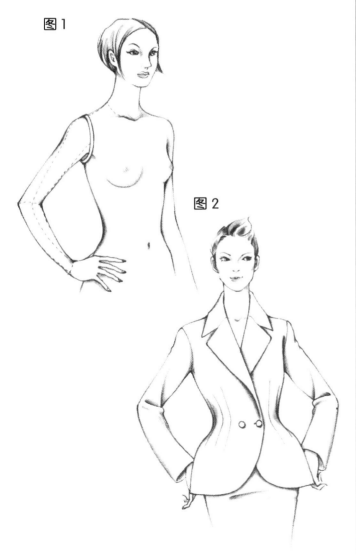

图1

图2

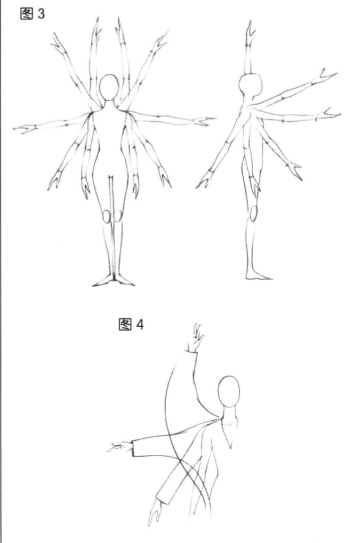

图3

图4

图 5

图 6

手臂的方向性

仔细观察人体，会发现人的体型姿态千差万别，并随着站立方式、重心位置等要素的影响而变化。直立姿势下，从下垂的手臂的方向性来看，从肩端点竖直向下的直线到手腕宽中央有一段距离（图 10 ~ 图 12）。

在设计时，因袖子的用途和服装品种的不同，考虑手臂的方向性是非常重要的。

衬衫通常采用无方向性的袖（图 13）。连衣裙等服装的紧身袖在肘部有带方向性的肘省（图 14）；套装和大衣的两片袖形式形成了有方向性的造型（图 15）。此外，插肩袖因肩线倾斜角度不同，方向性会有所增加或减少。

图 7

图 8

图 9

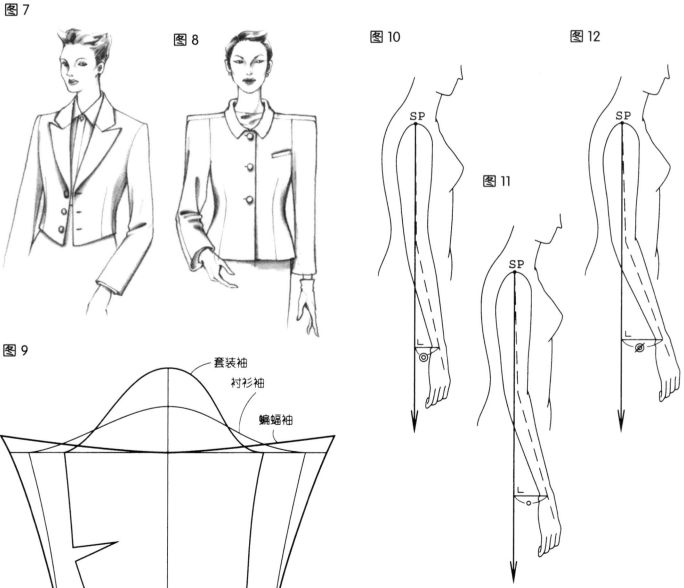

套装袖
衬衫袖
蝙蝠袖

图 10

图 11

图 12

SP

SP

SP

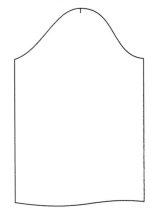

图 13　无方向性的袖

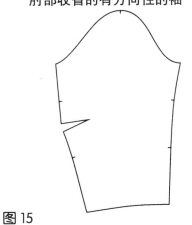

图 14

肘部收省的有方向性的袖

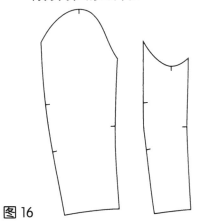

图 15

有方向性的两片袖

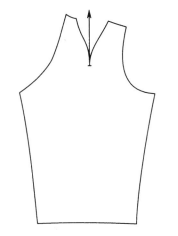

图 16

肩线有倾斜角度的有方向性的袖

关于肘部归拢

　　宽松的袖子没必要设立肘部归拢量，而较合体的袖子因活动需要做肘省。将筒状纸放到肘线位置，打剪口做成手臂形状，在前侧重叠，后侧张开。用布来做的话，运用技术将重叠的部分拉伸，打开的部分用省道或归拢形式处理（图 17）。

　　做这种形状的袖的纸样时，有做肘省的方法（图 18），也有将肘省转移到袖口省的方法（图 19）。两者做出的外形都一样。

图 17

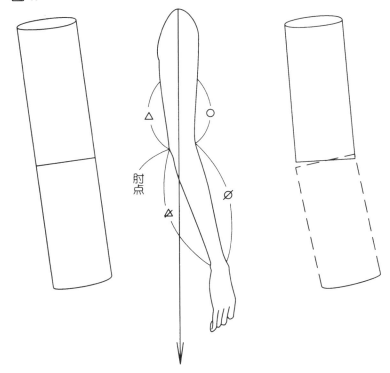

肘点

图 18

图 19

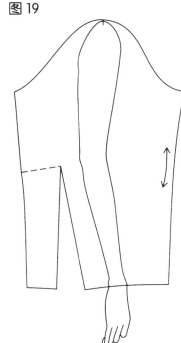

关于缩缝量

对于一般的安装在肩端点的圆装袖而言，因肩端点的弧形和手臂的厚度以及增加辅助活动量的需要，就必须要加入缩缝量。

从袖底浅、袖窿小的女式衬衫类（图20），到袖底深、袖窿大的套装及大衣类（图21、图22），缩缝量由少到多。

通常装在肩端点往里的圆装袖的袖山高更高、袖窿弧线长更长，因此缩缝量也就要更多。

落肩袖的衬衫类（图23），衣身延伸到袖的一部分，因而袖山低、袖肥大，不必包住肩端点的圆润状，因此不需要缩缝量。

可见，缩缝量与袖窿形状及深度有关。

图20　图21

图22

图23

1　肘部收省的袖

根据手臂前倾的形态，相对于衣身来说，要求袖长、袖山高、袖肥、袖口宽的整体美观，要求肘部位置及省量正确。从侧面观察袖子造型时看不到省尖。

后袖底省上下稍做归拢，前袖底略伸长便能做出漂亮的袖形。

坯布准备

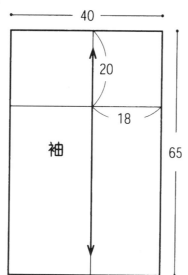

别样

1 将袖片布轻轻地围到手臂上。纵向基准线从肩端点起垂直向下，横向基准线以胸线高为准水平放置。

2 在上手臂侧面位置处捏出松量。后侧面的松量要比前侧面多一些。

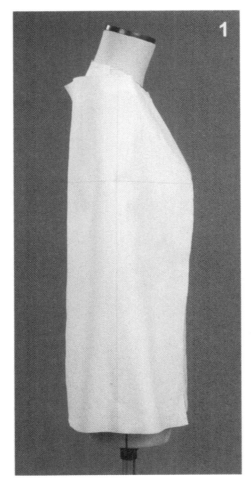
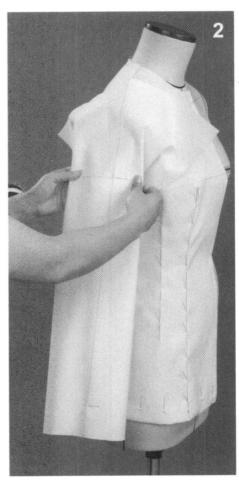

3 沿手臂方向，从上手臂到肘的位置，袖口前后侧面处捏出松量。用大头针抓合肘周围多出的量，作为肘省。然后再用大头针固定袖底缝。

4 拆掉固定前后袖肥松量的大头针，确认整体平衡性，确定袖长。裁去袖山处多余的布。

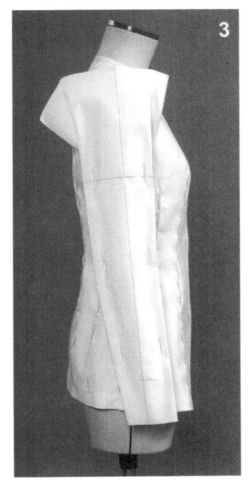
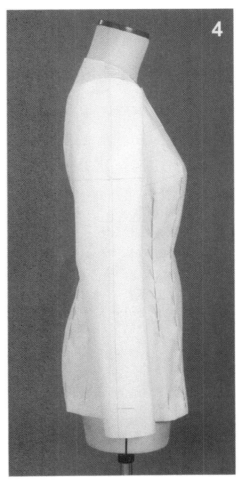

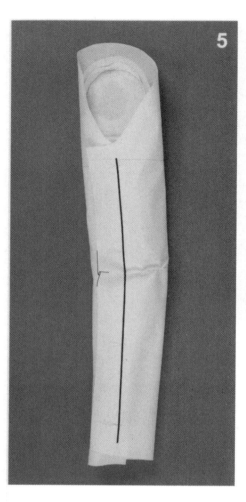

5 将手臂从人台上取下，用抓合针法固定肘省。在袖底围上的布上有意识地贴出与袖山中心线正对的袖底线。

裁去袖底多余的布，用大头针固定。

6 将手臂装在人台上，确认袖子状态后装袖，整理腋点以上部分。将袖山的松量转成缩缝量。

手臂弯成40°左右，与衣身上的袖窿线吻合，固定腋点下方部位。

7 取下袖片，抽缩缝袖山，用熨斗整理缩缝量，用大头针别成型。

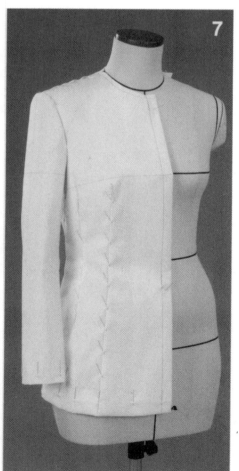

用平面作图再组合的方法
立裁方法参照第92页中女式衬衫。

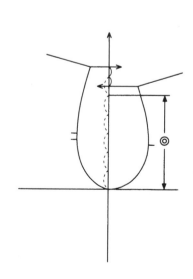

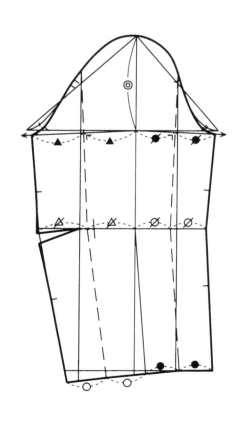

完成图

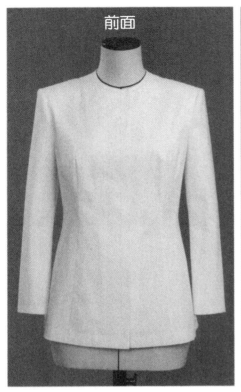

前面

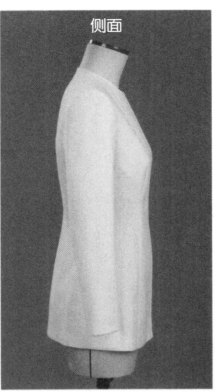

侧面

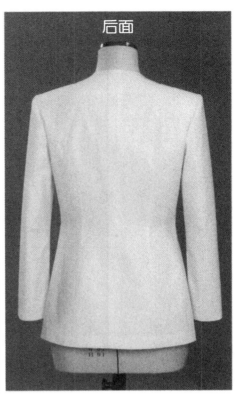

后面

描图

　　近似紧身款式，后袖底尺寸比前袖底尺寸长，便产生了省量。可以看出是手臂向前倾斜的衣袖。

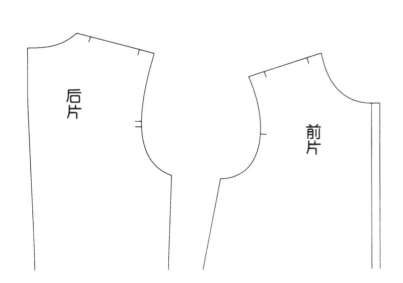

后片

前片

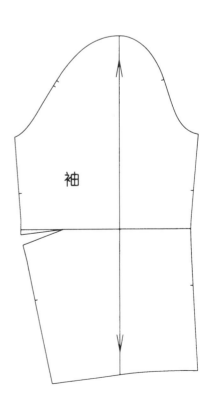

袖

2 袖口收省的袖

　　将前述肘部收省的袖的省道向袖口转，给人的感觉就会改变。收袖口省的袖因与两片袖构造线相近，根据缝制方法，在袖口处装上纽扣也能形成袖口开衩风格。省尖位置可根据肘线位置略做调整，设计时在肘的位置加长，做出的袖子会具有很漂亮的外形。

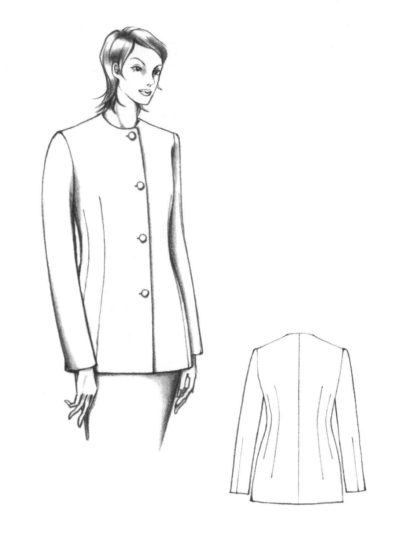

坯布准备

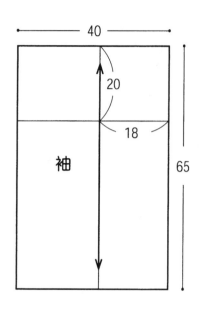

从收肘省的袖进行展开

　　以收肘省的袖纸样为基础，按图1所示，将省道量折叠后在袖口处打开，形成纵向的省道（图2）。

袖口开衩时

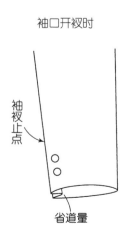

袖衩止点

省道量

图1

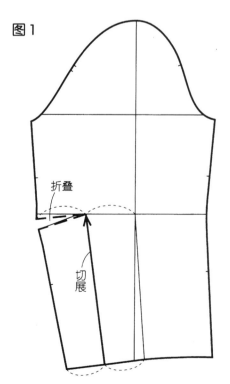

折叠

切展

图2

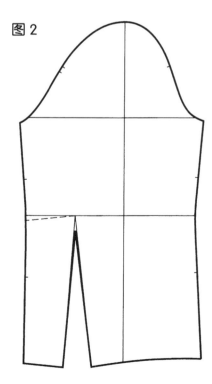

别样

1　从纸样上拓印下袖子，粗裁后与肘部收省的袖子一样，沿着手臂方向边放入松量，边在袖底处用大头针别合。

沿袖口捏出纵向省道量。

2　将省道和袖口用大头针别成型，裁去袖山上部多余的布。将手臂装到人台上，确认袖子的稳定性后，整理腋点以上部分。袖山的松量作为缝缩量进行分配。手臂以约40°弯曲，按衣身上的袖窿线描出袖山底部弧线，临时固定腋点以下部分。

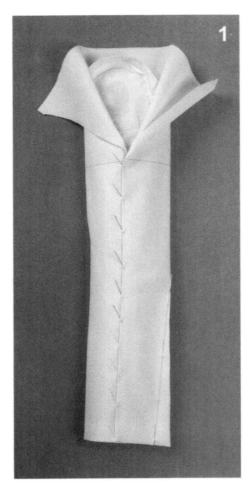
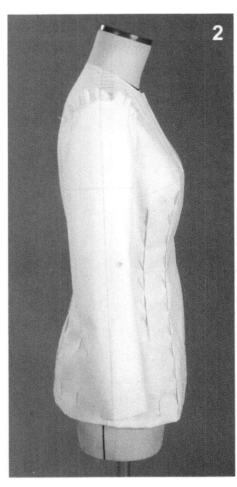

3　整理缝份，依次用大头针装袖，整理好缩缝量，并用大头针别成型。

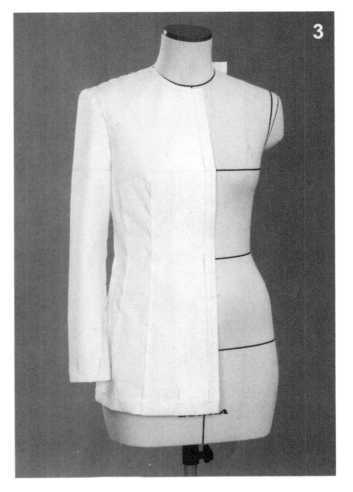

完成图

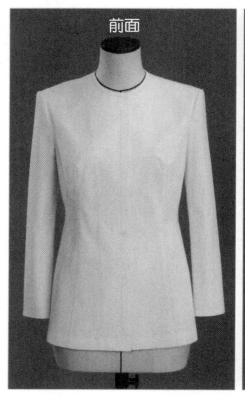
前面

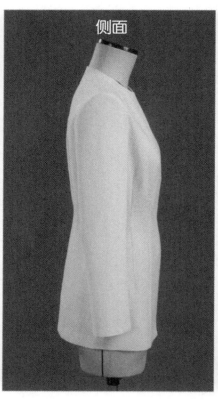
侧面

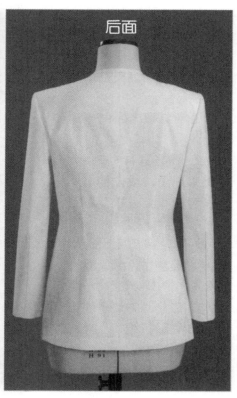
后面

描图

　　肘部省道转成袖口省道后，省道长度增加了，省量也增加了。

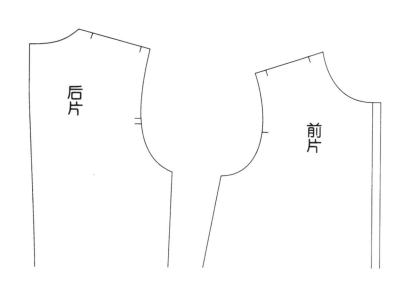

后片

前片

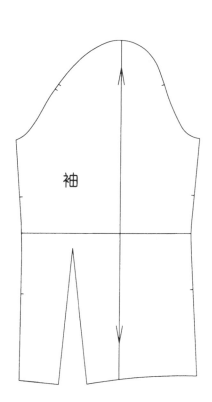

袖

3 袖山收省的袖

这是通常使用肘部收省的袖片在袖山收两个省道,从而使肩端点处扩张的一种袖。在衣身的肩端点处包住,袖口不强调膨胀感,整理碎褶,装上袖克夫。

坯布准备

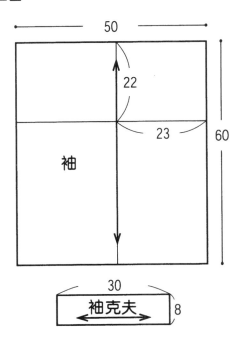

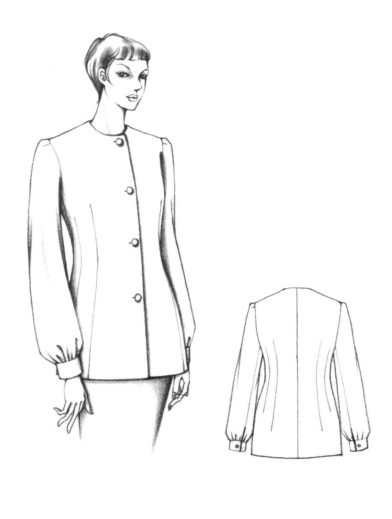

从收肘省的袖进行展开

在肘部收省的袖的纸样基础上进行展开。这种袖并不细窄,袖底线的位置回到袖肥线上。袖底缝的长度尺寸前后一致。袖长除去袖克夫的量后追加蓬松的量。袖山加高 1~1.5cm。

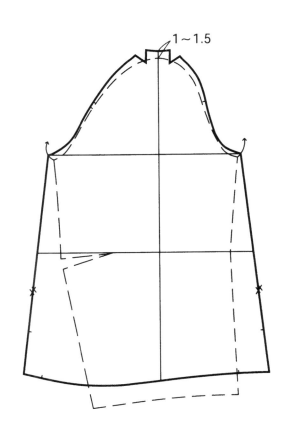

别样

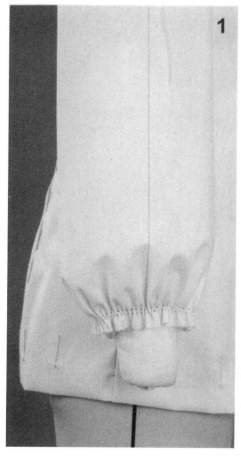

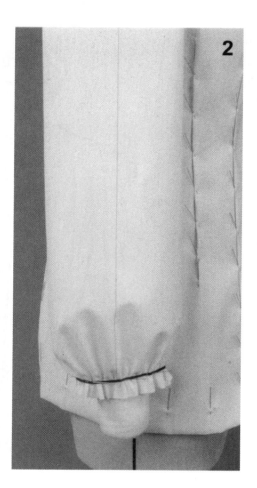

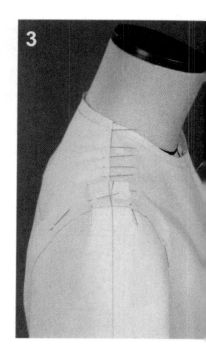

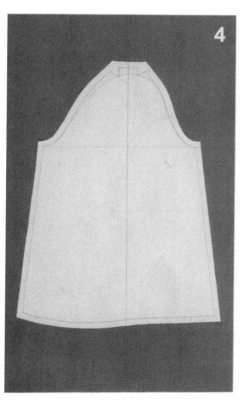

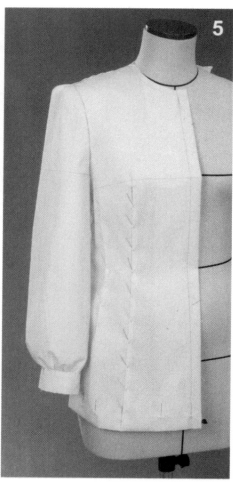

①、② 任选方法 A、B
中的一种在袖口做出碎褶。

方法 A（照片 1）：将
粗裁的袖布袖底缝用大头
针别成型，在衣片的肩端
点临时固定。袖口缝份用
纳针缝并抽缩，确认碎褶
量分配的位置。

方法 B（照片 2）：放
上定好尺寸的纸带，边确
认碎褶量和分配位置，边
用大头针固定住纸带。

③ 检查袖山的省量和
方向。省道长度要向有立
体延伸感的方面整理，标
注装袖的位置。

④ 捏出了省道，追加
了袖山高后的袖片。

⑤ 边观察装上袖克夫
的袖口的整体情况，边用
大头针别成型。

完成图

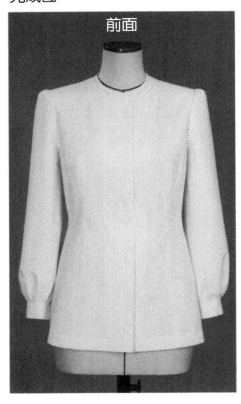
前面

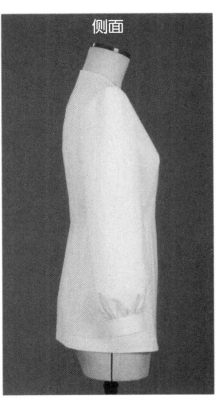
侧面

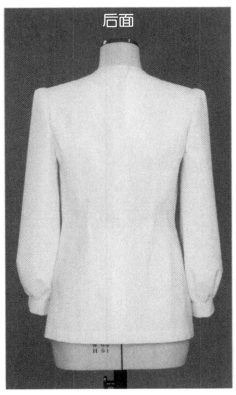
后面

描图

　　观察省道处的连接情况，肩端点附近的弧线弧度略反转，构成了有张力的袖山。

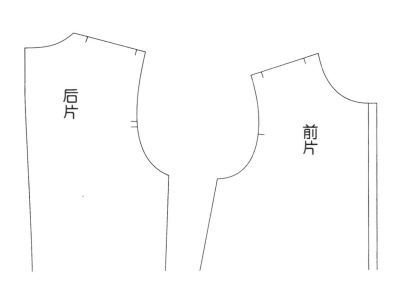

后片　前片

袖

袖克夫

4 羊腿袖

指像羊腿形状的袖子，袖山褶裥处隆起近圆形，从肘部起渐渐变细，袖口附近成紧身袖。也被称为 gigot（法语：羊腿袖）。

坯布准备

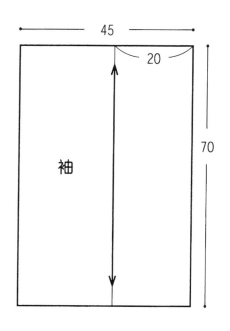

从收肘省的袖进行展开

使用收肘省的袖片展开的纸样。参照图1那样将纸样纵向分成4部分，再参照图2所示组合。

不要改变袖底形状，收紧袖口。

图1

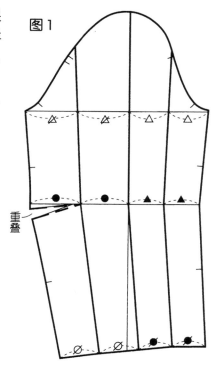

图2

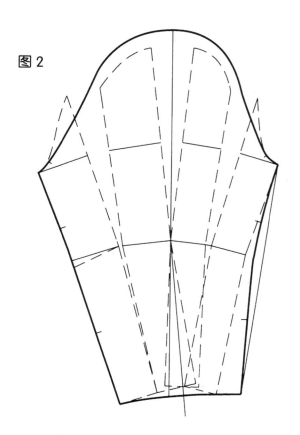

别样

1 将布样覆盖于纸样上描出袖片，整理缝份。袖山部分保留粗裁状态放上去。

2 用大头针别好袖底缝，装到衣身上。确认袖的方向和稳定性，一边察看袖口宽，一边捏出袖山处的褶裥量，观察整体稳定情况。

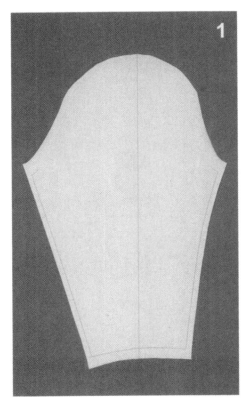

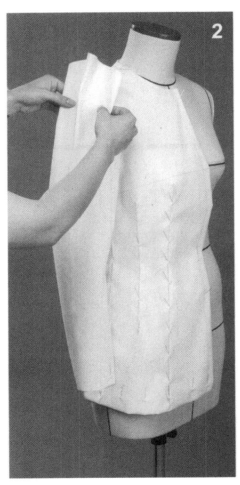

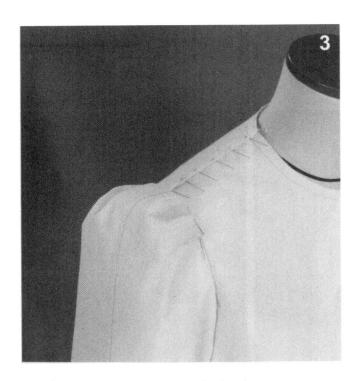

3 分配袖山的褶裥量，临时固定。

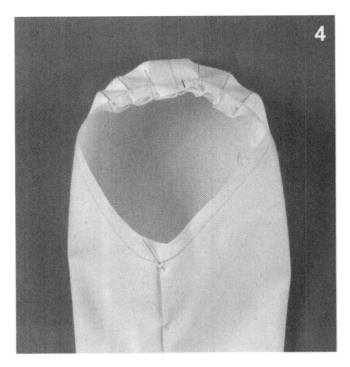

4 确定袖山的褶裥部分。褶裥量不必均一。

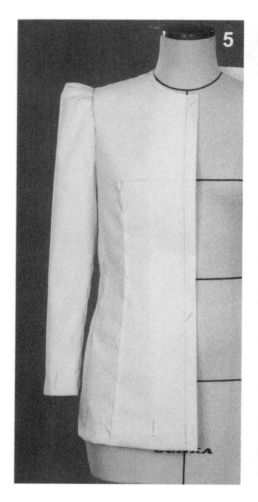
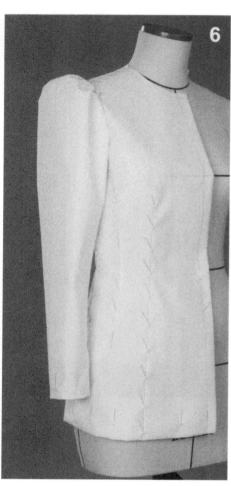

5、6 整理缝份，用大头针别成型。这是从前面及斜前方看到的衣袖状态。

完成图

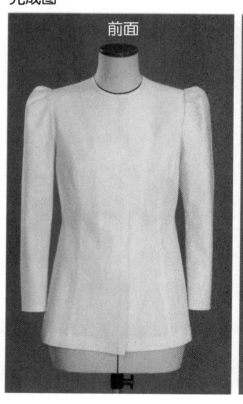

前面

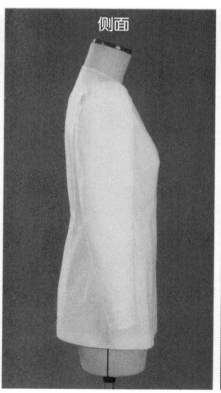

侧面

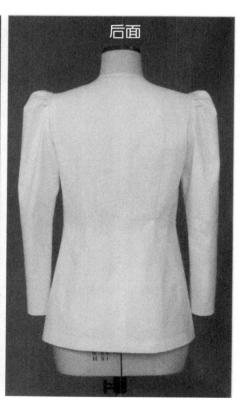

后面

描图

　　上部大而宽，手臂的方向性表示出来了。衣身的袖隆也加大了。

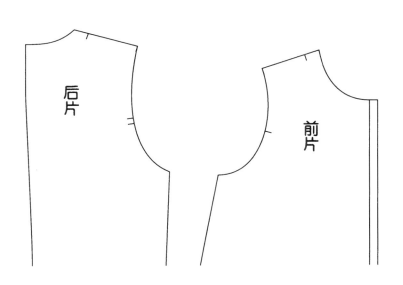

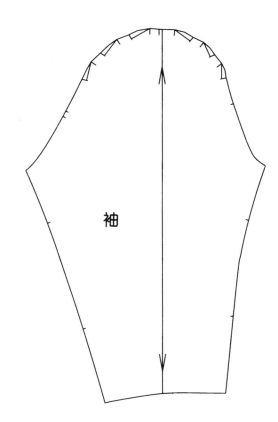

5　灯笼袖

　　灯笼是"蓬松了的东西"的意思，在袖山、袖口处放入较多蓬松量，收出碎褶，形成短而蓬松的可爱的袖子。

坯布准备

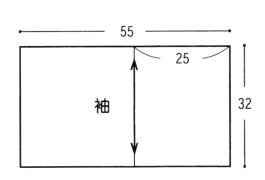

从收肘省的袖子进行展开

　　使用收肘省的袖的展开纸样。因不是紧身袖，袖底的位置回归到袖肥线上。在袖山和袖口处加入较多蓬松量，在袖口后侧要加得更多些。

图 1

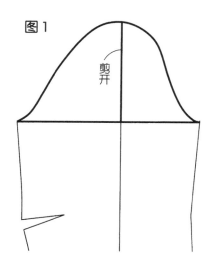

剪开

图 2

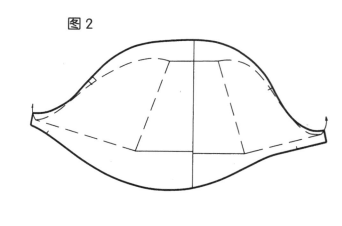

别样

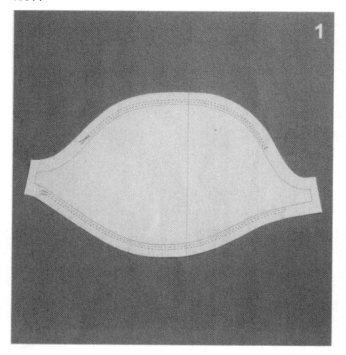

① 粗裁从纸样上拷贝到布上的袖片，将袖山及袖口的缝份纳缝并抽缩成碎褶。

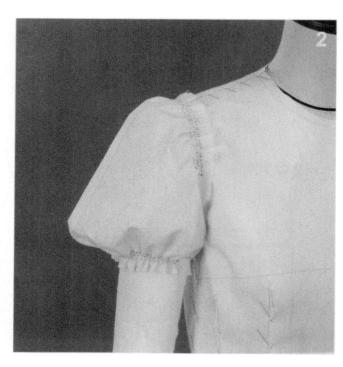

② 用大头针固定袖底缝，并装在衣身上，检查抽褶量及位置的平衡。

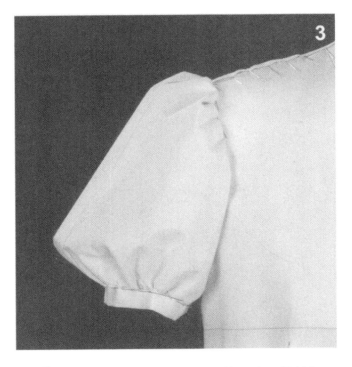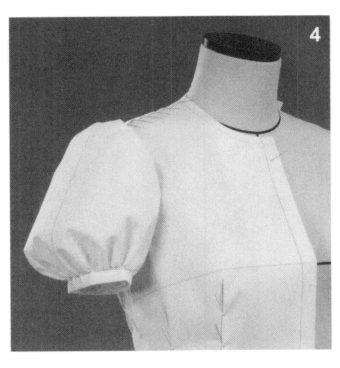

③ 在袖口装上袖克夫。袖山按完成形状折好固定，调整抽褶量的分配。

④ 观察整体效果，用大头针别成型。

完成图

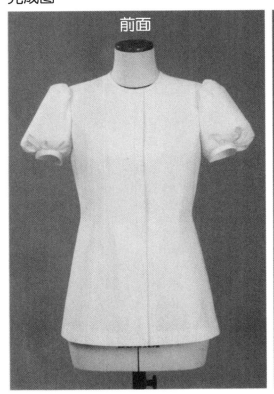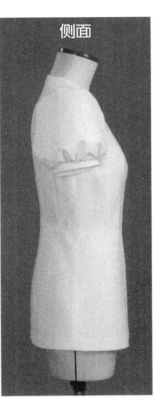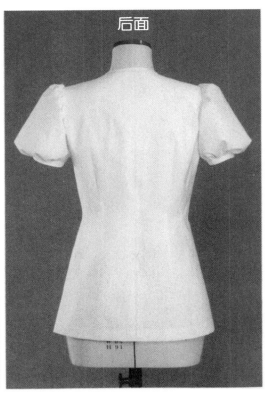

前面　　　　侧面　　　　后面

描图

  上下大而蓬松的纸样。袖底缝长度很短。衣身
的袖窿被大大地围住了。

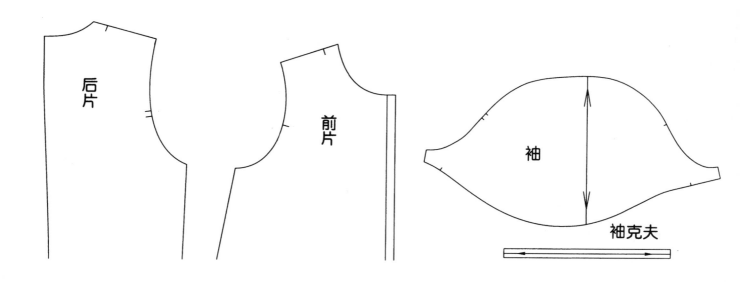

文化フアッシヨン大系　アパレル生產講座③　立体裁断 基礎編

本书由日本文化服装学院授权出版

版权登记号：图字09-2021-0342号

BUNKA FASHION TAIKEI APPAREL SEISAN KOZA 3: RITTAI SAIDAN KISO-HEN

edited by EDUCATIONAL FOUNDATION BUNKA GAKUEN BUNKA FASHION COLLEGE

Copyright © 2001 EDUCATIONAL FOUNDATION BUNKA GAKUEN BUNKA FASHION COLLEGE

All rights reserved.

Original Japanese edition published by EDUCATIONAL FOUNDATION BUNKA GAKUEN BUNKA
PUBLISHING BUREAU

This Simplified Chinese language edition is published by arrangement with

EDUCATIONAL FOUNDATION BUNKA GAKUEN BUNKA PUBLISHING BUREAU, Tokyo

in care of Tuttle–Mori Agency, Inc., Tokyo through Pace Agency Ltd., Jiang Su Province.

图书在版编目（ＣＩＰ）数据

　　服装生产讲座：修订版.③,立体裁剪.基础编 /
日本文化服装学院编；张道英译. –– 上海：东华大学
出版社, 2023.7

　　（文化服饰大全）

　　ISBN 978-7-5669-2237-3

　　Ⅰ.①服… Ⅱ.①日… ②张… Ⅲ.①服装－生产工
艺②服装量裁 Ⅳ.①TS941.6

　　中国国家版本馆CIP数据核字（2023）第120043号

责任编辑：洪正琳
版式设计：上海三联读者服务合作公司
封面设计：Ivy 哈哈

文化服饰大全
服装生产讲座③（修订版）

立体裁剪 基础编
LITI CAIJIAN JICHUBIAN

主　　编　［日］文化服装学院
译　　者　张道英
出　　版　东华大学出版社（上海市延安西路1882号,邮政编码：200051）
本社网址　http://dhupress.dhu.edu.cn
本社邮箱　dhupress@dhu.edu.cn
发行电话　021-62193056　62379558
印　　刷　上海盛通时代印刷有限公司
开　　本　890mm×1240mm 1/16
印　　张　18.5
字　　数　590千字
版　　次　2023年7月第1版
印　　次　2023年7月第1次印刷
书　　号　ISBN 978-7-5669-2237-3
定　　价　58.00元